普通高等教育土木工程特色专业系列教材

# 工程估价

周咏馨　蔡小平　宋显锐　编著

国防工业出版社

·北京·

# 内 容 简 介

本书系统地阐述了工程估价的基础知识、建筑与装饰工程计量与计价、建筑设备工程计量与计价、工程价款的结算与决算。本书立足于学以致用，注重实际能力的培养，各章节均编入了大量与实践紧密结合的案例。

本书体系完整、内容全面、思路清晰、案例丰富、难易适当，可作为高等院校土木工程、工程造价和工程管理专业及其相关专业的本科教材，也可作为工程造价人员等岗位培训教材，还可作为从事建设工程的造价管理人员的参考用书。

**图书在版编目(CIP)数据**

工程估价/周咏馨，蔡小平，宋显锐编著．—北京：国防工业出版社，2012.8

普通高等教育土木工程特色专业系列教材

ISBN 978-7-118-08119-0

Ⅰ．①工… Ⅱ．①周… ②蔡… ③宋… Ⅲ．①建筑工程－工程造价－高等学校－教材 Ⅳ．①TU723.3

中国版本图书馆 CIP 数据核字(2012)第 179277 号

※

国防工业出版社出版发行

(北京市海淀区紫竹院南路 23 号 邮政编码 100044)

北京嘉恒彩色印刷有限责任公司

新华书店经售

*

**开本** 710×960 1/16 **印张** 21¾ **字数** 343 千字

2012 年 8 月第 1 版第 1 次印刷 **印数** 1—4000 册 **定价** 39.50 元



国防书店：(010)88540777　　发行邮购：(010)88540776

发行传真：(010)88540755　　发行业务：(010)88540717

# 普通高等教育土木工程特色专业系列教材
# 编委会

# 前　言

本书按照高等学校土建学科教学指导委员会和土木工程专业指导委员会专业培养方案的基本要求介绍了工程估价的基础知识、建筑与装饰工程计量与计价、建筑设备工程计量与计价、工程价款的结算与决算。既可帮助学习者奠定继续深化学习的基础知识，又可使学习者具有学后即用的上岗能力。

编者在阅读现有教材、总结工程实践经验的基础上，对教材内容作了精心的选择和编排；在进行理论讲解的基础上，侧重于提高和强化学生的实践能力。全书编制了大量通俗易懂的案例。参考了注册造价师考试、预算员考试的试题，图文并茂，深入浅出地讲述了分部分项工程造价和整个工程造价的编制。

本书在编写时采用的规范和标准主要有：《建设工程工程量清单计价规范》(GB 50500—2008)、《江苏省建筑与装饰工程计价表》(2004)、《江苏省安装工程计价表》(2004)、《国家建筑标准设计图集》(11G101)等。

本书由盐城工学院周咏馨(第1、2、3、4、5、6、10章及附录1)、蔡小平(第7、8、9章及附录2、3、4)及河南建筑职业技术学院宋显锐(第10章)编著，周咏馨担任主编并统稿。

感谢盐城工学院教材出版基金的支持，同时感谢土木学院及盐城建信造价工程师事务所有限公司相关同志在本书编写过程中给予的支持与帮助。

由于编者的水平有限，敬请广大读者对书中欠妥之处指正。

编　者

2012年3月

# 目　　录

## 第一篇　工程估价基础知识

## 第二篇 建筑与装饰工程计量与计价

## 第三篇　建筑设备工程计量与计价



## 第四篇　工程价款的结算与决算

## 附录　建设工程计量与计价案例

# 第一篇　工程估价基础知识

## 第1章　工程估价概论

**学习要求**

熟悉工程估价的概念、特点及分类，熟悉工程估价的内容、工程估价的方法，了解工程估价的发展史及我国造价工程师执业资格制度。

### 1.1　概　述

**1. 工程估价的相关概念**

1）工程估价

工程估价是在工程项目建设实施的各个阶段，根据不同目的，按照一定的步骤和程序，对拟建工程要付出的费用额度做出科学、合理的估计和计算，从而形成工程造价经济文件的活动。

“工程估价”一词源于国外。在国外的工程建设程序中，可行性研究阶段、方案设计阶段、技术设计阶段、施工图设计阶段以及开标前阶段对建设项目投资所做的测算统称“工程估价”。

在我国工程造价领域，工程估价又称为工程计价，指工程造价人员在建设项目实施的各个阶段，根据其不同要求，遵循工程的计价原则和程序，采用科学的计价方法，对建设项目最可能实现的合理价格进行估算，从而确定建设项目的工程造价。

2）工程造价

工程造价一词的前身是“建筑工程概预算”和“建筑产品价格”。在工程建设中，广泛存在着工程造价的两种不同含义。

（1）从投资者的角度定义：建设项目固定资产投资（工程全费用造价）。

工程造价指建设一项工程预期或实际开支的全部固定资产投资费用,也就是一项工程通过建设形成相应的固定资产、无形资产所需的一次性费用总和,是建设项目的建设成本,因而也叫建设成本造价或工程全费用造价。

(2)从市场交易的角度定义:承发包双方认可的工程价格(工程承发包造价)。

《中华人民共和国建筑法》第十八条指出:“建筑工程造价应当按照国家有关规定,由发包单位与承包单位在合同中约定。公开招标发包的,其造价的约定须遵守招标法律、法规的有关规定。”中标价格是工程施工前的一个预期价格,而一完整的工程价格则由合同价款(中标价格)、追加的合同价款及其他款项构成。

工程造价两种含义的实质是相同的,都是指建造某项工程所花费的全部费用。它们是从不同的角度对同一事物的理解。

3)建设项目

凡是按一个总体设计组织施工,建成后具有完整的系统,可以独立形成生产能力或使用价值的建设工程,称为一个建设项目。

建设项目按照合理确定工程造价和基本建设管理工作的需要,可以划分为单项工程、单位工程、分部工程和分项工程。

(1)单项工程是指具有独立的设计文件,建成后可以独立发挥生产能力和使用效益的工程。

(2)单位工程是指具有独立的设计文件可以独立组织施工,但建成后不可以独立发挥生产能力和使用效益的工程。

(3)分部工程是指在一个单位工程中,按工程部位及使用的材料和工种进一步划分的工程。

(4)分项工程是指按照不同的施工方法、不同材料的不同规格等,将分部工程进一步划分为可计算工程量的基本单元。例如,钢筋混凝土分部工程,可分为捣制和预制两种分项工程;预制楼板工程,可分为平板、空心板、槽型板等分项工程。

4)固定资产

固定资产是指企业使用期限超过1年的房屋、建筑物、机器、机械、运输工具以及其他与生产、经营有关的设备、器具、工具等。

**2. 工程估价的作用**

(1)工程估价是项目投资决策的依据。建设工程投资大、生产和使用周期长等特点决定了项目决策的重要性。工程造价决定着项目的投资费用。投资者是否有足够的财务能力支付这笔费用,是否认为值得支付这项费用,是项目决策中要考虑的主要问题。如果建设工程的价格超过投资者的支付能力,就会迫使他放弃拟建的项目。如果项目投资的效果达不到预期目标,他也会自动放弃拟建工程。因此在项目决策阶段,工程估价就成为项目财务分析和经济评价的重要依据。

(2)工程估价是制订投资计划和控制投资的有效工具。投资计划是按照建设工期、工程进度和建设工程价格等逐年分月加以制订的,正确的投资计划有助于合理和有效地使用资金。

工程估价在控制投资方面的作用非常明显。工程造价是通过多次预估,最终通过竣工决算确定下来的工程价格。每一次预估的过程就是对造价的控制过程,而每一次估算对下一次估算又都是一种严格的控制。

**3. 工程估价的分类**

工程估价是一个广义概念,在不同的场合,工程估价含义不同。

(1)根据项目所处的建设阶段可分为投资估算价、设计概算价、施工图预算价、合同价、结算价、决算价。

(2)按照工程所属的专业可分为土建工程估价、安装工程估价、井巷工程估价、铁路工程估价、公路工程估价、市政工程估价等。

(3)按照工程的分解程度可分为建筑工程估价、单项工程估价、单位工程估价等。

**4. 工程估价的特点**

(1)估价的单件性:产品的个体差别性决定每项工程都必须单独计算造价。

(2)估价的多次性:建设项目建设周期长、规模大、造价高,因此按建设程序要分阶段进行。相应地在不同阶段多次计价,以保证工程造价计算的准确性和控制的有效性。多次计价是逐渐深化、细化和接近实际造价的过程,如图 1-1 所示。

(3)估价的组合性:工程计价的基本原理就在于工程项目的分解与组合。

任何一个建设项目都可以分解为一个或几个单项工程,任何一个单项工程都是由一个或几个单位工程所组成的,作为单位工程的各类建筑工程和安装工程仍然是一个比较复杂的综合实体,还需要进一步分解。就建筑工程来说,可以按照施工顺序细分为土石方工程、砖石砌筑工程、混凝土及

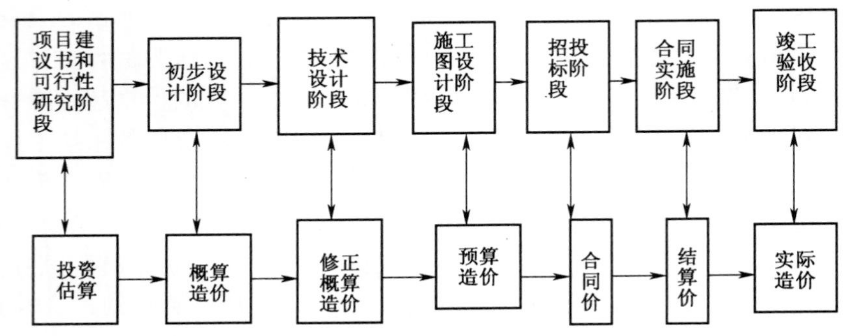


图 1－1 工程多次性计价示意图

钢筋混凝土工程、楼地面工程等分部工程，继续分解可得到分项工程，如有梁板、无梁板、平板，将各分项工程进行分项分部组合汇总，就可计算出某工程的工程总造价。工程计价分解和组合的基本原理，如图 1－2 所示。

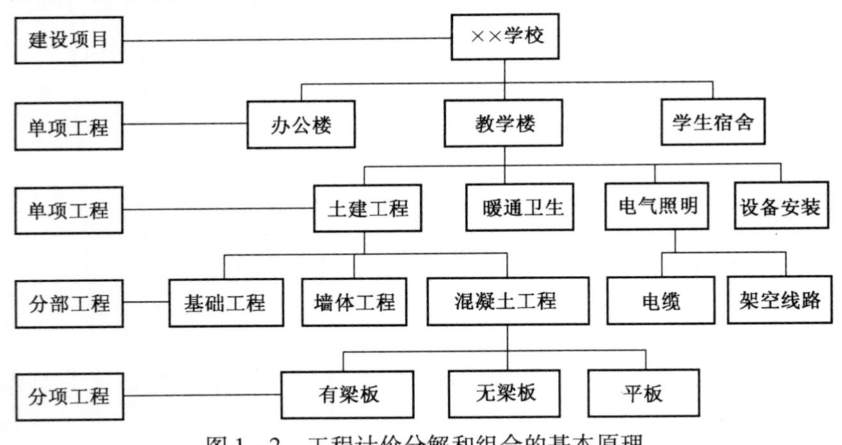


图 1－2 工程计价分解和组合的基本原理

(4)估价的动态性及方法的多样性：工程估价的过程是一个动态的计价过程。估价方法因造价的精确度要求不同而不相同，不同的方法适应条件也不同，计价时根据具体情况加以选择。

(5)估价依据复杂性：由于影响造价的因素多，决定了计价依据的复杂性。

## 1.2 工程估价内容

工程估价的工作内容涉及建设项目的全过程。工程项目建设的全过程可分为项目决策与设计阶段、承发包与施工阶段、竣工验收评价阶段。根据造价师的服务阶段、服务对象不同,工作内容也有不同的侧重点。

(1)项目决策与设计阶段。项目决策与设计阶段投资估算是一个项目投资决策阶段的主要造价文件,它是项目建议书和可行性研究报告的组成部分。造价师应充分估计项目建设过程中及建成后的收益与风险,并为发包人提出应对及防范的措施。

(2)承发包阶段。承发包阶段造价师的主要工作是进行合同前成本控制。一份完整、科学、合理的施工合同,其具体内容均体现在与工程造价有关的信息上。合同签订前造价师为发包人服务的主要任务是选择合同发包方式、编制合同文件、明确工程的实施范围、工程数量、总造价的组成、计费方式及费率、浮动率及工程款的支付方式,工程的变更、签证等规定,明确工程结算的约定,费用索赔问题,甲供材料和设备的价款问题,分包工程的价款问题等。上述各项内容应在合同签订前予以全部、合理、科学地明确(涉及承包人自报项目除外),以便各投标单位有针对性地报价,使中标造价尽可能接近竣工后的实际造价。就发包人而言施工合同的管理必须从施工招标开始。合同签订前造价师可为承包商服务的主要任务是编制投标文件,对招标文件进行实质相应的同时,合理拟定工程量变更和计量条款、合同价格调整条款、工程款支付条款和索赔条款等事项。

(3)施工阶段。施工阶段造价师的主要工作是合同实施中的成本管理。根据施工合同的特点,一般工程项目实施时间都比较长,实施的时间越长变化会越大,管理的难度也越大。合同实施中涉及工程造价变化的主要因素为工程质量、工期、工程付款、工程变更、材料、设备价格的异常变化、竣工结算、风险、索赔等。施工阶段造价师要根据其服务对象的管理目标处理因材料价格市场异常波动等因素带来的成本变动问题、工程款支付问题和费用索赔问题。

(4)竣工验收评价阶段。竣工验收阶段造价师的主要工作是合同后期的成本管理,分为竣工结算和竣工决算。

## 1.3　工程估价的计价方法与模式

### 1. 计价基本方法

1)工料单价法

工料单价法——定额计价法,是以分部分项工程量乘以单价汇总后生成直接工程费，直接工程费以人工、材料、机械的消耗量及相应价格确定（只是人、材、机）的一种方法。直接工程费汇总后，另加间接费、利润、税金，生成建安工程造价。具体计算过程如下：

分项工程工料单价

= 工日消耗量 × 日工资单价 + 材料消耗量 × 材料预算单价 + 机械台班消耗量 × 机械台班单价

直接费 = ∑（工程量 × 分项工程工料单价）

工程承发包价 = 直接费 + 间接费 + 利润 + 税金

= ∑（工程量 × 分项工程工料单价）+ 间接费 + 利润 + 税金

2）综合单价法

综合单价法——工程量清单计价法，综合单价分为全费用综合单价和部分费用综合单价，全费用综合单价其单价内容包括直接工程费、措施费、间接费、利润和税金。在我国工程措施费通常由投标人单独报价，而不包括在综合单价中，综合单价仅包括直接工程费、管理费和利润。

综合单价如果是全费用综合单价，则综合单价乘以各分项工程量汇总后，就生成工程承发包价格。如果综合单价是部分费用综合单价，不包括措施费、规费和税金，则综合单价乘以各分项工程量汇总后，还须加上措施费、规费和税金才得到工程承发包价格。本书讲解的是部分费用综合单价。具体计算如下：

分项工程综合单价

= 分项工程直接工程费（单价）+ 分项工程管理费（单价）+ 分项工程利润（单价）

综合单价是指完成一个规定计量单位的分部分项工程项目，考虑风险因素后所需的人工费、材料费、机械使用费、管理费和利润之和。

工程承发包价 = 直接费 + 间接费 + 利润 + 税金

= ∑（工程量 × 分项工程综合单价）+ ∑措施费（综合的费用）+ 规费 + 税金

需要指出的是，综合单价法与工料单价法中各费用的内涵将在第 2 章的建筑安装工程费用构成中详细阐述。

**2. 工程计价模式**

计价模式是指计价的标准。目前我国建筑安装工程存在两种计价模式，一种是定额计价模式，另一种是工程量清单计价模式。

1)定额计价模式

定额计价模式是采用预算定额或综合定额中的定额单价进行工程计价的计价模式。它是根据施工图、政府颁布的消耗量定额、预算价格等有关计费规则,计算各分项工程量、单位工程直接工程费、措施费、间接费、利润和税金,汇总后确定工程造价的计价方式。采用此种方法确定工程造价,过程简单、快速、比较准确。其基本特征就是价格 = 定额 + 费用 + 文件规定,但定额中的工、料、机的消耗是根据社会平均水平综合测定的,不能真正体现企业根据市场行情和自身条件自主报价。企业不能结合项目具体情况,发挥自身优势,不能充分体现市场公平竞争的基本原则。

2)工程量清单计价模式

工程量清单计价模式是一种区别于定额计价模式的新计价模式,是一种主要由市场定价的计价模式。它是在建设工程招投标中,招标人自行或委托具有资质的中介机构编制反映工程实体消耗和措施性消耗的工程量清单,并作为招标文件的一部分提供给投标人,由投标人依据工程量清单自主报价的计价方式。工程量清单计价优势明显,是一种与市场经济相适应、与国际接轨的计价模式。通过市场竞争形成价格,允许承包商自主报价,有利于降低承包商的风险,已在我国推广应用。

## 1.4　工程估价的发展

### 1. 国际工程估价的起源与发展

从最初的"工程估价"产生至今,国际工程计价已历经了几百年的发展历程。

1)国际工程计价的产生

16 世纪 ~18 世纪,随着资本主义社会化大生产的出现,现代意义上的工程估价在英国产生。工程数量和工程规模的扩大要求有专人对所建工程的工程量进行测量、计算工料并估价,从事这项工作的人员逐渐专业化,并被称为工料测量师。他们以工匠小组的名义与工程委托人和建筑师洽商,估算和确定工程价款。

2)国际工程计价的发展

19 世纪初期,竞争性招投标开始在资本主义国家推行。这使工料测量师的工作范围扩大,工料测量师在工程设计以后和开工之前就对拟建工程进行测量和估价,以确定招标的标底和投标报价。1881 年英国皇家特许测量师协会(RICS)成立,这个时期计算工程量、提供工程量清单成为业主工料测量师的主要职责,所有的投标都以业主提供的工程量清单为基础进行报价,从而使投标具有可比性。至此,工程估价以独立的专业步入了规范化的发展轨道,实现了工程计价史上的第一次飞跃。

20 世纪 50 年代,英国教育部和英国皇家特许测量师协会的成本研究小组先后提出了成本分析和规划的方法。这样,从 20 世纪 50 年代开始,一个"投资计划和控制制度"就在英国等经济发达的国家应运而生,实现了工程计价的第二次飞跃。

20 世纪 70 年代,对各种可选方案估价不仅考虑了初始成本,还考虑了工程交付使用后的维修和运行成本。1964 年,RICS 成本信息服务部门(Building Cost Information Service,BCIS)颁布了划分建筑工程的标准方法,这样使得每个工程的成本可以以相同的方法分摊到各分部中,从而方便了不同工程的成本比较和成本信息资料的储存。

**2. 国外工程估价管理特点**

1)法国工程造价管理

采用工程量清单计价办法,没有发布社会统一定额单价,基本上以企业定额报价,包括有关经费、风险、利润等费用,最后以公开招标或邀请招标方式确定承包商。

2)德国的工程造价管理

强调建设项目投资估算的严肃性、科学性和合理性,以此作为控制总投资的关键问题。

确定投资额一般由社会性工程咨询顾问公司的工程造价专业人员进行。工程费计算方式一般是以过去承建的工程的工程纲为基础,从中抽出各工程项目的单价,加上地区差价和不同施工期造成的价差,然后确定每一个工程项目内新的单价,用其乘以相对应的数量即为工程合价,各项合价总和即为总造价。

3)英、美的工程造价管理

英国是建立和完善工程承包和工程造价管理制度以及推行工程量清单计价方法历史较长的国家,工程造价管理体系较为完整。

美国的工程价格是典型的市场价格。工程造价和管理均委托咨询公司承担。

4）日本的工程造价管理

日本的工程造价管理具有行业化、系统化、规范化的特点。有统一的工程量计算规则和计价基础定额，实行量价分离，政府只管实物消耗量，价格由咨询公司采集、跟踪管理。

**3. 我国工程估价的发展**

在中国古代工程中，很重视材料消耗的计算，长期以来形成了一些计算工程工料消耗的方法和计算工程费用的方法。北宋时期李诫的《营造法式》、清朝的《工程作法则例》、《营造算例》是我国估价发展的历史见证。

建国初期党和国家对私营营造商进行了社会主义改造，并学习前苏联的预算做法，即先按图纸计算分项工程量，套用分项工程单价，算出直接费，再以直接费为基础，按一定费 率计算间接费、利润、税金等，汇总得到建筑产品的价格。

20 世纪 50 年代末至 70 年代后期，原有的概预算制度逐渐被削弱，直至被取消。

20 世纪 80 年代初，国家计委成立了基本建设标准定额研究所和标准定额局。20 世纪 80 年代末，建设部又成立了标准定额司，各省市、各部委建立了定额管理站，全国颁布了一系列推动概预算管理和定额管理发展的文件以及大量的预算定额、概算定额、估算指标。1990 年中国建设工程造价管理协会成立，1996 年造价工程师执业资格制度建立。

20 世纪 90 年代至今，我国的工程造价管理进入改革、发展和成熟期。1992 年全国工程建设标准定额工作会议提出对工程造价要坚持“控制过程和动态管理”的思路，提出了“统一量、指导价、竞争费”九字改革设想和实施办法。1995 年建设部发布《全国统一建筑工程基础定额》和《全国统一建筑工程预算工程量计算规则》。1999 年 1 月建设部发布了《建设工程施工发包与承包价格管理暂行规定》。2003 年 7 月，国家颁布实施了《建设工程工程量清单计价规范》（GB 50500—2003）标志着我国建筑市场由传统的计划经济时代进入市场经济时代。

**4. 造价工程师执业资格制度**

（1）1996 年 8 月，国家人事部、建设部联合发布了《造价工程师执业资格制度暂行规定》，明确国家在工程造价领域实施造价工程师执业资格制度。

（2）1998 年全国组织了造价工程师统一考试。

（3）2000 年 3 月建设部颁布了第 75 号部长令《造价工程师注册管

理办法》。

(4)2006年12月建设部颁布了新的《注册造价工程师管理办法》(建设部令第150号)。

(5)中国建设工程造价管理协会(China Engineering Cost Association, CECA)制订了《注册造价工程师继续教育实施暂行办法》。《注册造价工程师管理办法》(建设部令第150号)指出:"注册造价工程师,指已经通过全国造价工程师执业资格统一考试或者资格认定,资格互认,取得中华人民共和国造价工程师执业资格,并按照本办法注册,取得中华人民共和国造价工程师注册执业证书和执业印章,从事工程造价活动的专业人员。"

注册造价工程师的注册条件主要包括:获得造价工程师执业资格;受聘于一个工程造价的相关单位。

申请注册的造价工程师不能违反"管理办法"的相关规定。

造价工程师的执业范围如图1-3所示,我国造价工程师职业资格制度如图1-4所示。

1. 建设项目投资估算的编制、审核及项目经济评价

2. 工程概算、预算、结(决)算、标底价、投标报价的编审

3. 工程变更及合同价款的调整和索赔费用的计算

4. 建设项目各阶段工程造价控制

5. 工程经济纠纷的鉴定

6. 工程造价计价依据的编审

与工程造价业务有关的其他事项

注意:
一个造价工程师只能在一个单位执业
* 个人范围要受单位业务范围的限制
* 对工程的结算与支付无个人签字权利

图1-3 造价工程师执业范围简图

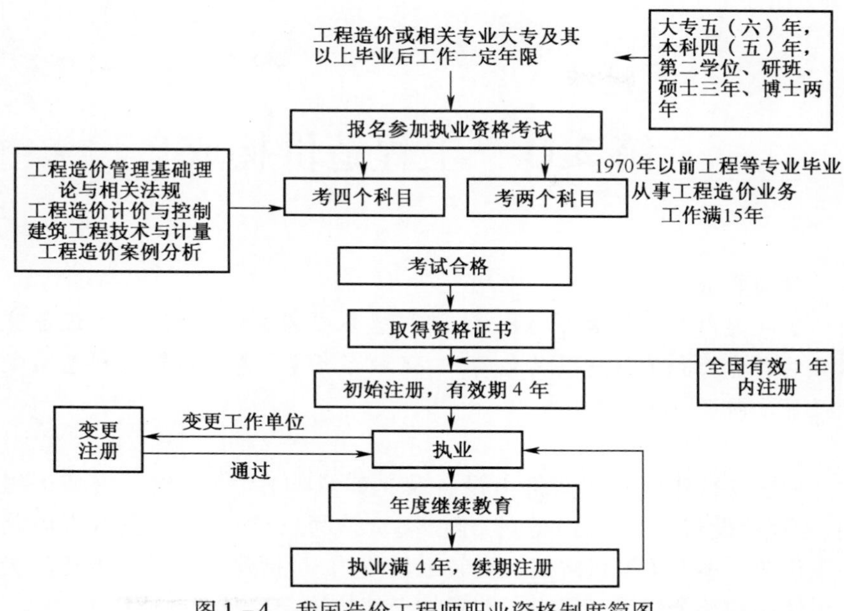


图 1－4　我国造价工程师职业资格制度简图

## 习　题

1. 工程估价的概念、特点及分类。
2. 工程估价的内容。
3. 工程估价的方法。
4. 工程估价的发展。

# 第 2 章　工程造价构成

**学习要求**

了解国内外工程估价的构成，掌握建筑安装工程费用，熟悉设备及工器具购置费用和工程建设其他费用，了解预备费、建设期贷款利息固定资产投资方向调节税。

中国现行建设工程造价由设备及工器具购置费用、建筑安装工程费用、工程建设其他费用、预备费、建设期贷款利息、固定资产投资方向调节税等构成。本书主要讲解建筑安装工程费用，是指建设项目从筹建到竣工交付使用的整个建设过程中所花费的全部建筑安装资产投资费用。

## 2.1　建筑安装工程费用

**1. 建筑安装工程费用概述**

建筑安装工程费（建筑安装工程产品价格）是建筑安装工程价值的货币表现，它由建筑工程造价和安装工程造价两个部分构成。建筑安装工程费用由直接费、间接费、税金、利润 4 个部分组成。建筑工程费用内容包括以下几个方面。

（1）各类建筑工程和列入建筑工程预算的供水、供暖、卫生、通风、燃气等设备费用及其安装、装饰工程的费用，列入建筑工程预算的各种管道、电力、电信和电缆导线敷设工程的费用。

（2）设备基础、支柱、工作台、烟囱、水塔、水池、灰塔等建筑工程以及各种炉窑的砌筑工程和金属结构工程的费用。

（3）为施工而进行的场地平整所发生的费用。

**2. 工程量清单计价模式中建筑安装工程费用的构成**

1）直接费

直接费由直接工程费、措施费组成。

(1)直接工程费。是指在工程施工过程中直接耗费的构成工程实体或有助于工程形成的各种费用,包括人工费、材料费和施工机械使用费。

①人工费。建筑安装工程费中的人工费,是指直接从事于建筑安装工程施工的生产工人开支的各项费用。构成人工费的基本要素有两个,即人工工日消耗量和人工日工资单价。

②材料费。建筑安装工程费中的材料费,是指施工过程中耗用的构成工程实体的原材料、辅助材料、构配件、零件、半成品的费用和周转材料的摊销(或租赁)费用。构成材料费的两个基本要素是材料消耗量和材料预算价格。

③施工机械使用费。建筑安装工程费中的施工机械使用费,是指使用施工机械作业所发生的机械使用费以及机械安、拆和进出场费。

(2)措施费。是指为完成工程项目施工,发生于该工程施工前和施工过程中非工程实体项目的费用。在 3. 3 节中详细阐述。

2)间接费

间接费由规费、企业管理费组成。

(1)规费。是指政府和有关权力部门规定必须缴纳的费用,包括工程排污费、工程定额测定费、社会保障费、住房公积金和危险作业意外伤害保险。

(2)企业管理费。是指建筑安装企业组织施工生产和经营管理所需费用,包括管理人员工资、办公费、差旅交通费、固定资产使用费、工具用具使用费、劳动保险费、工会经费、职工教育经费、财产保险费、财务费、税金和其他。

3)利润

利润是指施工企业完成所承包工程获得的盈利。按规定应计入建筑安装工程造价的利润叫计划利润。

4)税金

税金是指国家税法规定的应计入建筑安装工程造价内的营业税、城市维护建设税及教育费附加等。

**3. 定额计价模式中建筑安装工程费用的构成**

传统定额计价模式中的直接费、间接费与工程量清单计价模式中的直接费、间接费含义不同,但利润税金的含义相同。

1)直接工程费

定额计价法中建筑安装工程直接工程费由直接费、其他直接费、现场经费组成。

(1)直接费。是指在工程施工过程中直接耗费的构成工程实体或有助于工程形成的各种费用,包括人工费、材料费和施工机械使用费。

(2)其他直接费。是指除了直接费之外,在施工过程中直接发生的其他费用,包括冬、雨季施工增加费、夜间施工增加费、材料二次搬运费、仪器仪表使用费、生产工具用具使用费、检验试验费、特殊工程培训费、工程定位复测、工程点交、场地清理等费用、特殊地区增加费等。

(3)现场经费。是指为施工准备、组织生产和管理所需的费用,包括临时设施费和现场管理费。

2)间接费

间接费包括企业管理费、财务费用和其他费用,是指虽不直接在施工过程中发生但却与工程实体形成有关的、施工企业为组织生产和进行经营管理、生产服务所必需的各项费用。

(1)企业管理费。是指施工企业为组织施工生产经营活动所发生的管理费用,内容包括企业管理人员的基本工资、工资性补贴、职工福利费、企业办公费、差旅交通费、固定资产使用费、企业使用的工具用具使用费、工会经费、职工教育经费、劳动保险费、职工养老保险费及待业保险费、保险费、税金及技术转让费等其他费用。

(2)财务费用。是指企业为筹集资金而发生的各项费用,包括企业经营期间发生的短期贷款利息净支出、汇兑净损失、金融机构手续费,以及企业筹集资金发生的其他财务费用。

(3)其他费用。包括按规定支付工程造价管理部门的定额编制管理费和劳动定额管理部门的定额测定费,以及按有关部门规定支付的上级管理费。

## 2.2 设备及工、器具购置费用

设备购置费是指为建设项目购置或自制的达到固定资产标准的各种国产或进口设备、工具、器具的购置费用。

设备购置费 = 设备原价 + 设备运杂费

**1. 国产设备原价**

国产设备原价一般指的是设备制造厂的交货价,或订货合同价。国产设备原价分为国产标准设备原价和国产非标准设备原价。

(1)国产标准设备原价。国产标准设备是指按照主管部门颁布的标准图纸和技术要求,由我国设备生产厂批量生产的,符合国家质量检测标准的设备。国产标准设备原价有两种,即带有备件的原价和不带有备件的原价。

(2)国产非标准设备原价。国产非标准设备是指国家尚无定型标准,各设备生产厂不可能在工艺过程中采用批量生产,只能按一次订货,并根据具体的设计图纸制造的设备。非标准设备原价有多种不同的计算方法,如成本计算估价法、系列设备插入估价法、分部组合估价法和定额估价法等。

**2. 进口设备原价**

进口设备的原价是指进口设备的抵岸价,即抵达买方边境港口或边境车站,且交完关税等税费后形成的价格。进口设备抵岸价的构成与进口设备的交货类别有关。

(1)进口设备的交货类别。进口设备的交货类别可分为内陆交货类、目的地交货类、装运港交货类。

内陆交货即卖方在出口国内陆的某个地点交货。在交货地点,卖方及时提交合同规定的货物和有关凭证,并负担交货前的一切费用和风险;买方按时接收货物,交付货款,负担接货后的一切费用和风险,并自行办理出口手续和装运出口。货物的所有权也在交货后由卖方转移给买方。

目的地交货即卖方在进口国的港口或内地交货。有目的港船上交货价、目的港船边交货价(FOS)和目的港码头交货价(关税已付)及完税后交货价(进口国的指定地点)等几种交货价。它们的特点是:买卖双方承担的责任、费用和风险是以目的地约定交货点为分界线的,只有当卖方在交货点将货物置于买方控制下才算交货,才能向买方收取贷款。这种交货类别对卖方来说承担的风险较大,在国际贸易中卖方一般不愿采用。

装运港交货即卖方在出口国装运港交货。主要有装运港船上交货价(FOB),习惯称离岸价格,运费在内价(C&F)和运费、保险费在内价(CIF),习惯称到岸价格。它们的特点是:卖方按照约定的时间在装运港交货,只要卖方把合同规定的货物装船后提供货运单据便完成交货任务,可凭单据收回货款。

(2)进口设备抵岸价的构成及计算。进口设备采用最多的是装运港船上交货价。其抵岸价的构成可概括为

进口设备抵岸价 = 货价 + 国际运费 + 运输保险费 + 银行财务费 + 外贸手续费 + 关税 + 增值税 - 消费税 + 海关监管手续费 + 车辆购置附加费

**3. 设备运杂费**

(1)设备运杂费通常由下列各项构成。

①运费和装卸费。国产设备由设备制造厂交货地点起至工地仓库(或施工组织设计指定的需要安装设备的堆放地点)止所发生的运费和装卸费;进口设备则由我国到岸港口或边境车站起至工地仓库(或施工组织设计指定的需安装设备的堆放地点)止所发生的运费和装卸费。

②包装费。在设备原价中没有包含的,为运输而进行的包装支出的各种费用。

③设备供销部门的手续费。按有关部门规定的统一费率计算。

④采购与仓库保管费。指采购、验收、保管和收发设备所发生的各种费用,包括设备采购人员、保管人员和管理人员的工资、工资附加费、办公费、差旅交通费,设备供应部门办公和仓库所占固定资产使用费、工具用具使用费、劳动保护费、检验试验费等。这些费用可按主管部门规定的采购与保管费费率计算。

(2)设备运杂费的计算。设备运杂费按设备原价乘以设备运杂费率计算,其公式为

设备运杂费 = 设备原价 × 设备运杂费率

其中,设备运杂费率按各部门及省、市等的规定计取。

## 2.3 工程建设其他费用

工程建设其他费用,是指从工程筹建起到工程竣工验收交付使用止的整个建设期间,除建筑安装工程费用和设备及工、器具购置费用以外的,为保证工程建设顺利完成和交付使用后能够正常发挥效用而发生的各项费用。

**1. 土地使用费**

1)土地征用及拆迁补偿费

土地征用及拆迁补偿费是按国家有关规定及工程所在地的省(自治区、直辖市)人民政府颁发的有关规定和标准计算。其总和一般不得超过被征土地年产值的30倍,土地年产值则按该地被征用前3年的平均产量和国家规定的价格计算。其内容包括以下几个方面。

(1)土地补偿费。征用耕地(包括菜地)的补偿标准,按政府规定,为该耕地年产值的若干倍,具体补偿标准由省、自治区、直辖市人民政府在此范围内制定。

(2)青苗补偿费和被征用土地上的房屋、水井、树木等附着物补偿费。

(3)安置补助费。是指国家在征用土地时,为了安置以土地为主要生产资料并取得生活来源的农业人口的生活所给予的补助费用。安置补助费又指拆迁补偿,是在征地过程中对住宅或者非住宅房屋的价值评估后对该房屋合法拆除并给予房屋产权所有人一定补偿。

(4)缴纳的耕地占用税或城镇土地使用税、土地登记费及征地管理费等。

(5)征地动迁费。包括征用土地上的房屋及附属构筑物、城市公共设施等拆除、迁建补偿费、搬迁运输费,企业单位因搬迁造成的减产、停工损失补贴费,拆迁管理费等。

(6)水利水电工程水库淹没处理补偿费。包括农村移民安置迁建费,城市迁建补偿费,库区工矿企业、交通、电力、通信、广播、管网、水利等的恢复、迁建补偿费,库底清理费,防护工程费,环境影响补偿费用等。

2)土地使用权出让金

土地使用权出让金是政府将土地使用权出让给土地使用者,并向受让人收取的政府放弃若干年土地使用权的全部货币或其他物品及权利折合成货币的补偿。

(1) 土地出让是指土地所有权人(国家)将土地一定年限的使用权有偿转移给集体或个人。所谓“出让”是指一次性收取一定年限内的土地价款。我国法律规定土地使用权出让的最高年限是:居住用地70年,商旅、娱乐用地40年,其他用地50年。

(2)城市土地的出让和转让可采用协议、招标、公开拍卖挂牌等方式。

①协议方式适用于市政工程、公益事业用地以及需要减免地价的机关、部队用地和需要重点扶持、优先发展的产业用地。

②招标方式适用于一些大型或关键性的发展计划与投资项目。

③公开拍卖适用于盈利高的商业用地。

**2. 与项目建设有关的其他费用**

1)建设单位管理费

建设单位管理费是指建设项目从立项、筹建、建设、联合试运转、竣工验收、交付使用及后评估等全过程管理所需的费用,包括建设单位开办费和建设单位经费。

(1)建设单位开办费指新建项目为保证筹建和建设工作正常进行所需的办公设备、生活家具、用具、交通工具等购置费用。

(2)建设单位经费包括:工作人员的基本工资、工资性补贴、职工福利费、劳动保护费、劳动保险费、办公费、差旅交通费、工会经费、职工教育经费、固定资产使用费、工具用具使用费、技术图书资料费、生产人员招募费、工程招标费、合同契约公证费、工程质量监督检测费、工程咨询费、法律顾问费、审计费、业务招待费、排污费、竣工交付使用清理及竣工验收费、后评估费等。不包括应计入设备、材料预算价格的建设单位采购及保管设备所需的费用。

2)勘察设计费

勘察设计费是指对工程建设项目进行勘察设计所发生的费用。勘察设计费包括:项目的各项勘探、勘察费用,初步设计费、施工图设计费、竣工图文件编制费,设计代表的现场技术服务费。按其内容划分为勘察费、设计费。

(1)勘察费。是指项目法人委托有资质的勘察机构按照勘察设计规范要求,对项目进行工程勘察作业以及编制相关勘察文件和岩土工程设计文件等所支付的费用。

(2)设计费。是指项目法人委托由资质的设计机构按照工程设计规范要求,编制建设项目初步设计文件、施工图设计文件、非标准设备设计文件、竣工图文件等,以及设计代表进行现场技术服务所支付的费用。

勘察设计费是建筑安装工程预算中其他费用的组成部分。

**3. 与未来企业生产经营有关的其他费用**

(1)联合试运转费。是指新建企业或新增加生产工艺过程的扩建企业在竣工验收前,按照设计规定的工程质量标准,进行整个车间的负荷或无负荷联合试运转发生的费用支出大于试运转收入的亏损费用。

(2)生产准备费。是指新建企业或新增生产能力的企业,为保证竣工交付使用进行必要的生产准备所发生的费用。

(3)办公和生活家具购置费。是指为保证新建、改建、扩建项目初期正常生产、使用和管理所必须购置的办公和生活家具、用具的费用。

## 2.4　预备费、建设期贷款利息、固定资产投资方向调节税

### 1. 预备费

按我国现行规定，预备费包括基本预备费和涨价预备费。

(1)基本预备费。是指在初步设计及概算内难以预料的工程费用，费用内容包括以下几个方面。

①在批准的初步设计范围内，技术设计、施工图设计及施工过程中所增加的工程费用；设计变更、局部地基处理等增加的费用。

②一般自然灾害造成的损失和预防自然灾害所采取的措施费用。实行工程保险的工程项目费用应适当降低。

③竣工验收时为鉴定工程质量对隐蔽工程进行必要的挖掘和修复费用。

基本预备费以设备及工器具购置费、建筑安装工程费用和工程建设其他费用三者之和为计取基础，乘以基本预备费率进行计算。

(2)涨价预备费。是指建设项目在建设期间内由于价格等变化引起工程造价变化的预测预留费用。内容包括：人工、设备、材料、施工机械的价差费，建筑安装工程费及工程建设其他费用调整，利率、汇率调整等增加的费用。

### 2. 建设期贷款利息

建设期贷款利息包括向国内银行和其他非银行金融机构贷款、出口信贷、外国政府贷款、国际商业银行贷款以及在境内外发行的债券等在建设期间内应偿还的贷款利息。

当总贷款是分年均额发放时，建设期利息的计算可按当年借款在年中支用考虑，即当年贷款按半年计息，上年贷款按全年计息。计算公式为

$$q_{\mathrm{j}} = (P_{\mathrm{j}} - 1 + 0.5A_{\mathrm{j}}) \times I$$

### 3. 固定资产投资方向调节税

投资方向调节税根据国家产业政策和项目经济规模实行差别税率，税率为 0%、5%、10%、15%、30% 共 5 个档次。差别税率按两大类设计，一是基本建设项目投资，二是更新改造项目投资。对前者设计了四档税率，即 0%、5%、15%、30%；对后者设计了两档税率，即 0%、10%。目前我国暂停征收固定资产投资方向调节税，但该税种并未取消。

## 2.5 世界银行及国外项目的工程造价构成

世界银行、国际咨询工程师联合会对项目的总建设成本(相当于我国的工程造价)做了统一的规定,其详细内容如下:建设项目直接建设成本、建设项目间接建设成本、应急费和建设成本上升费用。

**1. 建设项目直接建设成本**

建设项目直接建设成本是建设项目工程造价的组成部分,其主要包括以下内容。

(1)土地征购费。

(2)场外设施费用。如道路、码头、桥梁、机场、输电线路等设施费用。

(3)场地费用。指用于场地准备、厂区道路、铁路、围栏、场内设施等的建设费用。

(4)工艺设备费。指主要设备、辅助设备及零配件的购置费用。

(5)设备安装费。指设备供应商的监理费用,本国劳务及工资费用,辅助材料、施工设备、消耗品和工具费用,以及安装承包商的管理和利润等。

(6)管道系统费用。指与管道系统的材料及劳务相关的全部费用。

(7)电气设备费。指主要设备、辅助设备及零配件的购置费用。

(8)电气安装费。指设备供应商的监理费用,本国劳务与工资费用,辅助材料、电缆、管道和工具费用,以及安装承包商的管理费和利润。

(9)仪器仪表费。指所有自动仪表、控制板、配线和辅助材料的费用以及供应商的监理费,外国或本国劳务及工资费用,承包商的管理费和利润。

(10)机械的绝缘和油漆费。指与机械及管道的绝缘和油漆相关的全部费用。

(11)工艺建筑费。指原材料费、劳务费以及与基础、建筑结构、屋顶、内外装修、公共设施有关的全部费用。

(12)服务性建筑费用。指原材料费、劳务费以及与基础、建筑结构、屋顶、内外装修、公共设施有关的全部费用。

(13)工厂普通公共设施费。包括材料和劳务费以及与供水、燃料供应、通风、蒸汽发生及分配、下水道、污物处理等公共设施有关的费用。

(14)车辆费。指工艺操作必需的机动设备零件费用,包括海运包装费用以及交货港的离岸价,但不包括税金。

(15)其他当地费用。指那些不能归类于以上任何一个项目,不能计入建设项目的间接成本，但在建设期间又是必不可少的费用。如临时设备、临时公共设施及场地的维持费，营地设施及其管理费，建筑保险和债券，杂项开支等费用。

**2. 建设项目间接建设成本**

建设项目间接建设成本指虽不直接用于该项目建设，但与该项目相关的各种费用。项目间接建设成本主要包括项目管理费、开工试车费、业主的行政性费用、生产前费用、运费、地方税等不直接由施工的工艺过程所引起的费用。

(1)项目管理费。总部人员的薪金和福利费，以及用于初步和详细工程设计、采购、时间和成本控制，行政和其他一般管理人员的费用。

施工管理现场人员的薪金、福利费和用于施工现场监督、质量保证、现场采购、时间及成本控制、行政及其他施工管理机构的费用。

零星杂项费用，如返工、旅行、生活津贴、业务支出等。

各种酬金。

(2)开工试车费。指工厂投料试车必需的劳务和材料费用(项目直接成本包括项目完工后的试车和空运转费用)。

(3)业主的行政性费用。指业主的项目管理人员支出的费用。

(4)生产前准备费。指前期研究、勘测、建矿、采矿等费用。

(5)运费和保险费。指海运、国内运输、许可证及佣金、海洋保险、综合保险等费用。

(6)地方税。指地方关税、地方税及对特殊项目征收的税金。

**3. 应急费**

应急费指在项目建设中，为了应付建设初期无法明确的子项目或建设过程中可能出现的事先无法预见事件而准备的费用。应急费由未明确项目的准备金和不可预见的准备金构成。

(1)未明确项目的准备金。此项准备金用于在估算时不可能明确的潜在项目，包括那些在做成本估算时因为缺乏完整、准确和详细的资料而不能够完全预见和不能注明的项目，而且这些项目是必须完成的，其费用是必定要发生的。它是估算不可少的一个组成部分。

(2)不可预见准备金。此项准备金是在未明确项目准备金之外，由于物质、社会和经济的变化，导致估算增加的情况。此种情况可能发生，也可能不发生。因此，不可预见准备金只是一种储备，可能动用，也可能不动用。

**4. 建设成本上升费用**

通常,估算使用的工资、材料和设备等价格是“估算日期”的价格,工程结算、决算时必须对该“估算日期”的价格进行调整,以补偿直至工程结束时的因工资、材料、设备等价格增长造成的额外费用。

## 习　　题

1. 我国现行建设项目总投资及工程造价的构成。
2. 世界银行及国外项目的工程造价构成。
3. 建筑安装工程费用是否由直接工程费、措施费构成。
4. 设备及工器具购置费用构成。
5. 工程建设其他费用的构成。

# 第3章　工程估价依据

**学习要求**

了解工程估价依据的定义、种类，熟悉工程建设定额的分类，掌握人工消耗量、材料消耗量、机械台班消耗量的编制方法，人工单价、材料预算单价和机械台班单价的确定方法，熟悉工程量清单的含义及构成。

## 3.1　概　述

**1. 工程估价依据的定义**

工程估价的计价依据，是指用以计算工程造价的基础资料的总称。在计划经济时期，最主要的计价依据就是概算定额。计价依据包括费用定额、造价指标、基础单价、工程量计算规则以及政府主管部门发布的各有关工程造价的经济法规、政策等。在市场经济条件下，计价依据还包括企业内部定额和市场信息价。目前计价依据除国家或地方法律规定的以外，一般以合同形式加以确定。

**2. 工程计价依据的种类**

计价依据主要可分为以下6类。

(1)设备和工程量计算依据。也可以称作工程技术文件，指不同建设阶段产生不同的技术文件。包括项目建议书，建设项目可行性研究资料，初步设计、扩大初步设计、施工图设计等设计图纸；施工组织设计和施工方案，工程变更及施工现场签证等。

(2)人工、材料、机械等实物消耗量计算依据，包括投资估算指标、概算定额、预算定额等。如《全国统一建筑工程基础定额》(GJD－101－95)，《全国统一建筑工程预算工程量计算规则》(GJDZG－101－95)，《建设工程工程量清单计价规范》(GB 50500—2003)，《建设工程工程量清单计价规范》(GB 50500—2008)。

(3)工程单价计算依据，包括人工单价、材料价格、材料运杂费、机械台班费、市场价格信息、物价指数和工程造价指数等。为了贯彻执行建设部《建设工程工程量清单计价规范》,适应我省建设工程计价改革的需要,江苏省对《江苏省建筑工程单位估价表》(2001 年)以及《江苏省建筑装饰工程预算定额》(1998 年)进行修订,形成了《江苏省建筑与装饰工程计价表》(2004 年)(以下简称计价表)。本计价表共计两册,与 2004 年《江苏省建筑与装饰工程费用计算规则》配套使用。

(4)设备单价计算依据,包括设备原价、设备运杂费、进口设备关税等。

(5)措施费、间接费和工程建设其他费用计算依据。主要是相关的费用定额和指标,如规费的取费标准、管理费的取费标准。

(6)政府规定的税、费。与产业政策、能源政策、环境政策、技术政策和土地等资源利用政策有关的取费标准。

## 3.2 工 程 定 额

定额是人们根据各种不同的需要,对某一事物规定的数量标准。建筑安装工程定额由建筑工程定额和安装工程定额两个部分构成。建筑工程定额是在合理的劳动组织和合理地使用材料与机械的条件下,完成单位合格建筑产品所必须消耗的劳动力、材料、机械台班的数量标准。设备安装工程定额,就是完成每一单位设备安装工程项目所消耗的各种人工、材料、施工机械台班数量或资金数量的标准数值。

### 3.2.1 工程定额的分类

#### 1. 按生产要素消耗的内容分

按生产要素消耗的内容,工程定额可分为劳动消耗定额、机械消耗定额和材料消耗定额 3 种。

(1)人工定额(也称劳动定额)。指在正常的生产条件下,完成单位合格产品所需劳动力消耗的数量标准。劳动定额的主要表现形式是时间定额和产量定额。劳动定额大多采用时间定额的形式。

①时间定额。表现为完成单位合格产品所需消耗生产工人的工作时间标准。

②产量定额。表现为生产工人在单位时间里必须完成工程建设产品的产量标准。

(2)材料消耗定额。指在正常的生产条件下,完成单位合格产品所需材料消耗的数量标准。

(3)机械台班消耗定额。机械台班定额也称机械台班使用定额或机械台班消耗定额，是指施工机械在正常施工条件下完成单位合格产品所必需的工作时间。它反映了合理地、均衡地组织劳动和使用机械时该机械在单位时间内的生产效率。

劳动定额、材料消耗定额、机械台班消耗定额统称为基础定额，是制定其他定额的基础。

**2. 按编制的程序和用途分**

按定额编制程序和用途，可以把工程定额分为施工定额、预算定额、概算定额、投资估算指标、工期定额和概算指标6种。

(1)施工定额。以同一性质的施工过程为对象，确定建筑安装工人在正常的施工条件下，为完成一定计量单位的某一施工过程或工序所需的人工、材料和机械台班的数量标准。它属于企业生产定额的性质，是施工企业为组织生产和加强管理而在企业内部使用的一种定额。是编制班组作业计划、签发工程任务单和限额领料卡，以及结算计件工资或超额、节约奖励的依据。施工定额是施工企业内部经济核算的依据，也是编制预算定额的基础。

(2)预算定额。以分部分项工程为对象，在合理的施工组织设计、正常施工条件下，生产一个规定计量单位合格结构构件、分项工程所需的人工、材料和机械台班的社会平均消耗量标准。预算定额是编制施工图预算，合理地确定工程预算造价的基本依据。预算定额是概算定额和概算指标、估算指标的编制基础。

(3)概算定额。它规定了完成单位扩大分项工程或结构构件所必须消耗的人工、材料和机械台班的数量标准，又称为扩大结构定额。概算定额是在预算定额基础上根据有代表性的通用设计图和标准图等资料，以主要工序为准，综合相关工序，进行综合、扩大和合并而成的定额。概算定额是由预算定额综合而成的。它是设计单位在初步设计阶段编制设计概算、计算投资需要量时使用的一种参考定额，它的主要作用是为项目投资控制提供依据。

(4)概算指标。是在概算定额的基础上进一步综合扩大，以“$100m^2$”建筑面积为单位，构筑物以“座”为单位，规定所需人工、材料及机械台班消耗数量及资金的定额指标。适用于初步设计阶段，是控制项目投资的有效工具,它所提供的数据是计划工作的依据和参考。

(5)投资估算指标。以独立的单项工程或一个工程项目为对象,在项目建议书可行性研究和编制设计任务书阶段编制投资估算、计算投资需要量时使用的定额。通常是根据历史的预结算资料和价格变动等资料,依据预算定额、概算定额,反映一定计量单位的建(构)筑物或工程项目所需费用的指标。

(6)工期定额。指在一定的生产技术和自然条件下,完成某个单位(或群体)工程平均需用的标准天数。包括建设工期定额和施工工期定额两个层次。建设工期,一般指建设项目中构成固定资产的单项工程、单位工程从正式破土动工至按设计文件全部建成到竣工验收交付使用所需的全部时间,不包括计划调整停缓建设所延误的时间;施工工期是施工的工程从开工起到完成承包合同规定的全部内容,达到竣工验收标准所经历的时间,以天数表示。如单位工程施工工期是指从正式开工起至完成承包工程全部设计内容并达到国家验收标准的全部有效天数。施工工期反映工程建设速度,是建设工期的重要组成部分。

**3. 按定额的主编单位和适用范围分**

按主编单位和适用范围,工程定额可分5种。

(1)全国统一定额。是由国家建设行政主管部门综合全国工程建设、工程技术和施工组织管理的情况编制的,并在全国范围内执行的定额,如全国统一安装工程预算定额。

(2)行业统一定额。是考虑到各行业部门专业工程技术特点,以及施工生产和管理水平编制的。一般只在本行业和相同专业性质的范围内使用的专业定额,如铁路建设工程定额等。

(3)地区统一定额。由各省、自治区、直辖市建设行政主管部门结合本地区特点,在全国统一定额水平的基础上,对定额项目做出适当的调整、补充而成的一种定额,在本地区范围内执行,如省建筑工程消耗量定额(2005年)。

(4)企业定额。是指由施工企业考虑本企业的具体情况,参照国家、本地区定额的水平制定的定额。企业定额只在企业内部使用,是企业素质的一个标志。企业定额水平只有高于国家现行定额才能满足生产技术发展、企业管理和市场竞争的需要。

(5)补充定额。是指随着设计、施工技术的发展,现行定额不能满足需要的情况下,为了补充缺项所编制的定额。它包括为长久使用正式补充的定额和为一次性使用补充的定额。补充定额一般由施工企业提出测定资料,与建设单位或设计单位协商议定,地方建设行政主管部门批准,只能在指定的范围内使用,并且作为以后修订定额的基础。

**4. 按定额的专业性质分**

按定额的专业性质,可分为建筑工程定额、设备安装定额、市政工程预算定额等。

(1)建筑工程定额。适用于一般工业与民用建筑的新建、扩建工程,特指一般土建工程、装饰工程、构筑物工程。

(2)安装工程定额。适用于一般工业与民用建筑的新建、扩建工程中的水、暖、电以及其他安装工程。按专业又分为机械设备安装工程,电气设备安装过程,热力设备安装工程,炉窑砌筑工程,静置设备与工艺金属结构制作安装工程,工业管道工程,消防及安全防范设备安装工程,给排水、采暖、燃气工程,通风空调工程,自动化控制仪表安装工程,刷油、防腐蚀、绝热工程,通风设备及线路工程等。

另外还有包括市政工程预算定额(消耗量定额)及与之配套的费用定额;房屋修缮、抗震加固定额及与之配套的费用定额;仿古园林工程预算定额(包括园林绿化工程消耗量定额)及与之配套的费用定额;市政养护维修定额及与之配套的费用定额;由国务院有关部门主编的并由各主编部门负责管理的专业定额,如煤炭井巷工程预算定额、煤炭露天剥离工程预算定额、铁路工程预算定额、公路工程预算定额等。

### 3.2.2　工程定额的作用

定额是规定消耗在单位工程构造上的劳动力、材料和机械的数量标准,是计算建筑安装产品价格的基础。

(1)工程定额是完成规定计量单位分项工程计价所需的人工、材料、施工机械台班的消耗量标准。由于经济实体受各自的生产条件的影响,其完成某项特定工程所消耗的人力、物力和财力资源存在着差别,而定额就为个别劳动之间存在的这种差异制定了一般消耗量的标准,即人工、材料、施工机械台班的消耗量标准,这个标准有利于鞭策落后,鼓励先进。

(2)工程定额是编制工程量计算规则、项目划分、计量单位的依据。要计算建筑安装工程的工程量,必须要依据一定的工程量计算规则。工程量计算规则的确定、项目划分、计量单位,以及计算方法都必须依据定额。

(3)工程定额是编制建安工程地区单位估价表的依据。建安工程单位估价表的编制过程就是根据定额规定消耗的各类资源(人、材、机)的消耗量乘以该地区基期资源价格,然后进行分类汇总的过程。

(4)工程定额是编制施工图预算、招标工程标底以及投标报价的依据。定额的制定的主要目的就是计价。我国现阶段还处在定额模式、清单模式并存的阶段,施工图预算、招标标底以及投标报价书的编制,主要还是依据工程所在地的预算定额来制定。

(5)工程定额是编制投资估算指标的基础。在对一个拟建工程进行可行性研究时,一个重要的内容就是要用估算指标来估算工程的总投资,而估算指标通常是根据历史的预、结算资料和价格变动等资料,依据预算定额、概算定额所编制的反映一定计量单位的建(构)筑物或工程项目所需费用的指标。

### 3.2.3 建设工程定额的确定

#### 1. 人工定额

1)人工定额的概念

人工定额(也称劳动定额)是指在正常技术组织条件和合理劳动组织条件下,生产单位合格产品所需消耗的工作时间,或在一定时间内生产的合格产品数量。劳动定额的基本表现形式分为时间定额和产量定额两种。

时间定额是指在正常生产技术组织条件和合理的劳动组织条件下,某工种、某技术等级的工人小组或个人,完成单位合格产品所必须消耗的工作时间。时间定额以“工日”为计量单位,每个工日工作时间按现行制度规定为8h,如工日/$m^3$、工日/$m^2$、工日/m、工日/t、工日/座等。

单位产品的时间定额(工日)=1/每工日的产量

单位产品的时间定额(工日)=小组成员工日数总和/小组的班产量

产量定额是指在正常的生产技术组织条件和合理的劳动组织条件下,某工种、某技术等级的工人小组或个人,在单位时间内(工日)所应完成合格产品的数量。产量定额以“产品的单位”为计量单位,如$m^3$/工日、$m^2$/工日、m/工日、t/工日、块(件)/工日等。

每工日的产量定额=1/单位产品的时间定额

每班产量定额=小组成员工日数总和/单位产品的时间定额(工日)

时间定额和产量定额互为倒数。时间定额便于计算某工序（或工种）所需总工日数，核算工资和编制施工作业计划。产量定额便于施工队向工人分配任务，考核工人劳动生产率。

2）人工消耗时间的分类

（1）必须消耗的时间（定额时间）是指工人在正常的施工条件下，完成某一建筑产品（或工作任务）必须消耗的工作时间，用 T 表示，包括有效工作时间、不可避免的中断时间和休息时间。

①有效工作时间是直接形成工程产品所消耗的时间，包括基本工作时间、辅助工作时间、准备与结束时间。

基本工作时间是指工人直接完成一定产品的施工工艺过程所必须消耗的时间。

辅助工作时间是指与施工过程的技术操作没有直接关系的工序，为了保证基本工作的顺利进行而做的辅助性工作所消耗的时间。

准备与结束时间是指执行任务前或任务完成后所消耗的时间。

②不可避免的中断时间是指由于施工过程中施工工艺特点引起的工作中断所消耗的时间。

③休息时间是指工人在施工过程中为保持体力所必需的短暂休息和生理需要的时间消耗（施工过程中喝水、上厕所、短暂休息等）。

（2）损失时间（非定额时间）是指与产品生产无关，而与施工组织和技术上的缺点有关，与工人在施工过程中的个人过失或某些偶然因素有关的时间消耗，包括多余、偶然工作时间、停工时间。

①多余、偶然工作时间。

多余时间是指工人进行了任务以外而又不能增加产量数量的工作。

偶然工作时间是工人在任务外进行的，但能够获得一定产品的工作。钢筋工在绑扎钢筋前必须对木工遗留在板内的杂物进行清理等。由于偶然工作能获得一定产品，所以拟定定额时要适当考虑它的影响。

②停工时间是指工作班内停业工作造成的时间损失。

施工本身造成的停工时间是指由于施工组织不合理，材料供应不及时，工作没有做好，劳动力安排不当等情况引起的停工时间。这类停工时间在拟定定额时不应该考虑。

非施工本身造成的停工时间是指由于气候条件以及水源、电源中断引起的停工时间，这类时间在拟定定额时应给予合理的考虑。

违反劳动纪律时间是指违反劳动纪律的规定造成工作时间损失（迟到、早退、擅自离岗、工作时间内聊天、办私事，也包括由于一个或几个工人违反劳动纪律而影响其他工人无法工作的时间损失）。此项时间损失不允许存在，因此在定额中是不能考虑的。

3）人工定额的编制方法一

以现场测定资料为基础确定人工定额。如遇到施工定额（劳动定额）缺项者，则需要依据单位时间完成的产量测定。

某工序人工消耗量的计算公式为

工作延续时间 = 基本工作时间 + 辅助工作时间 +
准备与结束工作时间 + 不可避免中断时间 + 休息时间

在计算时，由于除基本工作时间外的其他时间一般用占工作延续时间的比例来表示，因此计算公式又可以改写为

工作延续时间 = 基本工作时间/[1 -
（其他工作时间占工作延续时间的比例）]

**【例 3-1】** 现测定一砖基础墙的时间定额，已知每 $m^3$ 砌体的基本工作时间为 150min，准备与结束时间、休息时间、不可避免的中断时间占时间定额的百分比分别为 5.5%、5.73%、2.37%，辅助工作时间不计，试确定其时间定额和产量定额。

工作延续时间 = 150/[1 - (5.5% + 5.73% + 2.37%)] = 173.61min

时间定额：173.61/(8 × 60) = 0.362 工日/$m^3$

产量定额：1/0.362 = 2.76$m^3$/工日

4）人工定额的编制方法二

人工定额（综合工序人工消耗量）是指在正常施工条件下，生产单位合格产品所必须消耗的人工工日数量，是由分项工程所综合的各个工序劳动定额包括的基本用工、其他用工两个部分组成的。其中其他用工包括超运距用工、辅助用工和人工幅度差。

（1）基本用工。指完成一定计量单位的分项工程或结构构件的各项工作过程的施工任务所必须消耗的技术工种用工。基本用工包括以下内容。

①完成定额计量单位的主要用工。按综合取定的工程量和相应劳动定额进行计算。

$$基本用工 = \sum(综合取定的工程量 \times 劳动定额)$$

例如工程实际的砖基础，有 1 砖厚、1 砖半厚、2 砖厚等情况，用工各不

相同,在预算定额中由于不区分厚度,需要按照统计的比例,加权平均得出综合的人工消耗。

②按劳动定额规定应增减计算的用工量。由于预算定额是在施工定额子目的基础上综合扩大的,包括的工作内容较多,施工的功效因部位不同而异,所以需要另外增加人工消耗,而这种人工消耗也可以列入基本用工内。

(2)其他用工是辅助基本用工消耗的工日,包括超运距用工、辅助用工和人工幅度差用工。

①超运距用工。超运距是指劳动定额中已包括的材料、半成品场内水平搬运距离与预算定额所考虑的现场材料、半成品堆放地点到操作地点的水平距离之差。

超运距 = 预算定额取定运距 - 劳动定额已包括的运距

超运距用工 = $\sum$(超运距材料数量 × 时间定额)

②辅助用工。指技术工种劳动定额内不包括而在预算定额内又必须考虑的用工。如机械土方工程配合用工、材料加工(筛砂、洗石、淋化石膏)、电焊点火用工等。

辅助用工 = $\sum$(材料加工数量 × 相对应的劳动定额)

③人工幅度差。即预算定额与劳动定额的差额,主要是指在劳动定额中未包括而在正常施工情况下不可避免但又很难准确计量的用工和各种工时消耗。

人工幅度差主要包括各工种间的工序搭接及交叉作业相互配合或影响所发生的停歇用工;施工机械在单位工程之间转移及临时水电线路移动所造成的停工;质量检查和隐蔽工程验收工作的影响;班组操作地点转移用工;工序交接时对前一工序不可避免的修整用工;施工中不可避免的其他零星用工等。

人工幅度差 =(基本用工 + 辅助用工 + 超运距用工)× 人工幅度差系数

人工幅度差的用工量列入其他用工量中。

**【例 3-2】** 某砌筑工程,每 $m^3$ 砌体需要基本用工 0.93 工日,辅助用工和超运距用工分别是基本用工的 25% 和 16%,人工幅度差系数为 14%,试问①试计算该砌体的人工定额。②计算砌筑 $20m^3$ 工程的人工工日消耗量。

**解**:基本用工 = 0.93 工日

其他用工包括超运距用工、辅助用工、人工幅度差。

超运距用工 = 基本用工 ×16% = 0.93 ×16% = 0.1488 工日

辅助用工 = 基本用工 ×25% = 0.93 ×25% = 0.2325 工日

人工幅度差 =（基本用工 + 辅助用工 + 超运距用工）× 人工幅度差系数
= (0.93 + 0.2325 + 0.1488) ×14% = 0.1836 工日

人工定额 = 基本用工 + 其他用工 = 0.93 + 0.2325 + 0.1488 + 0.1836
= 1.495 工日

该工程的人工消耗量 = 1.495 ×20 = 29.90 工日

**2. 材料定额**

1）材料定额的概述

材料定额是指在正常施工生产条件下，为完成单位合格产品的施工任务所必须消耗的材料、成品、半成品、构配件及周转性材料的数量标准。从消耗内容看，分为完成该分项工程或结构构件的施工任务必需的各种实体性材料（如标准砖、混凝土、钢筋等）的消耗和各种措施性材料（如模板、脚手架等）的消耗；从引起消耗的因素看，分为直接构成工程实体的材料净耗量、发生在施工过程中材料的合理损耗量及周转性材料的摊销量。按其使用性质、用途和用量大小看，分为主要材料、辅助材料、周转性材料和次要材料。主要材料指直接构成工程实体的材料；辅助材料是构成工程实体，但使用比重较小的材料，例如垫木铁钉、铅丝等；周转性材料又称工具性材料，指施工中多次周转使用但不构成工程实体的材料，例如脚手架、模板等；次要材料指用量很小、价值不大、不便计算的零星用料，如棉纱、现场注记所用的红油漆等。

2）材料定额的组成

材料消耗定额既包括构成产品实体净用的材料数量，又包括施工场内运输及操作过程不可避免的损耗量。即

总消耗量 = 材料净用量 + 材料损耗量

材料损耗量 = 材料净用量 × 材料损耗率

损耗率 = 损耗量/总消耗量 ×100%

材料总消耗量是必须消耗的材料用量，是指在合理用料的条件下，生产合格产品所需消耗的材料。它包括：直接用于建筑和安装工程的材料，不可避免的施工废料，不可避免的材料损耗。必须消耗的材料属于施工正常消耗，是确定材料消耗定额的基本数据。

材料净用量是指直接用于建筑安装工程形成工程实体的材料。

材料损耗量是不可避免的施工废料和材料损耗。

3)材料定额的编制

根据材料使用次数的不同,建筑安装材料分为非周转性材料和周转性材料。

非周转性材料也称为直接性材料。它是指施工中一次性消耗并直接构成工程实体的材料,如砖、瓦、灰、砂、石、钢筋、水泥、工程用木材等。

周转性材料是指在施工过程中能多次使用,反复周转但并不构成工程实体的工具性材料,如模板、活动支架、脚手架、支撑、挡土板等。

(1)直接性材料消耗定额的制定方法有观测法、试验法、统计法和计算法。

①观测法是对施工过程中实际完成产品的数量进行现场观察、测定,再通过分析整理和计算确定建筑材料消耗定额的一种方法。

这种方法最适宜制定材料的损耗定额。因为只有通过现场观察、测定,才能正确区别哪些属于不可避免的损耗;哪些属于可以避免的损耗。

用观测法制定材料的消耗定额时,所选用的观测对象应符合下列要求:建筑物应具有代表性,施工方法符合操作规范的要求,建筑材料的品种、规格、质量符合技术、设计的要求,被观测对象在节约材料和保证产品质量等方面有较好的成绩。

②试验法是通过专门的仪器和设备在试验室内确定材料消耗定额的一种方法。

这种方法适用于能在试验室条件下进行测定的塑性材料和液体材料(如混凝土、砂浆、沥青玛帝脂、油漆涂料及防腐等)。

例如:可测定出混凝土的配合比,然后计算出每 $1m^3$ 混凝土中的水泥、砂、石、水的消耗量。由于在实验室内比施工现场具有更好的工作条件,所以能更深入、详细地研究各种因素对材料消耗的影响,从中得到比较准确的数据。但是,在实验室中无法充分估计到施工现场中某些外界因素对材料消耗的影响。因此,要求实验室条件尽量与施工过程中的正常施工条件一致,同时在测定后用观察法进行审核和修正。

③统计法是指在施工过程中,对分部分项工程所拨发的各种材料数量、完成的产品数量和竣工后的材料剩余数量,进行统计、分析、计算来确定材料消耗定额的方法。

这种方法简便易行,不需组织专人观测和试验。但应注意统计资料的真实性和系统性,要有准确的领退料统计数字和完成工程量的统计资料。统计对象也应加以认真选择,并注意和其他方法结合使用,以提高所拟定额的准确程度。

④理论计算法是根据施工图纸和其他技术资料,用理论公式计算出产品的材料净用量,从而制定出材料的消耗定额。

这种方法主要适用于块状、板状和卷筒状产品(如砖、钢材、玻璃和油毡等)的材料消耗定额。

**【例3-3】** 1:1 水泥砂浆贴 152×152×5 瓷砖墙面,结合层厚度10mm,试计算每 $100m^2$ 墙面瓷砖和砂浆的总消耗量(灰缝宽2mm),瓷砖损耗率1.5%,砂浆损耗率1%。

**解**:每 $100m^2$ 瓷砖墙面中

瓷砖净用量 $=100/[(0.152+0.002)\times(0.152+0.002)]$

$=4216.56$ 块

瓷砖总消耗量 $=4216.56\times(1+1.5\%)=4279.81$ 块

结合层砂浆净用量 $=100\times0.01=1.00m^3$

缝隙砂浆净用量 $=(100-4216.56\times0.152\times0.152)\times0.005$

$=0.013m^3$

砂浆总消耗量 $=(1+0.013)\times(1+1\%)=1.023m^3$

**【例3-4】** 已知 $1m^3$ 砖砌体中用了521.8块砖。计算砖和砂浆的消耗量(标准砖和砂浆的损耗率均为1%)。

**解**:砖消耗量 $=521.8\times(1+1\%)=527$(块)

砂浆净用量 $=1-521.8\times0.0014628=0.237m^3$

砂浆消耗量 $=0.237\times(1+1\%)=0.239m^3$

(2)周转性材料消耗定额的制定。周转性材料的消耗定额,应该按照多次使用,分次摊销的方法确定。周转性材料在材料消耗定额中,往往以摊销量表示。摊销量是指周转性材料使用一次在单位产品上的消耗量,即应分摊到每一单位分项工程或结构构件上的周转性材料消耗量。

周转性材料消耗定额一般与一次使用量、损耗率、周转次数和回收量4个因素有关。

①一次使用量:是指完成定额计量单位产品的生产,在不重复使用的前提下的一次用量。根据构件施工图与施工验收规范计算。一次使用量

供建设单位和施工单位申请备料和编制施工作业计划使用。

②损耗率：在第二次和以后各次周转中，每周转一次因损坏不能复用，必须另作补充的数量占一次使用量的百分比，又称平均每次周转补损率。损耗率用统计法和观测法来确定。

③周转次数：按施工情况和过去经验确定。

影响周转次数的主要因素有以下几个：材质及功能，如金属制的周转材料比木制的周转次数多 10 倍，甚至百倍；使用条件的好坏；施工速度的快慢；对周转材料的保管、保养和维修的好坏等。确定出最佳的周转次数是十分不容易的。

④回收量：平均每周转一次可以回收材料的数量，这部分数量应从摊销量中扣除。

材料消耗定额是控制材料需用量计划、运输计划、供应计划、计算材料仓库面积大小的依据，也是企业对工人签发限额材料单和材料核算的依据。

**3. 机械台班定额**

1）机械台班定额的概念

机械台班定额是指在正常施工条件下，生产单位合格产品（分部分项工程或结构构件）必须消耗的某种型号施工机械的台班数量。

施工机械时间定额是指在合理劳动组织与合理使用机械条件下，完成单位合格产品所必需的工作时间，包括有效工作时间（正常负荷下的工作时间和降低负荷下的工作时间）、不可避免的中断时间、不可避免的无负荷工作时间。机械时间定额以“台班”表示，即一台机械工作一个作业班时间。一个作业班时间为 8h。

机械台班产量定额就是在正常的施工条件和劳动组织条件下，某种机械在一个台班时间内必须完成的单位合格产品的数量。

时间定额和产量定额互为倒数关系。

2）机械工作时间消耗的分类

机械工作时间也分为必须消耗的时间和损失时间两大类。

（1）机械必须消耗的工作时间。机械必须消耗的工作时间，包括有效工作、不可避免的无负荷工作和不可避免的中断三项时间消耗。在必须消耗的工作时间里，包括有效工作时间，不可避免的无负荷工作时间和不可避免的中断时间。其中有效工作的时间消耗又包括正常负荷下的工时消耗、有根据地降低负荷下工作的工时消耗。

正常负荷下的工作时间是机械在与机械说明书规定的计算负荷相符的情况下进行工作的时间。

有根据地降低负荷下的工作时间是在个别情况下机械由于技术上的原因在低于其计算负荷下工作的时间。例如,汽车运输重量轻而体积大的货物时,不能充分利用汽车的载重吨位;起重机吊装轻型结构时,不能充分利用其起重能力,因而低于其计算负荷。

低负荷下的工作时间,是由于工人或技术人员的过错所造成的施工机械在降低负荷的情况下工作的时间。此项工作时间不能作为计算时间定额的基础。

不可避免的无负荷工作时间是由施工过程的特点和机械结构的特点造成的机械无负荷工作时间。

不可避免的中断工作时间是与工艺过程的特点、机器的使用和保养、工人休息有关的,所以它又可以分为3种。

与工艺过程的特点有关的不可避免中断工作时间可分为有循环的和定期的两种。循环的不可避免中断是在机器工作的每一个循环中重复一次。定期的不可避免中断是经过一定时期重复一次。

与机器有关的不可避免中断工作时间,是由于工人进行准备与结束工作或辅助工作时,机器停止工作而引起的中断工作时间。

要注意的是,应尽量利用与工艺过程有关的和与机器有关的不可避免中断时间进行休息,以充分利用工作时间。

(2)损失的工作时间,包括多余工作、停工和违反劳动纪律所消耗的工作时间。

机械的多余工作时间是机械进行任务内和工艺过程内未包括的工作而延续的时间。如搅拌机搅拌灰浆超过规定而多延续的时间;工人没有及时供料而使机械空运转的时间。

机械的停工时间,按其性质也可分为施工本身造成和非施工本身造成的停工。前者是由于施工组织的不好而引起的停工现象,如由于未及时供给机器水、电、燃料而引起的停工。后者是由于气候条件所引起的停工现象,如暴雨时压路机的停工。

违反劳动纪律引起的机械时间损失,是指由于工人迟到、早退或擅离岗位等原因引起的机械停工时间。

3）机械台班定额的编制方法一

（1）以现场测定资料为基础确定机械台班消耗量。如遇到施工定额缺项者，则需要依据单位时间完成的产量测定。

**【例 3－5】** 某工程现场采用出料容量 500L 的混凝土搅拌机，每一次循环中，装料、搅拌、卸料、中断需要的时间分别为 1min、3min、1min、1min，机械正常功能利用系数为 0.9，则该机械的台班产量定额为多少 $m^3$/台班。

**解**：搅拌一次成型时间，1＋3＋1＋1＝6min

1 台班＝8h＝480min/6＝80 次

已知机械利用系数 0.9：80×500×0.9＝36000L＝36$m^3$

台班定额：36$m^3$/台班

（2）利用公式确定机械台班消耗量。机械台班产量：$W=N\cdot T\cdot k$；

当一次循环时间大于 1h 时，则机械台班产量为

$$W=T/t\cdot m\cdot k$$

式中：$W$ 为机械台班产量；$T$ 为工作班延续时间；$m$ 为每次循环的产品数量；$t$ 为一次循环时间；$N$ 为循环动作或连续动作机械的一小时生产率；$k$ 为台班时间利用系数，它等于机械净工作时间与工作延续时间的比值。

机械纯工作时间就是指机械必须消耗的净工作时间，它包括正常工作负荷下，有根据地降低负荷下、不可避免的无负荷时间和不可避免的中断时间。机械纯工作 1h 的正常生产率，就是在正常施工条件下，由具备一定技能的技术工人操作施工机械净工作 1h 的劳动生产率。机械的正常利用系数是指机械在工作班内工作时间的利用率。机械正常利用系数与工作班内的工作状况有着密切的关系。确定机械正常利用系数。首先，要计算工作班在正常状况下，准备与结束工作、机械开动、机械维护等工作所必须消耗的时间，以及机械有效工作的开始与结束时间；然后，再计算机械工作班的纯工作时间；最后确定机械正常利用系数。

**【例 3－6】** 某沟槽采用挖斗容量为 0.6$m^3$ 的反铲挖掘机挖土，已知该挖掘机铲斗充盈系数为 1.0，每循环 1 次时间为 2min，机械利用系数为 0.85。试计算该挖掘机产量定额。

**解**：机械一次循环时间为 2min

机械纯工作 1h 循环次数 60/2＝30 次

机械纯工作 1h 正常生产率＝30×0.6×1＝18$m^3$/h

机械正常利用系数为 0.85

挖掘机产量定额 $= 18 \times 8 \times 0.85 = 122.4\mathrm{m}^3$/台班

4）机械台班定额的编制方法二

机械台班定额是指在正常施工条件下，生产单位合格产品所必须消耗的施工机械台班数量，是由分项工程所综合的各个工序的机械台班消耗量及机械幅度差两个部分组成的。

机械耗用台班 = 综合工序机械耗用台班 ×（1 + 机械幅度差系数）

机械耗用台班 = 施工定额机械耗用台班 ×（1 + 机械幅度差系数）

机械台班幅度差一般包括正常施工组织条件下不可避免的机械空转时间，施工技术原因的中断及合理停滞时间，因供水供电故障及水电线路移动检修而发生的运转中断时间，因气候变化或机械本身故障影响工时利用的时间，施工机械转移及配套机械相互影响损失的时间；配合机械施工的工人因与其他工种交叉造成的间歇时间，因检查工程质量造成的机械停歇的时间，工程收尾和工作量不饱满造成的机械停歇时间等。

“台班”就是一台机械工作一个工作班（即 8h）。

## 3.3 工 程 单 价

**1. 基础单价**

施工生产的基本要素有人工、材料、施工机械设备。这三大资源要素的价格是工程计价的基础，工程计价时应根据工程项目所在地区的有关规定、材料来源、当地的技术经济条件等，确定人工工日单价、材料单价、施工机械台班单价，作为计算工程单价的基本依据，这些单价统称为基础单价。

施工生产消耗的各种资源来自技术劳务市场、建筑材料市场、机械设备市场，因此资源要素的价格应动态地反映市场价格；同时承建人在组织生产资源进场过程中，需要进行计划、组织、采购、供应、保管等管理工作，所以资源要素价格也应反映企业资源供应的管理水平。

**2. 人工单价的确定**

人工预算价格也称人工工日单价或定额工资单价，是指一个建筑安装工人一个工作日在预算中应计入的全部人工费用。它基本上反映了建筑安装工人的工资水平和一个工人在一个工作日中可以得到的报酬。

（1）工资等级。是按国家有关规定或企业有关规定，按照劳动者的技术水平、熟练程度和工作责任大小等因素所划分的工资级别。

（2）人工单价。现行生产工人的工日单价组成如下。

①基本工资。由岗位工资、技能工资、工龄工资组成。

②辅助工资。年有效施工天数以外非作业天数的工资(包括学习培训、探亲等假期的工资)。

③工资性补贴。是指保证工资水平而补偿发放的各类补贴(包括交通、住房补贴等)。

④职工福利费。按规定标准计取的职工福利费。

⑤劳动保护费。是指按规定标准发放的劳动保护用品的购置费和保健费等。

(3)人工单价的计算与确定。

定额工资单价 = 日基本工资 + 日辅助工资 + 日工资性质津贴 + 职工福利费 + 劳动保护费

建筑安装工人的日工资单价包括基本工资的日工资标准和工资补贴及属于生产工人开支范围的各项费用的日标准工资。

**3. 材料预算单价的确定**

1)材料预算单价的概念

材料预算单价是指材料由来源地或交货地点,经中间转运,到达工地仓库或施工现场堆放地点后的出库单价。材料预算单价是工程计价中计算各种材料费的基础单价。

材料基价 = [(供应价格 + 运杂费) × (1 + 运输损耗率)] × (1 + 采购及保管费率)

2)材料预算单价的构成

消耗在单位材料上的各项费用的总和即构成材料预算单价,它一般包括以下4个方面。

(1)材料原价是指材料的出厂价、交货地价格、市场批发价、进口材料的调拨价,包括材料采购价、供销部门手续费、包装费。

在确定材料原价时,因产地、供应渠道不同,出现几种原价时,其综合原价可按加权平均的方法计算。

加权平均原价 = $(K_1C_1 + K_2C_2 + \cdots + K_nC_n)/(K_1 + K_2 + \cdots + K_n)$

式中:$K_1, K_2, \cdots, K_n$ 为各不同供应地点的供应量或各不同使用地点的需要量;$C_1, C_2, \cdots, C_n$ 为各不同供应地点的原价。

**【例3-7】** 某工程计划用砖20万块,由3个砖厂供应;其中第一个砖厂供应6万块,单价为490元/千块,第二个砖厂供应6万块,单价为500元/千块,第三个砖厂供应8万块,单价为480元/千块,试计算砖的加权平均原价。

**解**:加权平均材料原价

$$=(60\times490+60\times500+80\times480)/200=489(\text{元/千块})$$

(2)包装费是为了便于材料运输和保护材料而进行包装所需的一切费用。包装费包括包装品的价值和包装费用。凡由生产厂家负责包装的产品,其包装费已计入材料原价内,不再另行计算,但应扣回包装品的回收价值。包装材料如有回收价值,应考虑回收价值。地区有规定者,按地区规定计算;地区无规定者,可根据实际情况确定。

(3)供销部门手续费是需通过物资部门供应而发生的经营管理费用。不经过物资供应部门的材料,不计供销部门手续费。

(4)材料运杂费是指材料由其来源地(交货地点)起(包括经中间仓库转运)运至施工工地仓库或堆放场地上,全部运输过程中所支出的一切费用,包括车船等的运输费、调车费、出入仓库费、装卸费等。

$$\text{运杂费}=(K_1T_1+K_2T_2+\cdots+K_nT_n)/(K_1+K_2+\cdots+K_n)$$

式中:$K_1,K_2,\cdots,K_n$ 为各不同供应地点的供应量或各不同使用地点的需要量;$T_1,T_2,\cdots,T_n$ 为各不同供应地点的运输距离。

(5)材料运输损耗费是指材料在运输和装卸搬运过程中不可避免的损耗产生的费用。一般通过损耗率来规定损耗标准。

(6)材料采购及保管费是指材料部门在组织采购、供应和保管材料过程中所发生的各种费用。包括各级材料部门的职工工资、职工福利、劳动保护费、差旅费、交通费、办公费等。

目前国家规定的综合采购保管费率为2.5%(其中采购费率为1%,保管费率为1.5%)。由建设单位供应材料到现场仓库,施工单位只收保管费。

$$\text{采购保管费}=(\text{原价}+\text{运杂费})\times\text{采购保管费率}$$

**【例3-8】** 某工程使用42.5级普通硅酸盐水泥,出厂价格为360元/t,由某建材公司供应,运输费35元/t,包装费每吨20元(已包括在材料原价内),回收率50%。供销手续费率为3%。采购及保管费率为2%。试确定该批水泥每吨的预算价格。

**解**:42.5级普通硅酸盐水泥原价为360元/t

供销部门手续费为360×3%=10.8元/t

包装费:水泥纸袋包装费已包括在材料原价内,不另计算,但包装回收值应在材料预算价格中扣除。则包装费应扣除值为

$$20 \times 50\% = 10 \text{ 元/t}$$

运输费为 35 元/t

材料采购采保管费：

$(360 + 10.8 + 35) \times 2\% = 8.12$ 元/t

某工程仓库 32.5 级普通硅酸盐水泥供应价格及预算价格为

$$\text{预算价格} = (360 + 10.8 + 35 + 8.12) - 10 = 403.92 \text{ 元/t}$$

3)影响材料预算单价变动的因素

(1)市场供需变化。材料原价是材料预算单价中最基本的组成部分。市场供大于求，价格就会下降；反之，价格就会上升，从而也就影响材料预算单价的涨落。

(2)材料生产成本的变动直接影响材料预算单价的波动。

(3)流通环节的多少和材料供应体制也会影响材料预算单价。

(4)运输距离和运输方法的改变会影响材料运输费的增减，从而也会影响材料预算单价。

(5)国际市场行情会对进口材料预算单价产生影响。

**4. 机械台班单价的确定**

1)机械台班单价的概念

机械台班单价是指施工机械在正常运转条件下一个工作班(一般按 8h 计)所发生的全部费用。

施工机械台班单价以“台班”为计量单位。

2)机械台班单价的构成

(1)第一类费用。

①折旧费：是指施工机械在规定的使用年限内，陆续收回其原值及购置资金的时间价值。

台班折旧费 = 机械预算价格 × (1 − 残值率) × (1 + 贷款利息系数) ÷ 使用总台班

使用总台班 = 年工作台班 × 使用年限

**【例 3－9】** 设 8t 载重汽车的预算价格为 25 万元。残值率为 5%，大修间隔台班为 690 个，大修周期为 4 个，贷款利息为 2.8 万元，试计算台班折旧费。

**解**：由上述已知条件可得

耐用总台班 = 690 × 4 = 2760(个)

载重汽车折旧费 = [25 × (1 − 5%) + 2.8]/2760

= 0.009619(万元/台班) = 96.19 元/台班

大修周期 = 寿命期大修次数 + 1

②大修理费:是指施工机械按规定的大修理间隔台班进行必要的大修理,以恢复其正常功能所需的费用。

台班大修理费 = 一次大修理费 × 大修理次数 ÷ 使用总台班

大修理次数 = 使用总台班 ÷ 大修理间隔台班 − 1

**【例 3 − 10】** 某 8t 载重汽车一次大修理费为 1 万元,大修理周期为 4 个。耐用总台班 2760 个,试求台班大修理费。

**解:**由上述条件可得

台班大修理费 = 1 × (4 − 1)/2760 = 0.001086(万元/台班)

③经常修理费:是指施工机械除大修理外的各级保养和临时故障排除所需的费用。

台班经常修理费 = 大修理费 × $K$

$K$ = 典型机械台班经常修理费的测算值 ÷ 典型机械台班大修理费的测算值

④安拆费及场外运费。

安拆费是指施工机械在现场进行安装与拆除所需的人工、材料、机械和试运转以及辅助机械的折旧、搭设、拆除等费用。

台班安拆费 = 机械一次安拆费 × 年平均安拆次数 ÷ 年工作台班

场外运费是指施工机械由存放地运至施工现场或由一个工地运至另一个工地的运输、装卸、辅助材料及架线等费用。

台班场外运费 = (机械一次运费及装卸费 + 辅助材料一次摊销费 + 一次架线费) × 年运输次数 ÷ 年工作台班

**【例 3 − 11】** 某施工机械年工作 330 台班,年平均安拆 0.75 次,机械一次安拆费 32000 元,台班辅助设施费为 110 元,试求施工机械的台班安拆费(结果保留两位小数)。

**解:**施工机械的台班安拆费

= (机械一次安拆费 × 年平均安拆次数)/年工作台班 + 台班辅助设施费

= (32000 元/次 × 0.75 次)/330 + 110 = 182.73 元

(2)第二类费用。

①燃料动力费:是指施工机械在运转作业中所消耗的燃料、水和电等。

台班动力燃料费 = 台班动力燃料消耗量 × 动力燃料预算单价

**【例3-12】** 某8t载重汽车每个台班耗柴油45kg,每千克柴油单价为7.4元,求台班燃料费。

**解**:由上述条件可得

台班燃料费 = 45 × 7.4 = 333(元/台班)

②人工费:是指机上司机和其他操作人员的工作日人工费。

台班人工费 = 机上操作人员人工工日数 × 人工工日单价

③养路费及车船使用税:是指施工机械按照国家规定和有关部门规定应缴纳的养路费、车船使用税、保险费及年检费等。

台班养路费及车船使用税 =(载重量 × 年工作月数 × 月养路费 + 年车船使用费)÷ 年工作台班

**5. 工程单价的编制**

(1)工料单价也称直接费单价,由人工、材料和机械费组成。

工料单价 = 人工费 + 材料费 + 施工机械使用费

其中:

人工费 = 分项工程定额用工量 × 地区综合平均工资标准

材料费 = Σ(分项工程定额材料用量 × 相应的材料预算价格)

施工机械使用费 = Σ(分项工程定额台班用量 × 相应机械台班预算价格)

(2)部分费用单价也称综合单价,一般指工程造价中包括人、材、机、管理费、利润及风险费的实体工程量清单的单价。采用综合单价时,措施费、规费、税金是单列的。

部分费用综合单价 = 人工费 + 材料费 + 机械使用费 + 管理费 + 利润

(3)全费用单价(国际惯例)。全费用综合单价除包括综合单价的内容外还包括了规费、税金及措施费用的分摊金额。

全费用综合单价 = 人工费 + 材料费 + 机械使用费 + 措施费 + 管理费 + 利润 + 税金 + 规费

## 3.4　工程量清单

工程量清单(Bill of Quantity, BOQ)是在19世纪30年代产生的,西方国家把计算工程量、提供工程量清单专业化作为业主估价师的职责,所有的投标都要以业主提供的工程量清单为基础,从而使得最后的投标结果具有可比性。工程量清单报价是建设工程招投标工作中,由招标人按国家统一的工程量计算规则提供工程数量，由投标人自主报价，并按照合理低价中标模式签订合同的工程造价计价模式。

工程量清单由建设工程的分部分项工程项目、措施项目、其他项目、规费项目和税金项目等明细清单构成。它是编制标底和投标报价的依据，是签订工程合同、调整工程量和办理竣工结算的基础。

**1. 分部分项工程量清单**

分部分项工程量清单应包括项目编码、项目名称、计量单位和工程数量。它的编制，首先要实现《建设工程工程量清单计价规范》中的四统一原则，即统一项目清单编码、统一项目名称、统一计量单位、统一工程量计算规则。

(1)项目清单编码。清单编码以12位阿拉伯数字表示。其中1、2位是附录顺序码，3、4位是专业工程顺序码，5、6位是分部工程顺序码，7、8、9是分项工作顺序码，10、11、12位是清单项目名称顺序码。其中前9位是《清单规范》给定的全国统一编码，根据规范附录A、附录B、附录C、附录D、附录E的规定设置，后3位清单项目名称顺序码由编制人根据图纸的设计要求设置。附录A为建筑工程工程量清单项目及计算规则，适用于工业与民用建筑物和构筑物工程。附录B为装饰装修工程工程量清单项目及计算规则，适用于工业与民用建筑物和构筑物的装饰装修工程。附录C为安装工程工程量清单项目及计算规则，适用于工业与民用安装工程。附录D为市政工程工程量清单项目及计算规则，适用于城市市政建设工程。附录E为园林绿化工程工程量清单项目及计算规则，适用于园林绿化工程。

项目编码一至九位编码应按附录A、B、C、D、E的规定设置，十至十二位应根据拟建工程的工程量清单项目名称由其编制人设置，并应自001起顺序编制。

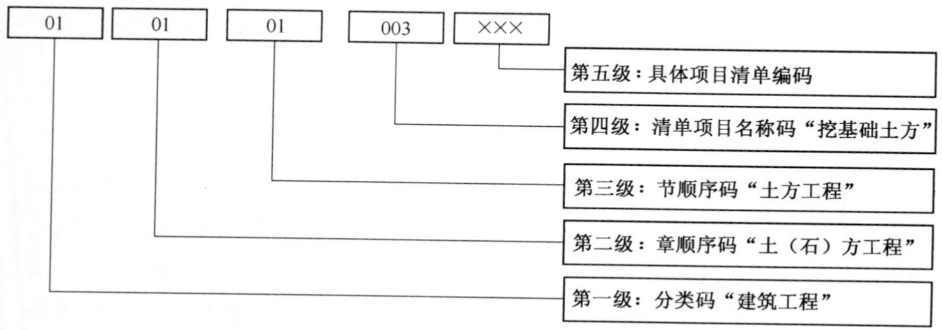

工程量清单主要包括工程量清单说明和工程量清单表两个部分。工程量清单说明主要是招标人解释拟招标工程的工程量清单的编制依据；工程量清单表列出了该项工程所包含的项目种类及数量，是清单项目和工程数量的载体。

(2)项目名称。原则上以形成的工程实体而命名。项目名称如有缺项，招标人可按相应的原则进行补充，并报当地工程造价管理部门备案。

(3)项目特征。是对项目进行的准确描述，是确定项目价格的重要因素。项目特征按不同的工程部位、施工工艺或材料品种、规格等分别列项。凡项目特征中未描述到的其他独有特征，由清单编制人视项目具体情况确定，以准确描述清单项目为准。

(4)计量单位。即对工程计量所采用的基本单位。工程数量按照计量规则中的工程量计算规则计算，其精确度按下列规定。

①以“吨”为单位的，保留小数点后三位，第四位小数四舍五入。

②以“立方米”、“平方米”、“米”为单位，应保留两位小数，第三位小数四舍五入。

③以“个”、“项”等为单位的，应取整数。

(5)工程内容。是指完成该清单项目可能发生的具体工程，可供招标人确定清单项目和投标人投标报价参考。凡工程内容中未列全的其他具体工程，由投标人按招标文件或图纸要求编制，以完成清单项目为准，综合考虑到报价中。

**2. 措施项目清单**

措施项目是为完成工程项目施工、发生于该工程施工前和施工过程中技术、生活、安全等方面的非工程实体项目。措施项目可分为专业措施项目和通用措施项目。《计价规范》给出了措施项目一览表，作为措施项目列项的参考。

专业措施项目：建筑工程的垂直运输机械、装饰装修工程的室内空气污染测试、安装工程的组装平台，设备、管道施工的安全、防冻和焊接保护措施，压力容器和高压管道的检验，焦炉施工大棚，焦炉烘炉、热态工程，管道安装后的充气保护措施，隧道内施工的通风、供水、供气、供电、照明及通信设施，现场施工围栏等。

通用措施项目：环境保护，文明施工，安全施工，临时设施，夜间施工，二次搬运，大型机械设备进出场及安拆，混凝土、钢筋混凝土模板及支架，脚手架，已完工程及设备保护，施工排水、降水。通用措施项目费的确定方式如下所示。

(1)环境保护费：是指施工现场为达到环保部门要求所需要的各项费用。江苏省按环保部门有关的规定计算，由双方在合同中约定。

(2)安全文明施工费：是指施工现场安全文明施工所需要的各项费用。

(3)临时设施费：是指施工企业为进行建筑工程施工所必须搭设的生活和生产用的临时建筑物、构筑物和其他临时设施费用等。

临时设施包括：临时宿舍、文化福利及公用事业房屋与构筑物、仓库、办公室、加工厂以及规定范围内道路、水、电、管线等临时设施和小型临时设施。临时设施费用包括：临时设施的搭设、维修、拆除费或摊销费。由施工单位根据工程实际情况报价，发承包双方在合同中约定。

(4)夜间施工费：是指因夜间施工所发生的夜班补助费、夜间施工降效、夜间施工照明设备摊销及照明用电等费用。根据工程实际情况，由发承包双方在合同中约定。

(5)二次搬运费：是指因施工场地狭小等特殊情况而发生的二次搬运费用。

(6)大型机械设备进出场及安拆费：是指机械整体或分体自停放场地运至施工现场或由一个施工地点运至另一个施工地点，所发生的机械进出场运输及转移费用及机械在施工现场进行安装、拆卸所需的人工费、材料费、机械费、试运转费和安装所需的辅助设施的费用。

(7)混凝土、钢筋混凝土模板及支架费：是指混凝土施工过程中需要的各种钢模板、木模板、支架等的支、拆、运输费用及模板、支架的摊销(或租赁)费用。

(8)脚手架费：是指施工需要的各种脚手架搭、拆、运输费用及脚手架的摊销(或租赁)费用。发生时按《江苏省建筑与装饰工程计价表》的“脚手架”定额计算。

(9)已完工程及设备保护费：是指竣工验收前，对已完工程及设备进行保护所需费用。根据工程实际情况，由发承包双方在合同中约定。

(10)施工排水、降水费：是指为确保工程在正常条件下施工，采取各种排水、降水措施所发生的各种费用。按《江苏省建筑与装饰工程计价表》的“施工排水、降水费”定额计算。

(11)垂直运输机械费：是指在合理工期内完成单位工程全部项目所需

要的垂直运输机械台班费用。

(12)室内空气污染测试:是指对室内空气相关参数进行检测发生的人工和检测设备的摊销等费用。根据工程实际情况,由发承包双方在合同中约定。

(13)检验试验费:是指根据有关国家标准或施工规范要求,对建筑材料、构配件和建筑物工程质量检测检验发生的费用。

建筑与装饰工程按分部分项工程费的 0.18% 计算,由施工单位根据工程实际情况报价,发承包双方在合同中约定。

(14)赶工措施费:是指建设单位对工期有特殊要求,施工单位必须增加的施工成本费用。

江苏省规定该费用计算的指导方法如下所示。

住宅工程:比本省现行定额工期提前 20% 以内的,按分部分项工程费的 2% ~3.5% 计。

高层建筑工程:比本省现行定额工期提前 25% 以内的,按分部分项工程费的 3% ~4.5% 计。

一般框架、工业厂房等其他工程:比本省现行定额工期提前 20% 以内的,按分部分项工程费的 2.5% ~4% 计。

(15)工程按质论价:指对建设单位要求施工单位完成的单位工程质量达到经有权部门鉴定为优良、优质(含市优、省优、国优)工程而须增加的施工成本费用。

江苏省规定该费用计算的指导方法如下所示。

住宅工程:优良级增加分部分项工程费的 1.5% ~2.5%。一次、二次验收不合格的,除返工合格,尚应按分部分项工程费的 0.8% ~1.2% 扣罚工程款。

一般工业与公共建筑:优良级增加分部分项工程费的 1% ~2%。一次、二次验收不合格者,除返修合格,尚应按分部分项工程费的 0.5% ~1% 扣罚工程款。

(16)特殊条件下施工增加费:根据工程实际情况,由发承包双方在合同中约定。

**3. 其他项目清单**

其他项目清单应根据拟建工程的具体情况,参照下列内容列项。

(1)招标人部分。包括预留金、材料购置费等。预留金是指招标人为可能发生的工程量变更而预留的金额。这里所指的工程量变更主要指工程量清单漏项、数量误差而引起的工程量的增加和施工中的设计变更引起标准提高或工程量的增加等。

(2)投标人部分。包括总承包服务费、零星工作费等。总承包服务费是指为配合协调招标人进行的工程分包和材料采购所需的费用。这里所指的分包是指国家允许分包的工程。

如出现《计价规范》未列的项目,清单编制人可作补充。补充项目应列在其他项目清单项目最后,并在序号栏中以"补"字示之。

招标文件对其他项目中的招标人部分的金额应给出估算金额,对投标人部分的费用应提出要求。

(3)零星工作项目表。零星工作项目费是指完成招标人提出的、工程量暂估的零星工作所需的费用。零星工作项目表是其他项目清单表的附表,是为其他项目清单计价表服务的。零星工作项目表随工程量清单发至投标人。

**4. 规费与税金**

1)规费

规费是指政府和有关权力部门规定必须缴纳的费用(简称规费),包括工程排污费、工程定额测定费、社会保障费、住房公积金和危险作业意外伤害保险。

(1)工程排污费:指施工现场按规定交纳的排污费用。

(2)工程定额测定费:是指按规定支付工程造价(定额)管理部门的定额测定费。

(3)社会保障费:包括按国家规定交纳的各项社会保障费、职工住房公积金以及尚未划转的离退休人员费用等。

①养老保险费:是指企业按规定标准为职工缴纳的基本养老保险费。

②失业保险费:是指企业按照国家规定标准为职工缴纳的失业保险费。

③医疗保险费:是指企业按照规定标准为职工缴纳的基本医疗保险费。

(4)住房公积金:是指企业按规定标准为职工缴纳的住房公积金。

(5)危险作业意外伤害保险:是指按照建筑法规定,企业为从事危险作业的建筑安装施工人员支付的意外伤害保险费。

江苏省根据本省实际情况，确定本省计算工程造价必须计算如下规费：安全监督费、劳动保险费、工程定额测定费、安全生产监督费、建筑管理费。

2）税金

税金是指国家税法规定的应计入建筑安装工程造价内的营业税、城市维护建设税及教育费附加等。

营业税率、城市维护建设税率和教育费附加率合并成综合税率，称为税金率，计算基础为不含税工程造价。

## 3.5 工程造价计算程序

（1）建筑工程造价计算程序，如表3－1所列。

表3－1 建筑工程造价计算程序表

<table>
<tr><th>序号</th><th colspan="2">费用名称</th><th>计算公式</th><th>备 注</th></tr>
<tr><td rowspan="4">一</td><td colspan="2">分部分项工程量清单费用</td><td>综合单价×工程量</td><td>按《概算定额》及《计价表》</td></tr>
<tr><td rowspan="3">其中</td><td>1. 人工费</td><td>计价表人工消耗量×人工单价</td><td rowspan="3">按《概算定额》及《计价表》</td></tr>
<tr><td>2. 材料费</td><td>计价表材料消耗量×材料单价</td></tr>
<tr><td>3. 机械费</td><td>计价表机械消耗量×机械单价</td></tr>
<tr><td rowspan="2"></td><td rowspan="2"></td><td>4. 管理费</td><td>（1＋3）×费率</td><td rowspan="2"></td></tr>
<tr><td>5. 利润</td><td>（1＋3）×费率</td></tr>
<tr><td>二</td><td colspan="2">措施项目清单计价</td><td>分部分项工程费×费率<br>或综合单价×工程量</td><td>按《概算定额》或概算费用计算规则</td></tr>
<tr><td>三</td><td colspan="2">其他项目费用</td><td></td><td>根据规定和工程具体情况计取</td></tr>
<tr><td rowspan="4">四</td><td colspan="2">规费</td><td rowspan="4">（一＋二＋三）×费率</td><td>按规定计取</td></tr>
<tr><td rowspan="3">其中</td><td>1. 工程定额测定费</td><td>按规定计取</td></tr>
<tr><td>2. 安全生产监督费</td><td>按各市规定计取</td></tr>
<tr><td>3. 劳动保险费</td><td></td></tr>
<tr><td>五</td><td colspan="2">税金</td><td>（一＋二＋三＋四）×费率</td><td>按各市规定计取</td></tr>
<tr><td>六</td><td colspan="2">工程造价</td><td>一＋二＋三＋四＋五</td><td></td></tr>
</table>

**【例3－13】** 某建筑分包企业欲对一栋办公楼工程进行投标，该工程

建筑面积4890$m^2$，主体结构为砖混结构，建筑檐高18.75m，基础类型为条型基础，地上五层。工期为300天。业主要求按工程量清单计价规范要求进行报价。经过对图纸的详细会审、计算，汇总得到单位工程费用如下：分部分项工程量计价合计984万元，措施项目计价占分部分项工程量计价的6.7%，规费占分部分项工程量计价的0.15%，税金3.4%。列表计算该单位工程的工程费。

**解**：该单位工程的投标价格计算表如表3－2所列。

表3－2　投标价格计算表

| 序号 | 项目名称 | 金额/万元 |
|---|---|---|
| 1 | 分部分项工程量清单费用 | 984 |
| 2 | 措施项目清单费用 | 984×6.7%＝65.928 |
| 3 | 其他清单费用 | 0 |
| 4 | 规费 | 984×0.15%＝1.476 |
| 5 | 税金 | (984＋65.928＋1.476)×3.4%＝35.748 |
| 6 | 含税工程造价 | 984＋65.928＋1.476＋35.748＝1087.152 |

(2)机械施工大型土石方工程、单独基础打桩工程造价计算程序同建筑工程造价计算程序一样。

(3)管理费与利润。

管理费是指建筑安装企业组织施工生产和经营管理所需费用。内容包括：管理人员工资、办公费、差旅交通费、固定资产使用费、工具用具使用费、劳动保险费、工会经费、职工教育经费、财产保险费、财务费、税金及其他费用。

江苏省根据本省的实际情况，规定管理费包括企业管理费、现场管理费、冬雨季施工增加费、生产工具用具使用费、工程定位复测点交场地清理费、远地施工增加费、非甲方所为四小时以内的临时停水停电费，如表3－3所列。

表3－3　建筑工程管理费、利润取费标准表

| 序号 | 工程名称 | 计算基础 | 管理费费率/% | | | 利润费率/% |
|---|---|---|---|---|---|---|
| | | | 一类工程 | 二类工程 | 三类工程 | |
| 一 | 建筑工程 | 人工费＋机械费 | 35 | 30 | 25 | 12 |
| 二 | 制作兼打桩 | 人工费＋机械费 | 19 | 16.5 | 14 | 8 |
| 三 | 打预制桩 | 人工费＋机械费 | 15 | 13 | 11 | 6 |
| 四 | 机械施工大型土石方工程 | 人工费＋机械费 | 7 | 6 | 5 | 4 |

利润指施工单位完成所承包工程获得的盈利。利润按规定应计入工程造价内。

江苏省规定该费用计算的指导方法是:利润不分工程类别,不分资质等级,统一按“人工费 + 机械费”为基础计算。指导性费率为:建筑工程为 12% ,单独装饰工程为 15% 。

## 习 题

1. 简述工程估价依据的定义、种类。
2. 简述工程建设定额的分类方法。
3. 简述人工消耗量、材料消耗量、机械台班消耗量的概念。
4. 如何确定人工消耗量、材料消耗量、机械台班消耗量?
5. 如何确定人工单价、材料预算单价和机械台班单价?
6. 何为工料单价法、综合单价法?
7. 简述工程量清单的含义及构成。

# 第二篇　建筑与装饰工程计量与计价

## 第4章　建筑工程计量与计价

**学习要求**

了解工程量计算的依据，熟悉建筑面积计算规则，掌握计价表对建筑工程分部分项工程量计算的要求，掌握清单对建筑工程分部分项工程量计算的要求，掌握计价表的套用，掌握清单综合单价的确定，掌握定额换算方法。

### 4.1　工程量概述

**1. 工程量的概念**

工程量是以自然计量单位或物理计量单位表示的各分项工程或结构构件的工程数量。

物理计量单位是以物体的某种物理属性为计量单位的，一般是指以公制度量表示的长度、面积、体积等的单位。如建筑面积以"$m^2$"为计量单位，管道工程、装饰线等工程量以"m"为计量单位。自然计量单位是以施工对象本身自然属性为计量单位的。一般用个、台、套等为计量单位。如门窗、五金工程量以个(套)为计量单位。

工程量是编制施工图预算的原始数据，也是作业计划、资源供应计划、建筑统计、经济核算的依据，正确地计算工程量对建设单位、施工企业、管理部门加强管理，对正确确定工程造价有重要的现实意义。

**2. 工程量计算依据**

(1)施工设计图纸、设计说明和图纸会审记录。

施工设计图纸上所反映工程的构造、材料做法、材料品种和各部位尺寸等设计要求，是工程计价的重要依据，也是计算工程量的基础资料。

图纸会审记录是设计人员进行设计意图的技术交底。一般由业主组织设计单位和承包商，对于设计单位提供的施工图纸进行认真细致的审查，并做出会审记录，作为设计文件的一部分在施工时一并执行。图纸会审记录也是工程量计算的重要依据。

(2) 现行定额中的工程量计算规则。

工程量计算规则规定了工程的计量与计价单位和计算方法，是计算工程量的主要依据。

(3) 经审定的施工组织设计或施工方案。

施工图纸为施工的依据，但是这个工程采取什么方法或选择哪些机械进行施工，由施工组织设计或施工方案确定。计算工程量时，还必须参照施工组织设计或施工方案进行。

(4) 工程施工合同、招标文件等其他有关技术经济文件。

**3. 工程量计算的顺序和步骤**

1) 工程量的计算顺序

一个单位工程的工程项目（指分项工程）少则几十项，多则上百项，为了节约时间加快计算进度，避免漏算和重复计算，同时为了方便审核，计算时必须按一定的顺序依次进行。工程量计算时，常用的计算顺序有以下几种。

(1) 单位工程计算顺序。

①按施工顺序计算法。即按工程的施工先后顺序来计算工程量。计算时先地下，后地上；先底层，后上层。如一般的民用建筑工程可按照土石方、基础、主体、楼面、屋面、门窗安装、内外墙抹灰、油漆等顺序进行计算。

②按定额项目分部顺序计算法。即按定额顺序分别计算每个分项的工程量。这种方法尤其适用于初学人员计算工程量。

(2) 分项工程计算顺序。为了防止漏算和重复计算，对于同一分项内容，一般有以下几种计算方法。

①按照顺时针方向计算法。即从施工平面图的左上角开始，自左至右，然后再由上而下，最后回到左上角为止，按顺时针方向逐步计算。例如计算外墙、外墙基础等分项，可以按照此种方法进行计算。

②按先横后竖、先上后下、先左后右顺序计算法。即从施工平面图左上角开始按照先横后竖、先上后下、先左后右顺序进行工程量计算。例如

楼地面工程、天棚工程等分项,可以按照此种方法进行计算。

③按图纸编号顺序计算法。即按照施工图纸上所标注的构件编号顺序进行工程量计算。例如门窗、屋架等分项工程,可以按照此种方法进行计算。

实际计算时,通常将几种方法结合起来使用。

2)工程量的计算步骤

(1)列出分项工程项目名称。根据拟建工程施工图纸,按照一定的计算顺序,列出分项工程名称。

(2)列出工程量计算式。分项工程名称列出后,按规定的计算规则列出计算式。

(3)工程量计算。计算式列出后,应对取定数据进行一次复核,核定无误后,对工程量进行计算。

(4)调整计量单位。工程量计算通常以"m、$m^2$、$m^3$"等为计量单位,而定额中往往以"10m、100$m^2$、100$m^3$"等为计量单位,因此应对工程量单位进行调整,使其与定额单位一致。

**4. 统筹法计算工程量**

统筹学是一种科学的计划和管理方法,它是在吸收和总结运筹学的基础上,经过广泛的调查研究,在20世纪50年代中期由著名数学家华罗庚首创和命名的。

统筹法计算工程量不是按施工顺序及定额项目分部顺序计算工程量,而是根据工程量自身各分项工程量计算之间固有的规律和相互之间的依赖关系,运用统筹法原理来合理安排工程量的计算顺序,以达到节约时间、简化计算、提高工效的目的。统筹法计算工程量时,其基本要点是:统筹程序、合理安排,利用基数、连续计算,一次计算、多次应用,联系实际、灵活机动。

(1)统筹程序、合理安排。工程量计算程序安排得是否合理,关系到进度的快慢。运用统筹法原理,根据分项工程量计算规律,先主后次、统筹安排。例如:室内地面工程量计算,共有挖土、垫层、找平层及面层,如果按施工顺序或定额顺序计算工程量,其计算程序如下:

$$①\xrightarrow[\text{长×宽×高}]{\text{挖(填)土}}②\xrightarrow[\text{长×宽×厚}]{\text{垫层}}③\xrightarrow[\text{长×宽×厚}]{\text{找平层}}④\overset{\text{抹面}}{\underset{\text{长×宽}}{\text{———}}}$$

按施工顺序或定额顺序计算工程量时,重复计算了4次长×宽,而利用统筹法计算工程量，计算程序如下：

抹面　　地面面层　室内回填土　地面垫层
① ——→ ② ——→ ③ ——→ ④ ——
长×宽　　①×高　　①×厚　　①×厚

按统筹法计算工程量时，只需计算一次长×宽，就可以把其他工程量带算出一部分，以达到减少重复计算和简化计算、提高工程量计算速度的目的。

(2) 利用基数、连续计算。所谓的基数，即“三线一面”（外墙中心线、外墙外边线、内墙净长线和底层建筑面积），它是计算许多分项工程量的基础。

利用外墙中心线可以计算外墙挖地槽、外墙基础垫层、外墙基础、外墙墙身等分项工程。

利用外墙外边线可以计算勒角、外墙抹灰、散水等分项工程。

利用内墙净长线可以计算内墙挖地槽、内墙基础垫层、内墙基础、内墙墙身、内墙抹灰等分项工程。

利用底层建筑面积可以计算平整场地、地面垫层、地面面层、天棚等分项工程。

根据工程量计算规则，把“三线一面”数据先计算好作为基础数据，然后利用这些基础数据计算与它们有关的分项工程量，使前面项目的计算结果能运用于后面的计算中，以避免重复计算次数。

(3) 一次计算、多次应用。把各种定型门窗、钢筋混凝土预制构件等分项工程以及常用的工程系数，预先一次计算出工程量，编入手册，在后续工程量计算时，可以反复使用。

(4) 联系实际、灵活机动。统筹法计算工程量是一种简洁的计算方法，但在实际工程中，对于一些较为复杂的项目，应结合工程实际，灵活运用。

## 4.2　建筑面积计算

### 1. 建筑面积的概念

建筑面积亦称建筑展开面积，它是指住宅建筑外墙外围线测定的各层平面面积之和，是建筑物外墙勒脚以上各层水平投影面积的总和。它是表示一个建筑物建筑规模大小的经济指标，包括使用面积、辅助面积和结构面积。

(1) 使用面积：是指建筑物各层平面中直接为生产、生活使用的净面积的总和,如教学楼中各层教室面积的总和。

(2)辅助面积:是指建筑物各层平面中,为辅助生产或生活活动作用所占净面积的总和,如教学楼中的楼梯、厕所等面积的总和。

(3)结构面积:是指建筑物中各层平面中的墙、柱等结构所占的面积的总和。

**2. 建筑面积计算的意义**

从工程建设的角度讲,它是评价国民经济建设和人民物质生活的一项重要经济指标,是建设项目策划与投资决策阶段进行技术经济分析的重要依据,是编制项目初步设计概算时,选择概算指标的依据之一,是城市规划行政主管部门批复的建设项目规划条件的重要技术指标,是项目前期进行工程勘察、工程初步设计、施工图设计的重要依据,是项目进行工程预算、计算某些分项工程量时的基础数据,是计算单位建筑面积工程造价以及工程量、材料用量等技术经济指标的基数。

**3. 建筑面积计算规则**

1)计算建筑面积的规定

(1)单层建筑物的建筑面积,应按其外墙勒脚以上结构外围水平面积计算,并应符合下列规定。

①单层建筑物高度在 2. 20m 及以上者应计算全面积;高度不足 2. 20m 者应计算 1/2 面积。

②利用坡屋顶内空间时净高超过 2. 10m 的部位应计算全面积:净高在 1. 20m ~2. 10m 的部位应计算 1/2 面积;净高不足 1 . 20m 的部位不应计算面积。

**【例 4 -1】** 图 4 -1 所示为某建筑平面和剖面示意图,计算该单层建筑物的建筑面积。

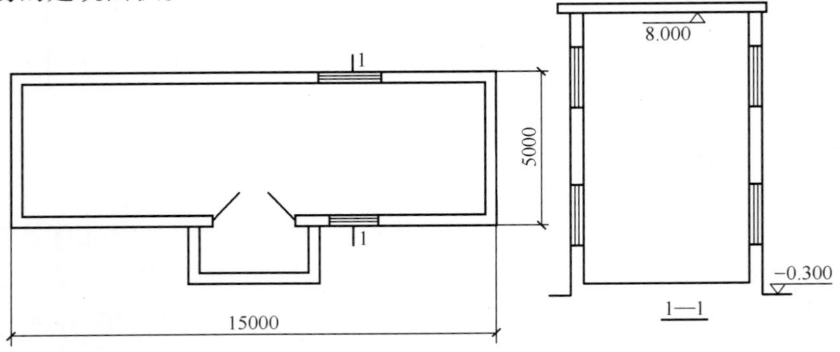


图 4 -1 单层建筑物示意图

**解**:根据建筑面积计算规则规定,由图 4 - 1 可知该单层建筑物层高在 2.20m 以上,建筑面积为

$$S = 15 \times 5 = 75\text{m}^2$$

**【例 4 - 2】**　某建筑平面图及坡屋顶利用情况示意图如图 4 - 2 所示,试计算该单层建筑物的建筑面积。

**解**:根据建筑面积计算规则规定可得

建筑面积为

$$S = 6.0 \times (1.5 + 1.5) \div 2 + 6.0 \times (2.6 + 2.6) = 40.2\text{m}^2$$

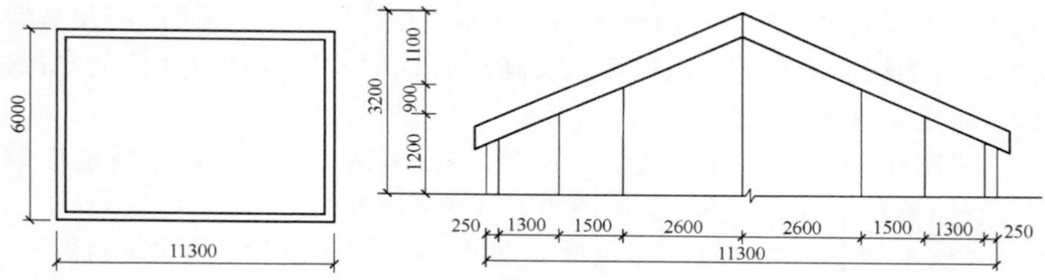


图 4 - 2　某建筑平面图及坡屋顶利用情况示意图

(2)单层建筑物内设有局部楼层者,局部楼层的二层及以上楼层,有围护结构的应按其围护结构外围水平面积计算,无围护结构的应按其结构底板水平面积计算。层高在 2.20m 及以上者应计算全面积;层高不足 2.20m 者应计算 1/2 面积。

**【例 4 - 3】**　图 4 - 3 所示为某单层建筑物(二层设有局部楼层)示意图,已知该单层建筑物层高为 6.0m,局部楼层层高为 3.0m,求该建筑物的建筑面积。

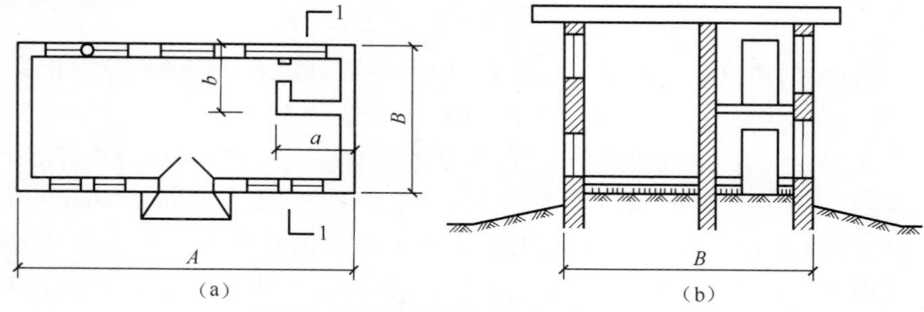


图 4 - 3　单层建筑物有局部楼层示意图

**解**:根据建筑面积计算规则规定,由图 4 - 3 可知该局部楼层有围护结构且层高在 2.20m 以上,则其建筑面积为

$$S = A \times B(\text{一层}) + a \times b(\text{二层局部楼层})$$

(3)多层建筑物首层应按其外墙勒脚以上结构外围水平面积计算;二层及以上楼层应按其外墙结构外围水平面积计算。层高在2.20m及以上者应计算全面积;层高不足2.20m者应计算1/2面积。

(4)多层建筑坡屋顶内和场馆看台下,当设计加以利用时且净高超过2.10m的部位应计算全面积;净高在1.20m~2.10m的部位应计算1/2面积;当设计不利用或室内净高不足1.20m时不应计算面积。

(5)地下室、半地下室(车间、商店、车站、车库、仓库等),包括相应的有永久性顶盖的出入口,应按其外墙上口(不包括采光井、外墙防潮层及其保护墙)外边线所围水平面积计算。层高在2.20m及以上者应计算全面积;层高不足2.20m者应计算1/2面积。

说明:图4-4中,计算建筑面积时,不应包括由于构造需要所增加的面积,如采光井、立面防潮层、保护墙等厚度所增加的面积。

**【例4-4】** 图4-4所示为地下室示意图,求该地下室的建筑面积。

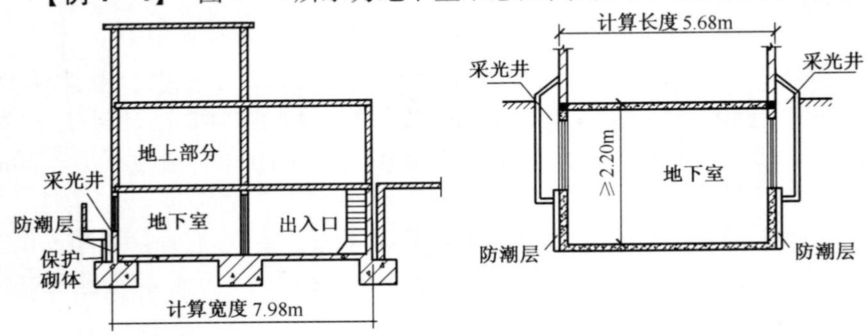


图4-4 某地下室示意图

**解**:根据建筑面积计算规则规定,由图4-4可知地下室的建筑面积为

$$S = 7.98 \times 5.68 = 45.33\text{m}^2$$

(6)坡地的建筑物吊脚架空层、深基础架空层,设计加以利用并有围护结构的,层高在2.20m及以上的部位应计算全面积;层高不足2.20m的部位应计算1/2面积。设计加以利用、无围护结构的建筑吊脚架空层,应按其利用部位水平面积的1/2计算;设计不利用的深基础架空层、坡地吊脚架空层、多层建筑坡屋顶内、场馆看台下的空间不应计算面积。

说明:架空层即建筑物深基础或坡地建筑吊脚架空部位不回填土石方形成的建筑空间,如图4-5、图4-6所示。

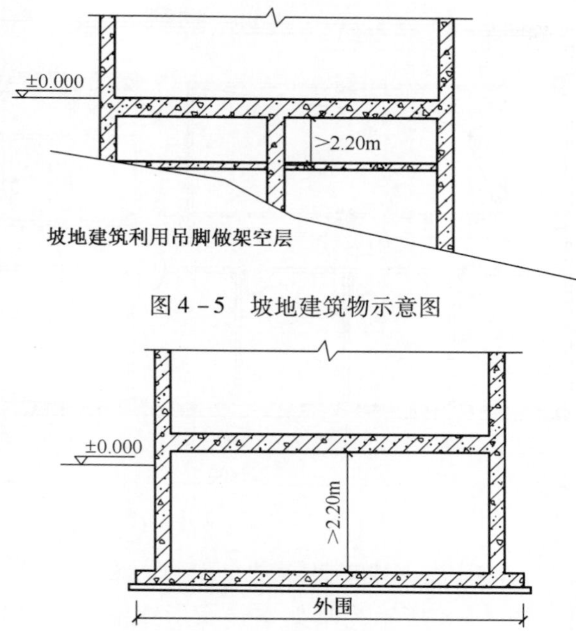


图 4－5　坡地建筑物示意图

图 4－6　深基础做地下架空层示意图

(7)建筑物的门厅、大厅按一层计算建筑面积。门厅、大厅内设有回廊时,应按其结构底板水平面积计算。层高在 2.20m 及以上者应计算全面积;层高不足 2.20m 者应计算 1/2 面积。

**【例 4－5】**　图 4－7 所示为某带回廊的某建筑二层平面示意图,已知二层层高 2.90m,按图示尺寸计算该建筑二层建筑面积、回廊建筑面积。

**解**:根据建筑面积计算规则规定,由图 4－7 可知该回廊层高在 2.20m 以上,

则图示二层建筑面积为

$$S=(23.4+0.3\times2)\times(15.838+0.3)-15.5\times5.1=308.262\text{m}^2$$

回廊建筑面积为

$$S=(15.5+2.0\times2)\times(5.1+2.0\times2)-15.5\times5.1=98.4\text{m}^2$$

(8)建筑物间有围护结构的架空走廊,应按其围护结构外围水平面积计算。层高在 2.20m 及以上者应计算全面积;层高不足 2.20m 者应计算 1/2 面积。有永久性顶盖无围护结构的应按其结构底板水平面积的 1/2 计算。

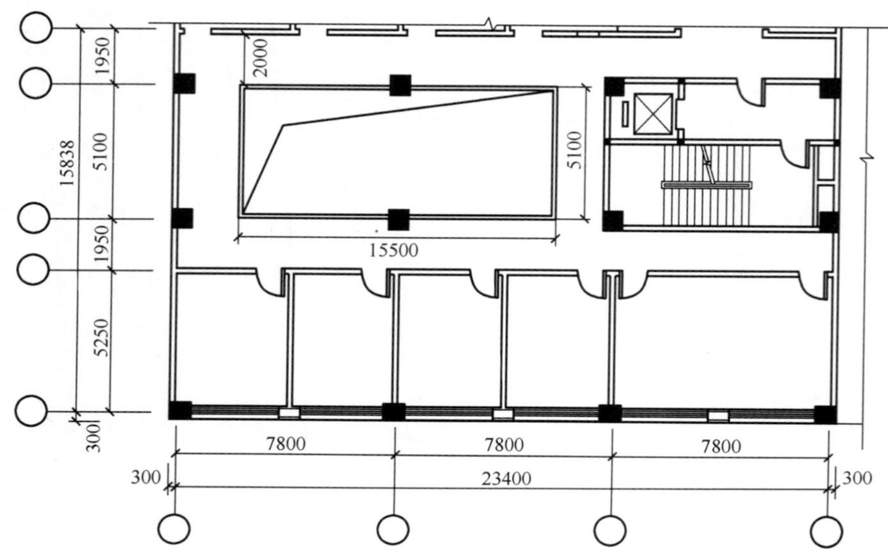


图 4－7　某建筑带回廊的二层平面示意图

**【例 4－6】** 图 4－8 所示为某架空走廊示意图，已知架空走廊层高 3.00m，求该架空走廊的建筑面积。

**解**：根据建筑面积计算规则规定，由图 4－8（b）可知，该架空走廊层高在 2.20m 以上且有围护结构，则其建筑面积为

$$S=(6-0.24)\times(3+0.24)=18.66\text{m}^2$$

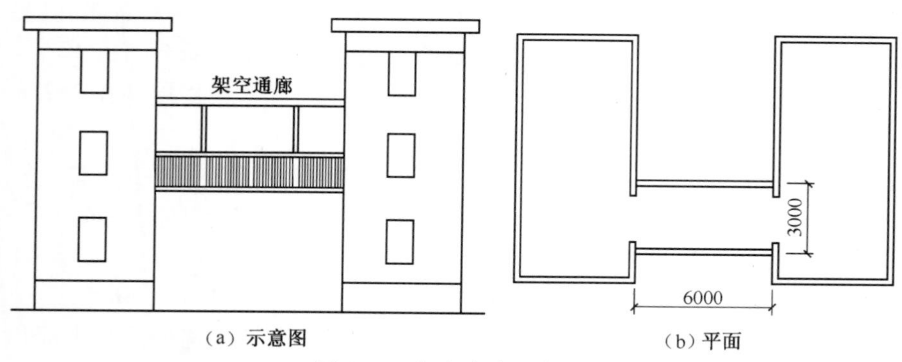


（a）示意图　　（b）平面

图 4－8　架空走廊示意图

（9）立体书库、立体仓库、立体车库，无结构层的应按一层计算，有结构层的应按其结构层面积分别计算。层高在 2.20m 及以上者应计算全面积；

层高不足 2. 20m 者应计算 1/2 面积。

（10）有围护结构的舞台灯光控制室，应按其围护结构外围水平面积计算。层高在 2. 20m 及以上者应计算全面积；层高不足 2. 20m 者应计算 1/2 面积。

（11）建筑物外有围护结构的落地橱窗、门斗、挑廊、走廊、檐廊，应按其围护结构外围水平面积计算。层高在 2. 20m 及以上者应计算全面积；层高不足 2. 20m 者应计算 1/2 面积。有永久性顶盖无围护结构的应按其结构底板水平面积的 1/2 计算。门斗及挑廊、走廊分别如图 4－9、图 4－10 所示。

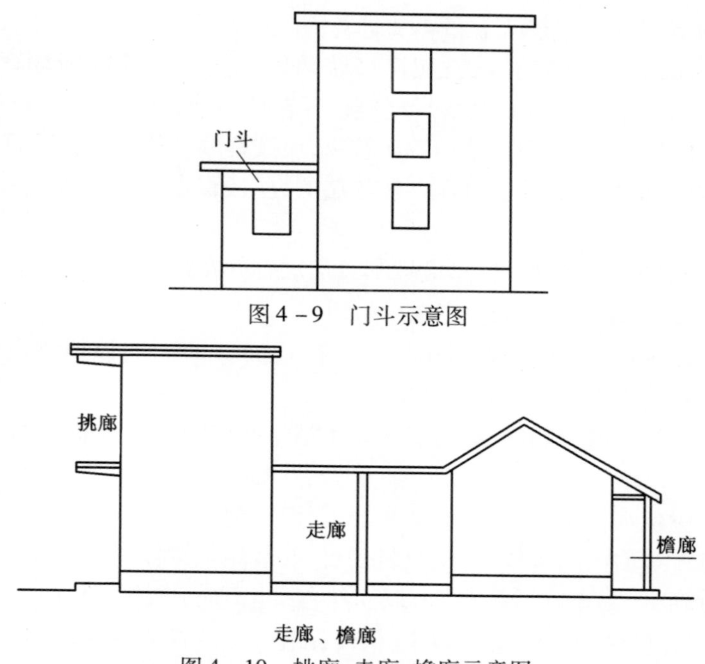


图 4－9　门斗示意图

图 4－10　挑廊、走廊、檐廊示意图

（12）有永久性顶盖无围护结构的场馆看台应按其顶盖水平投影面积的 1/2 计算。

（13）建筑物顶部有围护结构的楼梯间、水箱间、电梯机房等，层高在 2. 20m 及以上者应计算全面积；层高不足 2. 20m 者应计算 1/2 面积。

（14）设有围护结构不垂直于水平面而超出底板外沿的建筑物，应按其底板面的外围水平面积计算。层高在 2. 20m 及以上者应计算全面积；层高不足2.20m者应计算1/2面积。

(15)建筑物内的室内楼梯间、电梯井、观光电梯井、提物井、管道井、通风排气竖井、通风道、附墙烟囱应按建筑物的自然层计算。

(16)雨篷结构的外边线至外墙结构外边线的宽度超过2.10m者,应按雨篷结构板的水平投影面积的1/2计算。

(17)有永久性顶盖的室外楼梯,应按建筑物自然层的水平投影面积的1/2计算。

(18)建筑物的阳台均应按其水平投影面积的1/2计算。

(19)有永久性顶盖无围护结构的车棚、货棚、站台、加油站、收费站等,应按其顶盖的水平投影面积的1/2计算。

(20)高低联跨的建筑物,应以高跨结构外边线为界分别计算建筑面积;其高低跨内部连通时,其变形缝应计算在低跨面积内。

(21)以幕墙作为围护结构的建筑物,应按幕墙外边线计算建筑面积。

(22)建筑物外墙外侧有保温隔热层的,应按保温隔热层外边线计算建筑面积。

(23)建筑物内的变形缝,应按其自然层合并在建筑物面积内计算。

2)不计算建筑面积的规定

(1)建筑物通道(骑楼、过街楼的底层)。

(2)建筑物内的设备管道夹层。

(3)建筑物内分隔的单层房间,舞台及后台悬挂幕布、布景的天桥、挑台等。

(4)屋顶水箱、花架、凉棚、露台、露天游泳池。

(5)建筑物内的操作平台、上料平台、安装箱和罐体的平台。

(6)勒脚、附墙柱、垛、台阶、墙面抹灰、装饰面、镶贴块料面层、装饰性幕墙、空调机外机搁板(箱)、飘窗、构件、配件、宽度在2.10m及以内的雨篷以及与建筑物内不相连通的装饰性阳台、挑廊。

(7)无永久性顶盖的架空走廊、室外楼梯和用于检修、消防等的室外钢楼梯、爬梯。

(8)自动扶梯、自动人行道。

(9)独立烟囱、烟道、地沟、油(水)罐、气柜、水塔、储油(水)池、储仓、栈桥、地下人防通道、地铁隧道。

**【例4-7】** 计算图4-11某建筑首层建筑面积,其中墙体厚度

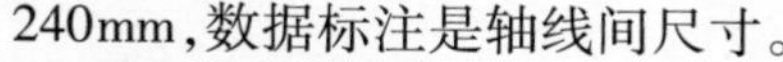

240mm,数据标注是轴线间尺寸。

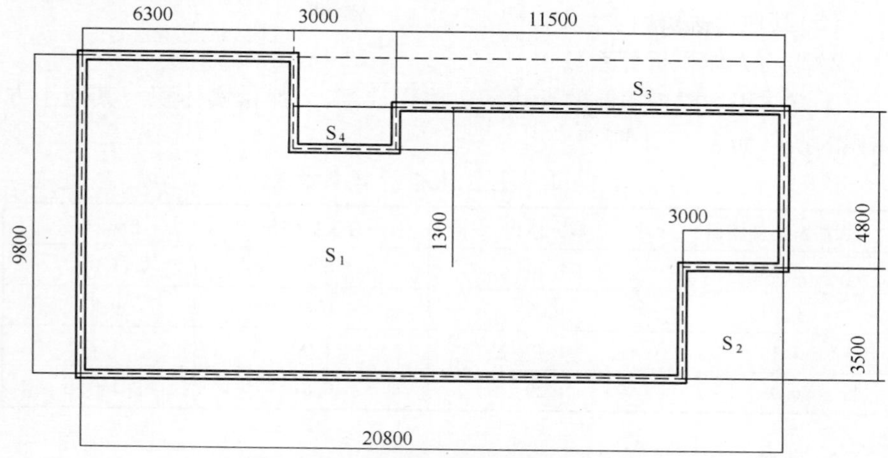


图 4-11　某建筑首层建筑面积示意图

**解**:建筑长宽最大尺寸的面积 $S_1$ 为

$$(9.8+0.24)\times(20.8+0.24)=10.04\times21.04=211.24\text{m}^2$$

$$S_4=(3.0-0.24)\times1.3=3.588\text{m}^2$$

$$S_2=3.0\times3.5=10.5\text{m}^2$$

$$S_3=(11.5+3.0)\times(9.8-3.5-4.8)=14.5\times1.5=21.75\text{m}^2$$

$$S=211.24-3.588-10.5-21.75=175.40\text{m}^2$$

## 4.3　土石方工程

土石方工程工程量包括平整场地、挖沟槽、地坑、土方、石方工程、运输土石方、土石方回填等。

**1. 土石方工程量计算的有关规定**

1)应明确的资料

计算土石方工程量前,应明确的资料如下所示。

(1)土壤及岩石类别的确定。土壤及岩石的分类,依据工程勘察资料与《土壤及岩石(普氏)分类表》对照后确定,(该表在建筑工程预算定额中)。

(2)地下水位标高。

(3)土方、沟槽地坑挖(填)土起止标高、施工方法及运距。

(4)岩石开凿、爆破方法、清运方法及运距。

(5)其他有关资料。

2)土石方体积折算系数

土方体积均以挖掘前的天然密实体积计算,天然密实体积与其他土方体积的换算如表 4 – 1 所列。

表 4 – 1 土方体积折算系数表

| 天然密实度体积 | 虚方体积 | 夯实后体积 | 松填体积 |
|---|---|---|---|
| 1.00 | 1.30 | 0.87 | 1.08 |
| 0.77 | 1.00 | 0.67 | 0.83 |
| 1.15 | 1.49 | 1.00 | 1.24 |
| 0.93 | 1.20 | 0.81 | 1.00 |

**2. 土方工程**

1)平整场地

平整场地是指厚度在 ±30cm 以内的就地挖、填、找平,计价表中规定其工程量为建、构筑物底面积的外边线各边加 2m 计算。 ±30cm 以外的竖向布置挖土或山坡切土,应按挖土方工程另行计算。非建筑物工程的平整场地如操场、露天堆放场地等,不能使用建筑物的场地平整项目,应按定额有关规定执行。平整场地示意图如图 4 – 12 所示。

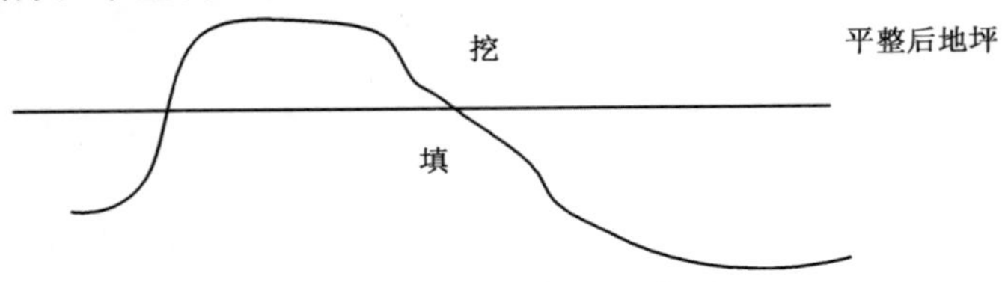


图 4 – 12 平整场地示意图

**【例 4 – 8】** 某建筑基础平面图如图 4 – 13 所示,试计算平整场地的工程量及清单单价(轴线标注,标准砖墙)。

**解:**平整场地工程量按建筑物首层建筑面积计算,则平整场地的定额工程量为

$$(8.0+0.24+2\times2)\times(6.0+0.24+2\times2)=125.34\text{m}^2$$

定额子目为 1 – 98

综合单价为 18.74 元/10$\text{m}^2$

清单工程量为$(8.0+0.24)\times(6.0+0.24)=51.42\text{m}^2$

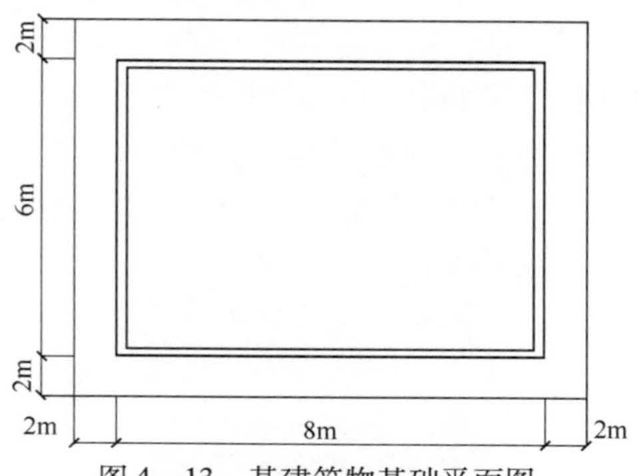


图 4－13　某建筑物基础平面图

计算结果如表 4－2 所示。

表 4－2　计算结果　单位:元

| 编码 | 名称 | 工程量计算规则 | 计量单位 | 工程量 | 单价 | 合价 |
|---|---|---|---|---|---|---|
| 010101001001 | 平整场地 | 按设计图示尺寸以建筑物首层面积计算 | $m^2$ | 51.42 | 4.57 | 234.89 |
| 1－98 | 平整场地 | 按建筑物外墙外边线每边各加 2m,以平方米计算 | $10m^2$ | 12.534 | 18.74 | 234.887 |

2)挖基础土方

(1)挖基础土方工程量的计算规则

土石方体积应按挖掘前的天然密实体积计算。

挖土深度:挖土一律以设计室外地坪标高为起点,深度按图示尺寸计算。沟槽工程量按沟槽长度乘沟槽截面积($m^2$)计算。

沟槽长度(m),外墙按图示基础中心线长度计算;内墙按图示基础底宽加工作宽度之间净长度计算。沟槽宽(m)按设计宽度加基础施工所需工作面宽度计算。突出墙面的附墙烟囱、垛等体积并入沟槽土方工程量内。

沟槽、地坑、土方的划分。

凡图示基底面积在 $20m^2$ 以内(不包括加宽工作面)的为基坑。

凡图示基底宽在 3m 以内(不包括加宽工作面),且基地长大于基地宽 3 倍以上的,为沟槽。

凡图示基底宽在 3m 以上,基底面积在 $20m^2$ 以上(不包括加宽工作面）的为土方。

（2）放坡

土方工程施工时，为了防止土壁坍塌，保证施工安全，要求土壁稳定。根据土质情况，施工中当开挖深度超过一定限度时，均应将其边壁做成具有一定坡度的边坡。土方边坡的坡度，用高度 $H$ 与边坡宽度 $B$ 之比表示，放坡系数 $k = B/H$。放坡系数如表 4－3 所列。

表 4－3 放坡系数表

| 土壤类别 | 放坡深度规定/m | 高与宽之比 | | |
|---|---|---|---|---|
| | | 人工挖土 | 机械挖土 | |
| | | | 坑内作业 | 坑上作业 |
| 一、二类土 | 超过 1.20 | 1∶0.5 | 1∶0.33 | 1∶0.75 |
| 三类土 | 超过 1.50 | 1∶0.33 | 1∶0.25 | 1∶0.67 |
| 四类土 | 超过 2.00 | 1∶0.25 | 1∶0.10 | 1∶0.33 |
| 注：1. 沟槽、基坑中土壤类别不同时，分别按其土壤类别、放坡比例以不同土壤厚度分别计算；<br>2. 计算放坡工程量时交接处的重复工程量不扣除，符合放坡深度规定时才能放坡，放坡高度应自垫层下表面至设计室外地坪标高计算； | | | | |

**【例 4－9】** 已知开挖深度 $H = 1.7\text{m}$，槽底宽度 $a = 2.50\text{m}$，基础土质为三类土，采用人工开挖。试确定其开挖断面积（不考虑工作面）。

**解：**查表可知，放坡系数 $K = 0.33$。

开挖断面积 $= (a + KH) \times H = (2.5 + 0.33 \times 1.7) \times 1.7 = 3.06 \times 1.7 = 5.2\text{m}^2$

（3）工作面

根据基础施工的需要，挖土时按基础垫层的双向尺寸向周边放出一定范围的操作面积，作为工人施工时的操作空间，这个单边放出宽度，就称为工作面。基础施工工作面如表 4－4 所列。

表 4－4 基础施工所需工作面宽度表

| 基础材料 | 每边各增加工作面宽度/mm |
|---|---|
| 砖基础 | 以最底下一层大放脚边至地槽（坑）边 200 |
| 浆砌毛石、条石基础 | 以基础边至地槽（坑）边 150 |
| 混凝土基础支模板 | 以基础边至地槽（坑）边 300 |
| 基础垂直面做防水层 | 以防水层面的外表面至地槽（坑）边 800 |

(4)计算公式

①挖沟槽工程量的计算

无工作面不放坡沟槽工程量计算公式为

$$V = aHL$$

式中:$a$ 为基础垫层宽度;$H$ 为地槽深度;$L$ 为地槽长度,外墙按沟槽中心线,内墙按沟槽净长线进行计算。

有工作面不放坡工程量计算公式为

$$V = (a + 2c)HL$$

式中:$c$ 为工作面宽度。

有工作面有放坡工程量计算公式为

$$V = (a + 2c + kH)HL$$

式中:$K$ 为放坡系数。

②挖地坑(土方)工程量的计算

无工作面不放坡沟槽工程量计算公式为

$$V = abH$$

式中:$a$ 为基础垫层宽度;$b$ 为基础垫层长度;$H$ 为地槽深度。

有工作面不放坡工程量计算公式为

$$V = (a + 2c) \times (b + 2c)H$$

式中:$c$ 为工作面宽度。

有工作面有放坡工程量计算公式为

$$V(a + 2c + kH) \times (b + 2c + kH)H + \frac{1}{3}K^2H^3$$

式中:$K$ 为放坡系数。

**【例 4-10】** 某工程独立基础 5 个,如图 4-14 所示,已知土壤为二类干土(夯填),余土外运,室外地坪以下的混凝土体积 10.98m$^3$。试计算人工挖地坑工程的定额工程量及清单单价。

**解:**(1)计算基数

四棱台的基坑:上口长 $A$、宽 $B$;下口长 $a$、宽 $b$;深 $H$,则

$$V = [A \times B + a \times b + (A + a) \times (B + b)] \times H/6$$

查表得 $K = 0.5$,工作面宽度 300mm,则

$$H = 1.3 - 0.45 + 0.15 = 1\text{m};KH = 1 \times 0.5 = 0.5\text{m}$$

$$a = 3.0 + 0.3 \times 2 = 3.6\text{m}, b = 4 + 0.3 \times 2 = 4.6\text{m}$$

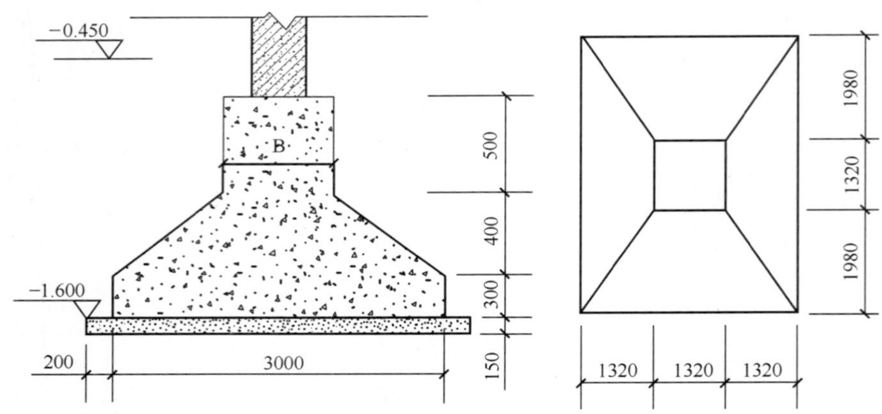


图4-14 独立基础详图

$$A=3.6+2\times KH=3.6+2\times 0.5=4.6\text{m}$$

$$B=4.6+2\times KH=4.6+2\times 0.5=5.6\text{m}$$

(2)定额工程量计算

地坑挖土工程量为

$$V=1/6\times(3.6\times 4.6+4.6\times 5.6+(3.6+4.6)\times(4.6+5.6))=20.99\text{m}^3$$

定额子目1-51：　　　9.54 元/m³

回填土工程量为

$$V=20.99-10.98=10.01\text{m}^3$$

定额子目1-104：　　　10.70 元/m³

余土外运工程量为

$$V=10.98\text{m}^3$$

定额子目1-86：　　　7.23 元/m³

(3)清单工程量计算

挖基础土方(以基础垫层底面积乘以挖土深度计算)

$$\text{垫层底面积}=(3+0.2\times 2)\times(4+0.2\times 2)=14.96\text{m}^2$$

挖基础土方工程量为

$$14.96\times 1=14.96\text{m}^3$$

土方回填工程量为

$$14.96-10.98=3.98\text{m}^3$$

计算结果如表4-5所列。

表4-5　计算结果　单位:元

| 编码 | 名称 | 工程量计算规则 | 计量单位 | 工程量 | 单价 | 合价 |
|---|---|---|---|---|---|---|
| 010101003001 | 挖土方 | 按设计图示尺寸以基础垫层底面积乘以挖土深度计算 | $m^3$ | 14.96 | 18.69 | 279.62 |
| 1-51 | 挖地坑 | 长宽(m)按设计尺寸加基础施工所需工作面宽度计算。放坡高度应自垫层下表面至设计室外地坪标高计算 | $m^3$ | 20.99 | 9.54 | 200.24 |
| 1-86 | 余土外运 | 运土工程量=挖土工程量-回填土工程量,正值为余土外运,负值为缺土内运 | $m^3$ | 10.98 | 7.23 | 79.38 |
| 010103001001 | 土方回填 | 挖方体积减去设计室外地坪以下埋设的基础体积 | $m^3$ | 3.98 | 26.91 | 107.107 |
| 1-104 | 基础回填土 | 回填土体积=挖土体积-设计室外地坪以下埋设的体积 | $m^3$ | 10.01 | 10.70 | 107.107 |

### 3. 管道沟槽土方

管道沟槽按图示中心线长度计算,沟底宽度设计有规定的,按设计规定;设计未规定的,按表4-6宽度计算。

表4-6　管道地沟底宽取定表

| 管径/mm | 铸铁管、钢管、石棉水泥管/mm | 混凝土、钢筋混凝土、预应力混凝土管/mm |
|---|---|---|
| 50~70 | 600 | 800 |
| 100~200 | 700 | 900 |
| 250~350 | 800 | 1000 |
| 400~450 | 1000 | 1300 |
| 500~600 | 1300 | 1500 |
| 700~800 | 1600 | 1800 |
| 900~1000 | 1800 | 2000 |
| 1100~1200 | 2000 | 2300 |
| 1300~1400 | 2200 | 2600 |
| 注:按表计算管道沟槽土方工程量时,各种井类及管道接口等处需加宽增加的土方量,不另行计算;底面积大于20$m^2$ 的井类,其增加的土方量并入管沟土方内计算 | | |

#### 4. 回填土

回填土根据施工方法和质量要求不同,分为松填、夯填。其工作内容包括:在现场内取土,回填、铺平和夯实等工作内容。工程量按图4-15尺寸以体积计算。

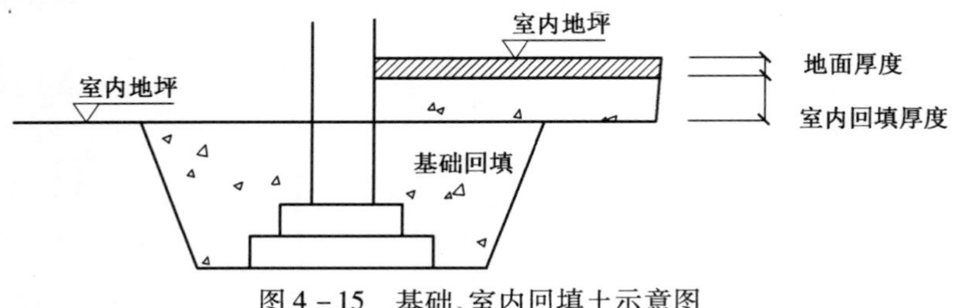


图4-15 基础、室内回填土示意图

(1)场地回填。

工程量:$V$=场地面积×平均回填厚度

(2)室内回填即房芯回填,工程量:$V$=主墙间净面积×回填厚度

其中

回填厚度=设计室内地坪标高-设计室外地坪标高-地面面层厚度-地面垫层厚度

(3)基础回填。指设计室外地坪以下的回填。

工程量:$V$=挖方体积-设计室外地坪以下埋设的基础体积

设计室外地坪以下埋设的基础体积包括基础垫层及其他构筑物。

在实际工程中,若有砖基础时,应注意砖基础与砖墙的分界线一般是设计室内地坪,而回填土的分界线是设计室外地坪,所以要注意两个分界线之间相差的工程量。可以利用以下公式进行计算:

回填土体积=挖方体积-基础垫层体积-砖基础体积+高出设计室外地坪砖基础体积

(4)管道沟槽回填。

工程量:$V$=挖方体积-管道所占体积

但管径在500mm以下的不扣除管道所占体积;管径超过500mm以上时,按表4-7扣除管道所占体积。

#### 5. 土方运输

土方运输工程量计算公式为运土体积=总挖方量-总回填土量

计算结果为正时需余土外运,负值时为取土体积。

表 4－7　管道扣除土方体积表　单位：$m^3$

| 管道名称 | 管道直径(mm) | | | | | |
|---|---|---|---|---|---|---|
| | 501～600 | 601～800 | 801～1000 | 1001～1200 | 1201～1400 | 1401～1600 |
| 钢管 | 0.21 | 0.44 | 0.71 | | | |
| 铸铁管 | 0.24 | 0.49 | 0.77 | | | |
| 混凝土管 | 0.33 | 0.60 | 0.92 | 1.15 | 1.35 | 1.55 |

在实际土方工程施工中，堆弃土地点一般有 3 种方案：①可将挖出的土直接堆放在槽坑边，或运至施工现场某一地点堆放，回填后余土再行运出；②如果场地狭小，亦可全部运出施工现场，待回填时再将回填土运回；③部分运出，部分在施工现场某一地点存放，待回填时将其运回。具体编制时，应根据施工组织设计确定土方运输的方案。

土方运距应根据施工组织设计规定的堆土、卸土、取土区，并按以下规定计算。

①推土机推土运距：按挖方区重心至回填区重心之间的直线距离计算。

②自卸汽车运土运距：按挖方区重心至填土区（会堆放地点）重心的最短距离计算。

③铲运机运土运距：按挖方区重心至卸土区重心加转向距离 45m 计算。

**【例 4－11】**　某工程基础平面图和剖面图如图 4－16 所示，已知土壤为二类干土（夯填）、基础内混凝土体积 10.68$m^3$，到室外标高的砖基础体积 17.30$m^3$，室内地面厚度共计 150mm，余土外运，基础边至地槽边每边工作面宽度 300mm。试计算人工挖土方工程的定额工程量、清单工程量，并确定相应的清单单价。

**解**：本工程完成的与土石方工程相关的施工内容有平整场地、挖土、基础回填土、室内回填土及运土。槽底宽度为 $2.0+0.3\times2=2.6\text{m}<3\text{m}$，槽长大于 3 倍槽宽，故挖土应执行挖地槽项目。

①定额基数计算：

$$L_{中}=(4.8\times2+3.5\times2)\times2=33.20\text{m}$$

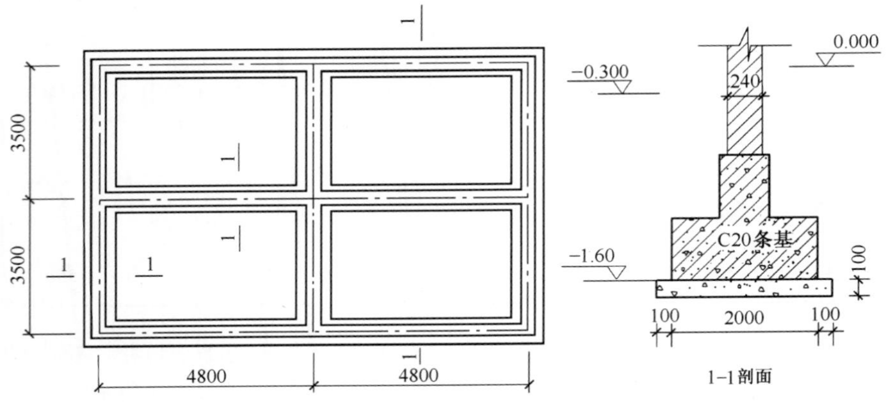


图 4－16 某建筑基础平面图

$$L_{内1} = 4.8 \times 2 - 2.6 = 7\text{m}$$

$$L_{内2} = 3.5 \times 2 - 2.6 - 2.6 = 1.80\text{m}$$

$$L_{内} = 7 + 1.80 = 8.80\text{m}$$

②平整场地

平整场地定额工程量：$(4.8 \times 2 + 0.24 + 2 \times 2) \times (3.5 \times 2 + 0.24 + 2 \times 2) = 155.56\text{m}^2$

定额子目 1－98：　　　18.74 元/$10\text{m}^2$

③挖沟槽

$$挖沟槽深度 = 1.6 + 0.1 - 0.3 = 1.4$$

外墙挖沟槽定额工程量：

$V = (a + 2c + kH)HL_{中}$

$= (2.0 + 0.3 \times 2 + 0.5 \times 1.4) \times 1.4 \times 33.20 = 153.38\text{m}^3$

内墙挖沟槽定额工程量：

$V = (a + 2c + kH)HL_{内}$

$= (2.0 + 0.3 \times 2 + 0.5 \times 1.4) \times 1.4 \times 8.80 = 40.66\text{m}^3$

挖条基定额工程量：$V = 153.38 + 40.66 = 194.04\text{m}^3$

定额子目 1－19：　　　8.55 元/$\text{m}^3$

④回填土

基础回填土定额工程量：$194.04 - 10.68 - 17.3 = 166.06\text{m}^3$

定额子目 1－104：　　　10.70 元/$\text{m}^3$

室内回填土定额工程量：$(3.5-0.24)\times(4.8-0.24)\times4\times0.15=8.92m^3$

定额子目 1－102：　　　9.44 元/$m^3$

余土外运定额工程量：$10.68+17.3-8.92=19.06m^3$

定额子目 1－86：　　　7.23 元/$m^3$

清单基数计算：

$$L_{中}=(4.8\times2+3.5\times2)\times2=33.2m$$

$$L_{内3}=4.8\times2-2.2=7.4m$$

$$L_{内4}=3.5\times2-2.2-2.2=2.6m$$

$$L'_{内}=7.4+2.6=10.0m$$

平整场地清单工程量：$(4.8\times2+0.24)\times(3.5\times2+0.24)=71.24m^2$

挖土方清单工程量：$(2+0.2)\times1.4\times(33.2+10)=133.06m^3$

余土外运清单工程量：$10.68+17.3-8.92=19.06m^3$

回填土工程量：

基础：$133.06-10.68-17.3=105.08m^3$

室内：$(3.5-0.24)\times(4.8-0.24)\times4\times0.15=8.92m^3$

回填土清单工程量：$105.08+8.92=114m^3$

计算结果如表 4－8 所列。

表 4－8　计算结果　　单位：元

| 编码 | 名称 | 工程量计算规则 | 计量单位 | 工程量 | 单价 | 合价 |
|---|---|---|---|---|---|---|
| 010101001001 | 平整场地 | 按设计图示尺寸以建筑物首层面积计算 | $m^2$ | 71.24 | 4.09 | 291.52 |
| 1－98 | 平整场地 | 按建筑物外墙外边线每边各加2m，以平方米计算 | $10m^2$ | 15.556 | 18.74 | 291.519 |
| 010101003001 | 挖基础土方 | 按设计图示尺寸以基础垫层底面积乘以挖土深度计算 | $m^3$ | 133.06 | 13.05 | 1796.84 |
| 1－19 | 挖基础土方 | 外墙按图示基础中心线长度计算；内墙按图示基础底宽加工作宽度之间净长度计算。宽（m）按设计宽度加基础施工所需工作面宽度计算。放坡高度应自垫层下表面至设计室外地坪标高计算 | $m^3$ | 194.04 | 8.55 | 1659.04 |

（续）

| 编码 | 名称 | 工程量计算规则 | 计量单位 | 工程量 | 单价 | 合价 |
|---|---|---|---|---|---|---|
| 1－86 | 余土外运 | 运土工程量＝挖土工程量－回填土工程量。正值为余土外运，负值为缺土内运 | $m^3$ | 19.06$m^3$ | 7.23 | 137.80 |
| 010103001001 | 土方回填 | 基础回填：挖方体积减去设计室外地坪以下埋设的基础体积<br>室内回填：主墙间净面积乘以回填厚度 | $m^3$ | 114 | 16.32 | 1861.04 |
| 1－104 | 基础回填土 | 基槽、坑回填土体积＝挖土体积－设计室外地坪以下埋设的体积 | $m^3$ | 166.06 | 10.70 | 1776.84 |
| 1－102 | 室内回填土 | 室内回填土体积按主墙间净面积乘填土厚度计算，不扣除附垛及附墙烟囱等体积 | $m^3$ | 8.92 | 9.44 | 84.20 |

## 4.4 桩基工程

当建筑物荷载较大或者位于中、高压缩性地基上时，为了减少后期沉降，确保工程安全，可以采用桩基础；也可以对天然地基进行处理，以获得较高的承载力和降低压缩性。

### 4.4.1 预制钢筋混凝土桩

#### 1. 计算预制钢筋混凝土桩前应明确的资料

预制钢筋混凝土桩基础工程是先在地面预制钢筋混凝土桩，然后通过施加外力将其打入或压入土中至设计位置。在计算工程量时，应该明确以下内容。

（1）工艺流程。

（2）桩的类型、桩长（直径或体积）。

（3）桩体运距。

(4)是否要接桩以及接桩方法。

(5) 列项,如打预制桩一般列项有打(压)桩、接桩、送桩等内容。

**2. 预制钢筋混凝土桩工程的计量与计价**

(1)打桩。打预制钢筋混凝土桩工程量按图示打桩体积计算。

$V$ = 设计桩长(包括桩尖) × 截面面积

管桩的空心部分应扣除,若管桩的空心部分按设计要求灌注混凝土或其他填充材料,应另行计算。

(2)接桩。接桩工程量按设计接头数量以"个"为单位计算,如图 4 - 17、图 4 - 18 所示。

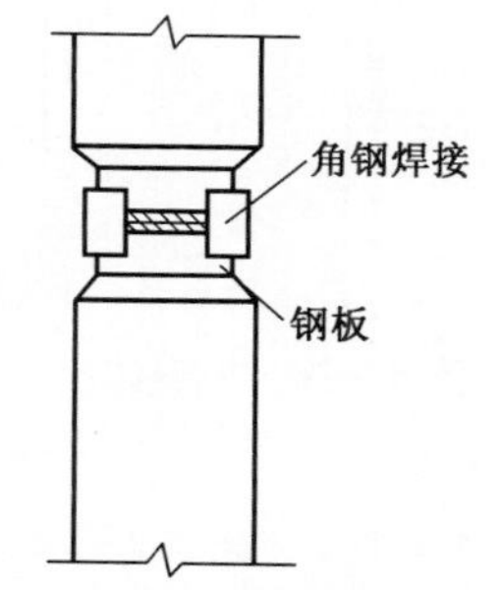


图 4 - 17　电焊接桩示意图

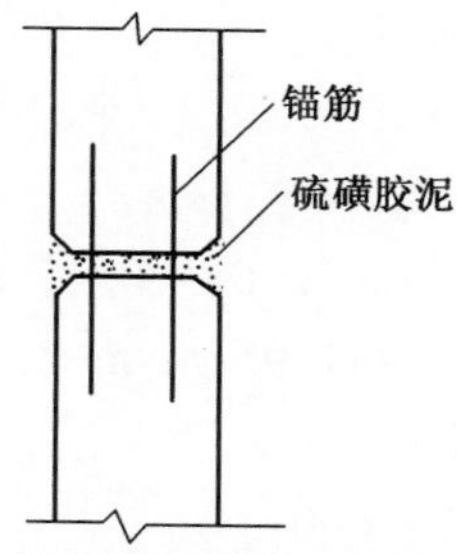


图 4 - 18　硫磺胶泥接桩示意图

(3)送桩。送桩工程量按图示送桩体积计算。

$V$ = 送桩长度 × 截面面积

送桩长度即打桩桩架底至桩顶面高度或从桩顶至自然地坪距离另加 0.5m 计算。

**【例 4 - 12】**　某单位工程,设计 C35 预制方桩 400mm × 400mm,每根桩

长 26m,8m 一个接头,共 230 根,桩顶标高为 -2.08m,设计室外地面标高为 -0.45m,柴油打桩机施工,硫磺胶泥接头。试计算打桩、接桩和送桩的定额工程量、清单工程量,并确定相应的清单单价。桩身详图如图 4-19 所示。

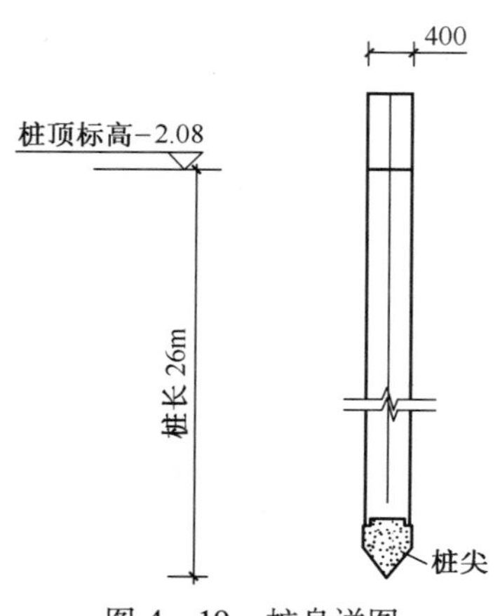


图 4-19 桩身详图

**解:**

定额打桩工程量:$V=0.4\times0.4\times26\times230=956.8\text{m}^3$

定额子目:2-3 144.88 元/$\text{m}^3$

接桩:每根桩长 26m,8m 一个接头,每根桩 3 个接头

工程量:$N=230\times3=690$ 个

定额子目 2-28: 109.19 元/个

送桩长度:$2.08-0.45+0.5=2.13\text{m}$

送桩工程量:$V=0.4\times0.4\times(2.08-0.45+0.5)\times230=78.38\text{m}^3$

定额子目 2-7: 141.95 元/$\text{m}^3$

清单打桩工程量:230 根

清单接桩工程量:$230\times3=690$ 个

计算结果如表 4-9 所列。

表 4-9 计算结果 单位:元

| 编码 | 名称 | 工程量计算规则 | 计量单位 | 工程量 | 单价 | 合价 |
|---|---|---|---|---|---|---|
| 010201001001 | 预制钢筋混凝土桩 | 按根数计算 | 根 | 230 | 651.07 | 149747.22 |

（续）

| 编码 | 名称 | 工程量计算规则 | 计量单位 | 工程量 | 单价 | 合价 |
|---|---|---|---|---|---|---|
| 2 - 3 | 预制钢筋混凝土桩 | 按设计桩长（包括桩尖，不扣除桩尖虚体积）乘以桩截面面积以立方米计算 | $m^3$ | 956.8$m^3$ | 144.88 | 138621.18 |
| 2 - 7 | 送桩 | 以送桩长度（自桩顶面至自然地坪另加 500mm）乘桩截面面积以立方米计算 | $m^3$ | 78.38$m^3$ | 141.95 | 11126.04 |
| 010201002001 | 接桩 | 按设计图纸规定以接头数量计算 | 个 | 690 | 109.19 | 75341.1 |
| 2 - 28 | 接桩 | 按每个接头计算 | 个 | 690 | 109.19 | 75341.1 |

### 4.4.2 灌注混凝土桩

灌注桩从成空方式上分，有沉管灌注桩、钻孔灌注桩、夯扩灌注桩，计量单位均为 $m^3$。

(1)沉管灌注桩。打孔沉管灌注桩单打、复打

$V$ = 管外径截面积 ×（设计桩长 + 加灌长度）

设计桩长——根据设计图纸长度，如使用活瓣桩尖包括预制桩尖，使用预制钢筋混凝土桩尖则不包括。

加灌长度——用来满足混凝土灌注充盈量，按设计规定计算；无规定时，按 0.25m 计取。

(2)夯扩桩。

夯扩工程量 $V$ = 标准管内径截面积 × 设计夯扩投料长度（不包括预制桩尖）

灌注混凝土工程量 $V$ = 标准管外径截面积 ×（设计桩长 + 0.25）

设计夯扩投料长度——按设计规定计算。

(3)钻孔混凝土灌注桩。

钻土孔 $V$ = 桩径截面积 × 自然地面至岩石表面的深度

钻岩孔 $V$ = 桩径截面积 × 入岩深度

$V$ = 桩径截面积 × 有效桩长

式中，有效桩长设计有规定按规定计算，无规定按下列公式计算：

有效桩长 = 设计桩长(含桩尖长) + 桩直径

设计桩长——桩顶标高至桩底标高；

基础超灌长度——按设计要求另行计算；

泥浆运输工程量——按成孔工程量计取。

**【例 4-13】** 某工程桩基础为柴油打桩机打沉管灌注 C30 混凝土桩，设计桩长 8m，桩直径为 400mm，每根桩钢筋笼设计净用钢量为 110kg，预制桩尖单个体积 0.05m³，共有 150 根桩。试计算该现场灌注桩、桩尖的工程量及清单单价。

**解**：沉管灌注桩

桩身：$V_1 = S_{桩} \times 桩长 \times 150 = 3.14 \times 0.2^2 \times 8 \times 150 = 150.72\text{m}^3$

桩尖：$V_2 = 0.05 \times 150 = 7.5\text{m}^3$

$V = 150.72 + 7.5 = 158.22\text{m}^3$

定额子目：2-45 454.47 元/m³

计算结果如表 4-10 所列。

表 4-10 计算结果　　单位：元

| 编码 | 名称 | 工程量计算规则 | 计量单位 | 工程量 | 单价 | 合价 |
|---|---|---|---|---|---|---|
| 010201003001 | 混凝土灌注桩 | 按设计图示尺寸以桩长包括桩尖计算 | 根 | 150 | 479.37 | 71906.24 |
| 2-45 | 沉管灌注桩 | 设计桩长(不包括预制桩尖)另加 250mm 乘以标准管外径以立方米计算 | m³ | 158.22 | 454.47 | 71906.24 |

### 4.4.3 基础垫层

基础垫层是指砖、石、混凝土、钢筋混凝土等基础下的垫层。基础垫层分为砂垫层、毛石垫层、碎石垫层、灰土垫层、素土垫层、碎砖三合土垫层及混凝土垫层等。

**1. 基础垫层与基础的划分**

(1)毛石基础垫层与毛石基础的划分。

毛石基础垫层与毛石基础的划分以设计说明为准。当设计未注明时，按基础施工图中设计的直接与土体接触的单层砌筑毛石为毛石基础垫层，其余为毛石基础。

(2)混凝土基础垫层与混凝土基础的划分。

混凝土基础与混凝土基础垫层的划分应以设计施工图纸的说明为准。如图纸不明确时，按设计混凝土直接与土体接触的单层长方形断面为垫层，其余为无筋混凝土带型基础或无筋混凝土独立基础。

**2. 基础垫层工程的计量与计价**

基础垫层工程量，按实铺体积以“$m^3$”计算。

带型基础垫层工程量，根据上述计算规则的计算原则，按下式计算：

$$V = \text{垫层长度} \times \text{垫层断面面积}$$

式中，垫层长度的取定：外墙基础下垫层长度取外墙中心线（偏轴线时，应把轴线移至中心线位置）长度；内墙基础下垫层长度取内墙基础垫层的净长线长度。凸出部分的体积，并入垫层工程量内计算。

在建筑工程中，当基础因土质等因素需局部加深时，基础下垫层的底标高不在同一标高处，必然出现垫层搭接。如遇到这类情况，应将由于搭接增加的工程量并入垫层工程量内计算。

在计算工程量时，不分基础的类型，按垫层的种类、等级、配合比不同，分别列项计算，套用相应综合基价子目。

**【例 4-14】**　已知基础平面图如图 4-16 所示，土为一般土，C20 钢筋混凝土条形基础，C10 混凝土垫层 100 厚。求基础垫层的定额工程量及清单单价。

**解**：基础垫层的定额工程量 = 垫层长度 × 垫层断面面积

= 垫层长度 × (2 + 0.1 × 2) × 0.1

式中：垫层长度 = $\Sigma L_{\text{外中}} + \Sigma L_{\text{内净}}$

$L_{\text{中}} = (4.8 \times 2 + 3.5 \times 2) \times 2 = 33.20\text{m}$

$L_{\text{内}1} = 4.8 \times 2 - 2.2 = 7.4\text{m}$

$L_{\text{内}2} = 3.50 \times 2 - 2.2 \times 2 = 2.6\text{m}$

$L_{\text{内}} = 7.40 + 2.6 = 10\text{m}$

基础垫层的定额工程量：$(33.20 + 10) \times 2.2 \times 0.1 = 9.5\text{m}^3$

定额子目：2-120 206.0 元/$m^3$

清单工程量：$(33.20 + 10) \times 2.2 \times 0.1 = 9.5\text{m}^3$

计算结果如表 4-11 所列。

表 4-11　计算结果　　单位：元

| 编码 | 名称 | 工程量计算规则 | 计量单位 | 工程量 | 单价 | 合价 |
|---|---|---|---|---|---|---|
| 010401006001 | 垫层 | 按设计图示尺寸以体积计算 | $m^3$ | 9.5 | 206.0 | 1957 |

（续）

| 编码 | 名称 | 工程量计算规则 | 计量单位 | 工程量 | 单价 | 合价 |
|---|---|---|---|---|---|---|
| 2 - 120 | C10 混凝土垫层 | 按图示尺寸以立方米计算 | $m^3$ | 9.5 | 206.0 | 1957 |

## 4.5 砌筑工程

### 4.5.1 砖基础

砖基础由基础墙和大放脚组成。其剖面一般都做成阶梯形，这个阶梯形通常被称为大放脚。

**1. 砖基础与墙身(柱身)界线划分**

(1)砖基础与墙(柱)身使用同一种材料时，以设计室内地坪为界(有地下室者，以地下室室内设计地坪为界)，以下为基础，以上为墙(柱)身。

(2)砖基础与墙(柱)身使用不同材料时，位于设计室内地坪(或地下室室内地坪) ±300mm 以内时以不同材料为界，超过 ±300mm，应以设计室内地坪为界(或地下室室内地坪)，以下为基础，以上为墙(柱)身。

**2. 大放脚的形式及分类**

(1)墙体厚度尺寸的取定。

标准砖的尺寸为 240mm × 115mm × 53mm，由标准砖砌筑的墙体厚度，按表 4 - 12 取定。

表 4 - 12 标准砖砌体计算厚度表

| 砖数(厚度) | 1/4 | 1/2 | 3/4 | 1 | 1.5 | 2 | 2.5 | 3 |
|---|---|---|---|---|---|---|---|---|
| 计算厚度(mm) | 53 | 115 | 180 | 240 | 365 | 490 | 615 | 740 |

当使用非标准砖时，由非标准砖砌筑的墙体厚度，应按砖实际规格和设计厚度取定。

(2)大放脚的形式及分类。

大放脚是指从基础墙断面两边阶梯形的放出部分。根据每步放脚的高度是否相等，分为等高式和不等高式两种。

等高放脚每步放脚层数相等，高度为 126mm(两皮砖，两灰缝)，每步放脚宽度相等，高度为 62.5mm(一砖长加一灰缝的 1/4)，如图 4 - 20 所示。

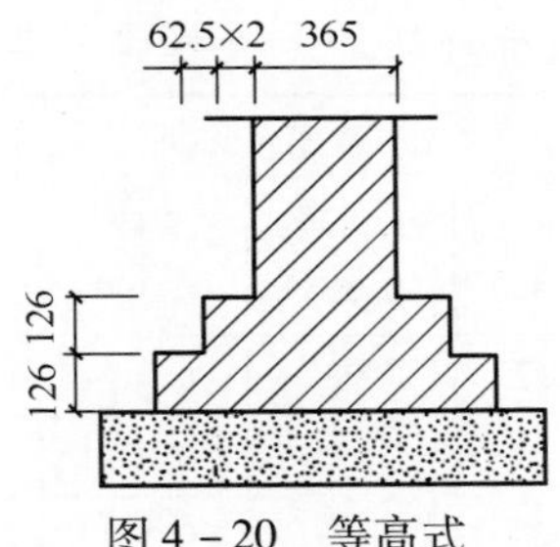


图 4－20　等高式

不等高放脚，每步放脚高度不等，为 63mm 与 126mm 互相交替间隔放脚；每步放脚宽度相等，高度为 62.5mm，如图 4－21 所示。

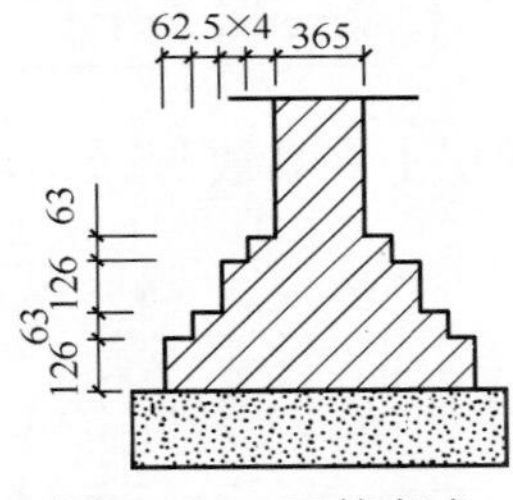


图 4－21　不等高式

（3）大放脚折加高度和折算断面积。

标准砖的大放脚折加高度及折算断面积，在计算标准砖基础工程量时不必另行计算，可直接查用表 4－13、表 4－14。

表 4－13　等高式标准砖墙基大放脚折算为墙高和断面积表

| 大放脚层数 | 折加高度（m） | | | | | | 折算断面积（$m^2$） |
|---|---|---|---|---|---|---|---|
| | 1/2 砖（0.115） | 1 砖（0.240） | 1.5 砖（0.365） | 2 砖（0.490） | 2.5 砖（0.615） | 3 砖（0.740） | |
| 一 | 0.137 | 0.066 | 0.043 | 0.032 | 0.026 | 0.021 | 0.01575 |
| 二 | 0.411 | 0.197 | 0.129 | 0.096 | 0.077 | 0.064 | 0.04725 |
| 三 | 0.822 | 0.394 | 0.259 | 0.193 | 0.154 | 0.128 | 0.09450 |
| 四 | 1.369 | 0.656 | 0.432 | 0.321 | 0.256 | 0.213 | 0.15750 |
| 五 | 2.054 | 0.984 | 0.647 | 0.432 | 0.384 | 0.319 | 0.23630 |
| 六 | 2.876 | 1.378 | 0.906 | 0.675 | 0.538 | 0.447 | 0.33080 |

表4－14 不等高式标准砖墙基大放脚折算为墙高和断面积表

| 大放脚层数 | 折加高度(m) | | | | | | 折算断面积($m^2$) |
|---|---|---|---|---|---|---|---|
| | 1/2砖(0.115) | 1砖(0.240) | 1.5砖(0.365) | 2砖(0.490) | 2.5砖(0.615) | 3砖(0.740) | |
| 一(一低) | 0.069 | 0.033 | 0.022 | 0.016 | 0.013 | 0.011 | 0.00788 |
| 二(一高一低) | 0.342 | 0.164 | 0.108 | 0.080 | 0.064 | 0.053 | 0.03938 |
| 三(二高一低) | 0.685 | 0.328 | 0.216 | 0.161 | 0.128 | 0.106 | 0.07875 |
| 四(二高二低) | 1.096 | 0.525 | 0.345 | 0.257 | 0.205 | 0.170 | 0.12600 |
| 五(三高二低) | 1.643 | 0.788 | 0.518 | 0.386 | 0.307 | 0.255 | 0.18900 |
| 六(三高三低) | 2.260 | 1.083 | 0.712 | 0.530 | 0.423 | 0.351 | 0.25990 |

**【例4－15】** 标准砖四层不等高放脚,如图4－22(a)所示,求大放脚折算断面面积及折加高度。

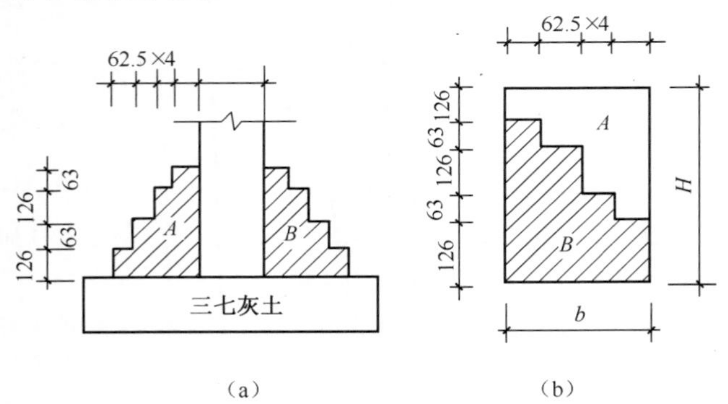


图4－22 标准砖四层不等高放脚

**解:**四层不等高放脚断面 $A$、$B$ 两部分叠加为矩形,如图4－22(b)所示。大放脚每步放脚高度为一皮砖时,其高度为63mm,每步放脚高度为两皮砖时,其高度为126mm,每步放脚的宽度均为62.5mm。则叠加矩形的高、宽分别为

$$b = 0.0625 \times 4 = 0.25\text{m}$$

$$H = 0.126 \times 3 + 0.063 \times 2 = 0.504\text{m}$$

$$\text{大放脚折算断面积} = A + B = b \times H = 0.25 \times 0.504 = 0.126\text{m}^2$$

大放脚的折加高度 = 大放脚折算断面积/基础墙厚度 = 0.126/0.240 = 0.525m

计算结果与不等高式砖墙基础大放脚折加高度表 4 - 9 中的断面积（0.1260$m^2$）和折加高度（0.525m）相同。

**3. 砖基础工程的计量与计价**

砖基础工程量，按设计图示尺寸以体积计算。包括附墙垛基础宽出部分体积，扣除地梁（圈梁）、构造柱所占体积，不扣除基础大放脚 T 形接头处的重叠部分及嵌入基础内的钢筋、铁件、管道、基础砂浆防潮层和单个面积 0.3$m^2$ 以内的孔洞所占体积，靠墙暖气沟的挑檐不增加。

砖基础工程量 = 砖基础长度 × 基础断面面积 + 应并入体积 - 应扣除体积

（1）砖基础长度。

外墙砖基础按外墙中心线长度计算，内墙砖基础按内墙净长线长度计算。遇有偏轴线时，应将轴线移为中心线计算。

（2）砖基础断面面积。

砖基础断面面积 = 基础墙厚度 ×（基础高度 + 大放脚折加高度）

或砖基础断面面积 = 基础墙厚度 ×（基础高度 + 大放脚折算断面积）

式中：基础高度为大放脚底面至基础顶面（即分界面）的高度。

（3）应扣除和不扣除的体积。

应扣除：单个面积在 0.3$m^2$ 以上孔洞所占体积，砖基础中嵌入的钢筋混凝土柱（包括独立柱、框架柱、构造柱及柱基等）、梁（包括基础梁、圈梁、过梁、挑梁等）。

不扣除：基础大放脚 T 形接头的重叠部分及嵌入基础内的钢筋、铁件、管道、基础砂浆防潮层和单个面积在 0.3$m^2$ 以内的孔洞所占体积。

（4）应并入和不增加的体积。

应并入：附墙垛基础宽出部分的体积。

不增加：靠墙暖气沟的挑檐体积。

**【例 4 - 16】**　如图 4 - 23 所示，M7.5 水泥砂浆砌一砖厚基础墙（标准砖），20 厚防水砂浆墙基防潮层，计算砖基础工程量，并确定定额综合单价及相应的清单单价。

**解**：基数计算

$L_{中} = (3.6 \times 2 + 3.0 + 7.0) \times 2 = 34.4\text{m}$

$L_{内} = (7.0 - 0.24) \times 2 = 13.52\text{m}$

基础高度 $h$：

按大放脚折算为折加高度计算，查表 4 - 14，三层等高大放脚墙 1 砖时

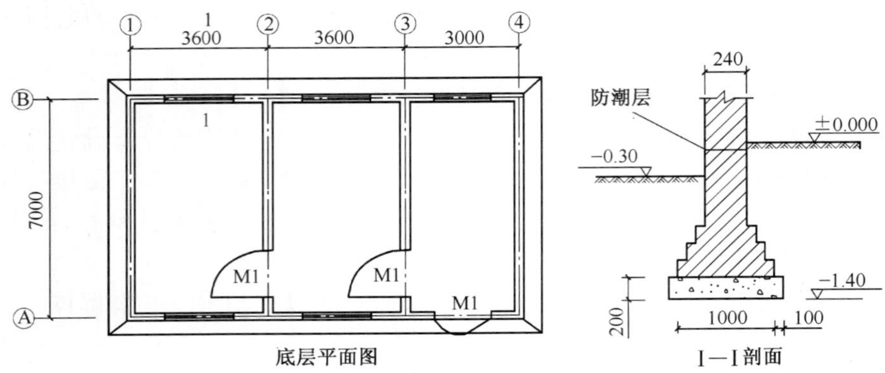

图 4－23 某建筑底层平面图及详图

的折加高度为 0.394m，则基础高度＝1.4－0.2＋0.394＝＝1.594m

砖墙基础工程量＝砖基础长度×基础墙厚度×（基础高度＋大放脚折加高度）

$$V_{外}=34.4\times1.594\times0.24=13.16\mathrm{m}^3$$

$$V_{内}=13.52\times1.594\times0.24=5.17\mathrm{m}^3$$

$$V=13.16+5.17=18.33\mathrm{m}^3$$

3－1 换 185.80－29.71＋30.12＝186.21 元/$\mathrm{m}^3$

防潮层工程量

$$S_{外}=34.4\times0.24=8.26\mathrm{m}^2$$

$$S_{内}=13.52\times0.24=3.24\mathrm{m}^2$$

$$S=8.26+3.24=11.50\mathrm{m}^2$$

3－42 80.68 元/10$\mathrm{m}^2$ 投影面积

砖基础清单工程量：由于计算规则相同故砖基础清单工程量为 18.33$\mathrm{m}^3$。

计算结果如表 4－15 所列。

表 4－15 计算结果 单位：元

| 编码 | 名称 | 工程量计算规则 | 计量单位 | 工程量 | 单价 | 合价 |
|---|---|---|---|---|---|---|
| 010301001001 | 砖基础 | 按图示尺寸以立方米计算 | $\mathrm{m}^3$ | 18.33 | 191.27 | 3506.01 |
| 3－1 换 | 砖基础 | 外墙墙基按外墙中心线长度计算。内墙墙基按内墙基最上一步净长度计算 | $\mathrm{m}^3$ | 18.33 | 186.21 | 3413.23 |
| 3－42 | 防潮层 | 按墙基顶面水平宽度乘以长度以平方米计算 | 10$\mathrm{m}^2$ | 1.150 | 80.68 | 92.782 |

### 4.5.2　实心砖墙

建筑物的墙体既起围护、分隔作用,又起承重构件作用。按墙体所处平面位置的不同,可分为外墙和内墙;按受力情况的不同,可分为承重墙和非承重墙;按装修做法不同,可分为清水墙和混水墙;按组砌方法不同,可分为实心砖墙、空斗墙、空花墙、填充墙等。砖柱按材料分为标准砖柱和灰砂砖柱;按形状不同分为砖方柱、砖圆柱。

(1)实心砖墙工程量计算

$$V = L \times H \times \delta - V_{扣} + V_{增}$$

式中:$V$ 为实心砖墙工程量;$L$ 为墙长;$H$ 为墙高;$\delta$ 为墙厚;$V_{扣}$ 为应扣除部分体积;$V_{增}$ 为应增加部分体积。

(2)墙长度的计算。

外墙长度按中心线长度计算。按中心线计算时,图 4－24 中外角的阴影部分未计算,而内角的阴影部分计算了两次。由于是中心线,这部分是相等的,用内角来弥补外角正好余缺平衡。若为偏轴线时计算,显然余缺是不平衡的,所以在计算时应注意若定位轴线为偏轴线时,要移至中心线。

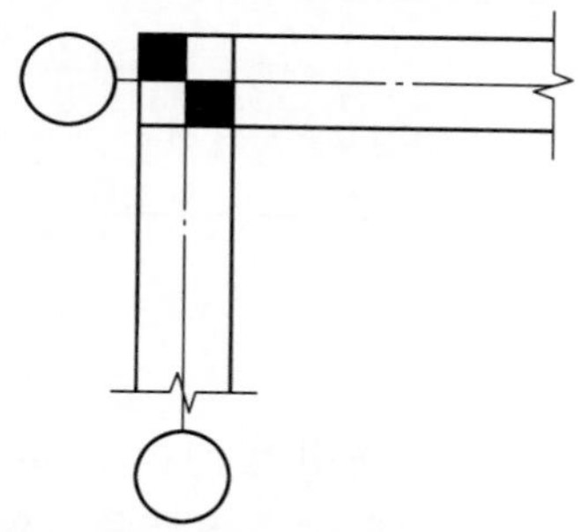

图 4－24　外墙长度计算示意图

内墙长度按净长线计算。

(3)墙高度的计算。

外墙:坡(斜)屋面无檐口天棚者,算至墙中心线屋面板底,无屋面板,算至椽子顶面;有屋架且室内外均有天棚者,算至屋架下弦底面另加200mm,无天棚,算至屋架下弦另加 300mm;有现浇钢筋混凝土平板楼层者,应算至平板底面。

内墙:内墙位于屋架下,其高度算至屋架底,无屋架,算至天棚底另加

120mm；有钢筋混凝土楼隔层者，算至钢筋混凝土板底，有框架梁时，算至梁底面；同一墙上板厚不同时，按平均高度计算。

女儿墙：自外墙梁（板）顶面至图示女儿墙顶面，有混凝土压顶者，算至压顶底面，分别以不同厚度按外墙定额执行。

内、外山墙：按其平均高度计算。

（4）墙厚度的计算。

实心砖的规格是按标准砖编制的，其规格为 240mm × 115mm × 53mm。

（5）应扣除、应增加部分体积的计算，如表 4－16、表 4－17 所列。

表 4－16 计算墙体工程量应扣除和不扣除的内容

| 部位 | 应 扣 除 | 不 扣 除 |
| --- | --- | --- |
| 孔洞 | 门窗洞口、过人洞、空圈、0.3$m^2$ 以上的孔洞 | 0.3$m^2$ 以下的孔洞 |
| 嵌入墙体 | 嵌入墙身的钢筋混凝土柱、梁、圈梁、挑梁、过梁及凹进墙内的壁龛、管槽、暖气槽、消火栓所占体积 | 梁头、板头、檩头、垫木、木楞头、沿椽木、木砖、门窗走头、墙身内的加固钢筋、木筋、铁件、钢管 |

表 4－17 计算墙体工程量应增加和不增加的内容

| 部位 | 应 增 加 | 不 增 加 |
| --- | --- | --- |
| 凸出墙体 | 凸出墙面的墙垛 | 凸出墙面的腰线、挑檐、压顶、窗台线、虎头砖、门窗套的体积 |

### 4.5.3 其他砖砌体

（1）砖砌台阶工程量，按其水平投影面积以“$m^2$”计算。

（2）零星砌砖。砖砌体中零星砌体包括厕所蹲台、小便槽、水槽腿、煤箱、垃圾箱、梯带、花台、花池、地垄墙及支撑地楞的砖墩、暗沟、房上烟囱等实砌砌体。

毛石墙的门窗口立边、窗台虎头砖等实砌体，属于零星砌砖，空斗墙中窗间墙、窗台下、楼板下、梁头下等实砌砖部分，亦属于零星砌砖。

零星砌砖工程量按设计图示尺寸以体积计算。扣除混凝土及钢筋混凝土梁垫、梁头、板头所占体积。

（3）砖墙面勾缝。是为了使清水墙面灰缝紧密、防止雨水浸入墙内，同时也使墙面整齐美观。砖墙面勾缝按材料不同分为原浆勾缝和加浆勾缝两种。原浆勾缝即在施工过程中,用砌筑砂浆勾缝;加浆勾缝即在墙体施工完成后用抹灰砂浆勾缝。

砖墙面勾缝工程量应按加浆勾缝和原浆勾缝分别列项计算。其工程量均按墙面垂直投影面积以“$m^2$”计算,应扣除墙裙和墙面抹灰面积,不扣除门窗套和腰线等零星抹灰及门窗洞口所占的面积;但垛和门窗洞口侧面的勾缝面积亦不增加。独立柱、房上烟囱勾缝,按图示外形尺寸以“$m^2$”计算。

### 4.5.4　砌块砌体

(1)空心砖墙。空心砖是指以黏土、页岩、煤矸石为主要原料,经焙烧而成的孔洞率不小于35%,孔的尺寸大而数量少的砖。空心砖主要用于非承重墙。空心砖墙工程量,按图示尺寸以 $m^3$ 计算,不扣除其孔洞部分的体积。

(2)多孔砖墙。多孔砖是指以黏土、页岩、煤矸石为主要原料,经焙烧而成的孔洞率不小于15%,孔为圆孔或非圆孔,孔的尺寸小而数量多的砖。多孔砖主要用于非承重墙。多孔砖墙工程量,按图示尺寸以“$m^3$”计算,不扣除其孔洞部分的体积。

(3)砌块墙。砌块是指普通混凝土小型空心砌块、加气混凝土块墙、硅酸盐砌块等。小型空心砌块、加气混凝土块墙、硅酸盐砌块等砌块墙的工程量,均按设计图示尺寸以“$m^3$”计算,应扣除门窗洞口、钢筋混凝土过梁、圈梁等所占的体积。

(4)多孔砖柱、砌块柱。多孔砖方柱工程量按设计图示尺寸以体积计算。扣除混凝土及钢筋混凝土梁垫、梁头、板头所占体积。

**【例 4-17】**　如图 4-25 所示,M7.5 水泥砂浆砌一砖厚墙(标准砖),墙厚除标明外均为 240mm,墙中心线与定位轴线重合,现浇板厚 100mm,外墙门窗过梁体积为 0.65$m^3$,内墙门窗过梁体积为 0.108$m^3$。计算墙身工程量,并确定定额工程量及相应的清单单价(C1:1500 × 1800,M1:1200 × 2000,M2:1000 × 2000)。

**解**:基数计算:

$$L_{外} = (4.8 \times 2 + 3.6 + 6.0) \times 2 = 38.4\text{m}$$

$$L_{内} = (6 - 0.24) \times 2 = 11.52\text{m}$$

外墙门窗:

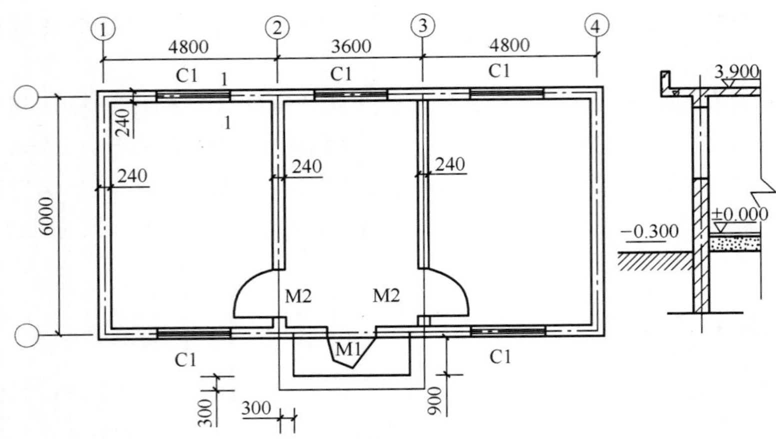


图 4－25 某建筑底层平面图及墙身大样图

$$S_{门}=1.2\times2.0=2.4\text{m}^2$$

$$S_{窗}=1.5\times1.8\times5=13.5\text{m}^2$$

内墙门：

$$S_{门}=1.0\times2\times2=4\text{m}^2$$

墙身高度：

$$3.9-0.1=3.8\text{m}$$

外墙定额工程量：

$$V_{外}=(3.8\times38.4-13.5-2.4)\times0.24-0.65=30.55\text{m}^3$$

定额子目 3－29 换：$197.7-29.77+29.12=197.05$ 元/$\text{m}^3$

内墙定额工程量：

$$V_{内}=(3.8\times11.52-4)\times0.24-0.108=9.44\text{m}^3$$

定额子目 3－33 换：$192.69-29.9+29.25=192.04$ 元/$\text{m}^3$

外墙清单工程量：$(3.8\times38.4-13.5-2.4)\times0.24-0.65=30.55\text{m}^3$

内墙清单工程量：$(3.8\times11.52-4)\times0.24-0.108=9.44\text{m}^3$

计算结果如表 4－18 所列。

表 4－18 计算结果 单位：元

| 编码 | 名称 | 工程量计算规则 | 计量单位 | 工程量 | 单价 | 合价 |
|---|---|---|---|---|---|---|
| 010302001001 | 实心砖墙 | 按设计图示尺寸以体积计算 | $\text{m}^3$ | 30.55 | 197.05 | 6019.88 |
| 3－29 换 | 1 砖外墙 | 外墙按中心线长度，高度算至钢筋混凝土板底 | $\text{m}^3$ | 30.55 | 197.05 | 6019.88 |

（续）

| 编码 | 名称 | 工程量计算规则 | 计量单位 | 工程量 | 单价 | 合价 |
|---|---|---|---|---|---|---|
| 010302001002 | 实心砖墙 | 按设计图示尺寸以体积计算 | $m^3$ | 9.44 | 192.04 | 1812.86 |
| 3-33 换 | 1 砖内墙 | 内墙按净长度，高度算至钢筋混凝土板底 | $m^3$ | 9.44 | 192.04 | 1812.86 |

## 4.6　钢 筋 工 程

### 1. 钢筋的表示方法

钢筋混凝土及预应力混凝土结构中，常用的钢筋有以下几种。

（1）HPB 235 级钢筋（符号为Φ，直径为 8mm～20mm）：是指现行国家标准《钢筋混凝土用热轧光圆钢筋》GB 13013 中的 Q235 钢筋。

（2）HRB 335 级钢筋（符号为Φ，直径为 6mm～50mm）：是指现行国家标准《钢筋混凝土用热轧带肋钢筋》GB1499 中的 20MnSi 钢筋。

（3）HRB 400 级钢筋（符号为Φ，直径为 6mm～50mm）：是指现行国家标准《钢筋混凝土用热轧带肋钢筋》GB1499 中的 20MnSiV、20MnSiNB、20MnTi 钢筋。

（4）RRB 400 级钢筋（符号为$Φ^R$，直径 8mm～40mm）：是指现行国家标准《钢筋混凝土用余热处理钢筋》GB 13014 中的 K20MnSi 钢筋。

### 2. 混凝土保护层

为了防止钢筋锈蚀，钢筋混凝土中有一定厚度的保护层。《国家建筑标准设计图集》（11G101）中不再以纵向受力筋的外缘，而是以最外层钢筋（包括箍筋、构造筋、分布筋等）的外缘计算混凝土保护层厚度。新规范中的保护层实际厚度有所加大。规范中对结构所处耐久性环境类别进行了划分，如表 4-19 所列。

表 4-19　混凝土结构的环境类别

| 环境类别 | 条　件 |
|---|---|
| 一 | 室内干燥环境<br>无侵蚀性水浸没环境 |
| 二 a | 室内环境潮湿<br>非严寒和非寒冷地区的露天环境<br>非严寒和非寒冷地区的与无侵蚀性的水或土壤直接接触的环境<br>严寒和寒冷地区的冰冻线以下与无侵蚀性的水或土壤直接接触的环境 |

（续）

| 环境类别 | 条　件 |
| --- | --- |
| 二 b | 干湿交替环境<br>水位频繁变动环境<br>严寒和寒冷地区的露天环境<br>严寒和寒冷地区的冰冻线以上与无侵蚀性的水或土壤直接接触的环境 |
| 三 a | 严寒和寒冷地区的冬季水位变动区环境<br>受除冰盐影响环境<br>海风环境 |
| 三 b | 盐渍土环境<br>受除冰盐作用环境<br>海岸环境 |
| 四 | 海水环境 |
| 五 | 受人为或自然的侵蚀性物质影响的环境 |

注：1. 室内潮湿环境是指构件表面经常处于结露或湿润状态的环境；
2. 严寒和寒冷地区的划分应符合现行国家标准《民用建筑热工设计规范》GB 50176 的有关规定；
3. 海岸环境和海风环境宜根据当地情况，考虑主导风向及结构所处迎风、背风部位等因素的影响，由调查研究和工作经验确定；
4. 受除冰盐影响环境是指受到除冰盐烟雾影响的环境；受除冰盐作用环境是指被除冰盐溶液溅射的环境以及使用除冰盐地区的洗车房、停产楼等建筑；
5. 暴露的环境是指混凝土结构表面所处的环境

对应环境等级的修改，混凝土保护层的最小厚度也进行了修改，对一般情况下混凝土结构的保护层厚度稍有增加，而对恶劣环境下的保护层厚度则增幅很大，如表 4－20 所列。

表 4－20　混凝土保护层的最小厚度　　单位：mm

| 环境类别 | 板、墙 | 梁、柱 |
| --- | --- | --- |
| 一 | 15 | 20 |
| 二 a | 20 | 25 |
| 二 b | 25 | 35 |
| 三 a | 30 | 40 |
| 三 b | 40 | 50 |

注：1. 表中混凝土保护层厚度指最外层钢筋外边缘至混凝土表面的距离，适用于设计使用年限 50 年的混凝土结构；
2. 构件中受力钢筋的保护层厚度不应小于钢筋的公称直径；
3. 设计使用年限为 100 年的混凝土结构，一类环境中，最外层钢筋的保护层厚度不应小于表中数值的 1.4 倍；二、三类环境中，应采取专门有效措施；
4. 混凝土强度等级不大于 C25 时，表中保护层厚度应增加 5；
5. 基础底面钢筋的保护层厚度，有混凝土垫层时应从垫层顶算起，且不宜小于 40mm

### 3. 钢筋的锚固

钢筋的锚固长度，是指在结构设计计算中自钢筋不需要点至钢筋截断位置的长度用 $L_a$($L_{aE}$)表示。

根据现行《国家建筑标准设计图集》(11G101)的规定，当计算中充分利用纵向受拉钢筋长度时，其锚固长度不应小于表 4－21 规定的数值。

表 4－21　受拉钢筋基本锚固长度 $L_{ab}$，$L_{abE}$

| 钢筋种类 | 抗震等级 | 混凝土强度等级 | | | | | | | | |
|---|---|---|---|---|---|---|---|---|---|---|
| | | C20 | C25 | C30 | C35 | C40 | C45 | C50 | C55 | ≥C60 |
| HPB 300 | 一、二级($L_{abE}$) | 45d | 39d | 35d | 32d | 29d | 28d | 26d | 25d | 24d |
| | 三级($L_{abE}$) | 41d | 36d | 32d | 29d | 26d | 25d | 24d | 23d | 22d |
| | 四级($L_{abE}$)<br>非抗震($L_{ab}$) | 39d | 34d | 30d | 28d | 25d | 24d | 23d | 22d | 21d |
| HRB 335<br>HRBF 335 | 一、二级($L_{abE}$) | 44d | 38d | 33d | 31d | 29d | 26d | 25d | 24d | 24d |
| | 三级($L_{abE}$) | 40d | 35d | 31d | 28d | 26d | 24d | 23d | 22d | 22d |
| | 四级($L_{abE}$)<br>非抗震($L_{ab}$) | 38d | 33d | 29d | 27d | 25d | 23d | 22d | 21d | 21d |
| HRB 400<br>HRBF 400<br>RRB 400 | 一、二级($L_{abE}$) | — | 46d | 40d | 37d | 33d | 32d | 31d | 30d | 29d |
| | 三级($L_{abE}$) | — | 42d | 37d | 34d | 30d | 29d | 28d | 27d | 26d |
| | 四级($L_{abE}$)<br>非抗震($L_{ab}$) | — | 40d | 35d | 32d | 29d | 28d | 27d | 26d | 25d |
| HRB 500<br>HRBF 500 | 一、二级($L_{abE}$) | — | 55d | 49d | 45d | 41d | 39d | 37d | 36d | 35d |
| | 三级($L_{abE}$) | — | 50d | 45d | 41d | 38d | 36d | 34d | 33d | 32d |
| | 四级($L_{abE}$)<br>非抗震($L_{ab}$) | — | 48d | 43d | 39d | 36d | 34d | 32d | 31d | 30d |

注：1. HPB300 级钢筋末端应做 180°弯钩，弯后平直段长度不应小于 $3d$，但作受压钢筋时可不做弯钩

2. 当锚固钢筋的保护层厚度不大于 $5d$ 时，锚固钢筋长度范围应设置横向构造钢筋，其直径不应小于 $d/4$($d$ 为锚固钢筋最大直径)；对梁、柱等构件间距不应大于 $5d$，对板、墙等构件间距不应大于 $10d$，且均应不大于 $100d$($d$ 为锚固钢筋的最小直径)

受拉钢筋锚固长度及抗震锚固长度的计算如表 4－22 所列。

表 4－22 受拉钢筋锚固长度 $L_a$，抗震锚固长度 $L_{aE}$

| 非抗震 | 抗震 | 注：<br>1. $L_a$ 不应小于 200；<br>2. 锚固长度修正系数 $\zeta_a$ 按表取用，当多于一项时，可按连乘计算，但不小于 0.6；<br>3. $\zeta_{aE}$ 为抗震锚固长度修正系数，对一、二级抗震等级取 1.15，对三级抗震等级取 1.05，对四级抗震等级取 1.00 |
|---|---|---|
| $L_a=\zeta_a l_{ab}$ | $l_{aE}=\zeta_{aE} l_a$ | |

**4. 弯起钢筋增加长度**

弯起钢筋主要在梁和板中，其弯起角度（$\alpha$）由设计确定。常用的弯起角度有 30°、45°、60°这 3 种。

弯起钢筋图示长度计算时，只需计算出弯起段长度与其水平投影长度的差额（即弯起增加量）$\Delta L$。

当 $\alpha=30°$时，$\Delta L=0.268h$；

当 $\alpha=45°$时，$\Delta L=0.414h$；

当 $\alpha=60°$时，$\Delta L=0.577h$。

弯起钢筋的弯起角度应按设计规定。当设计无明确规定时，弯起角度按以下方式计算：梁高大于 800mm 时，按 60°；梁高在 800mm 以内者，按 45°；板按 30°。

**【例 4－18】** 板钢筋的计算。某钢筋混凝土板配筋如图 4－26 所示。已知板混凝土强度等级为 C25，在一类环境下正常使用，建筑抗震等级三级。

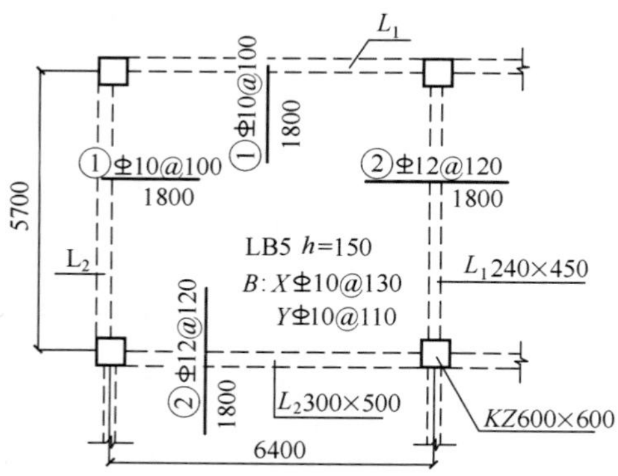


图 4－26 现浇钢筋混凝土板配筋图

**解**:根据钢筋种类,建筑抗震等级,混凝土强度等级,查表得到 $L_{aE}$ 是 $35d$(按钢筋基本锚固长度计算,未考虑修正系数),为统一计算口径,钢筋起步距离是 50mm。

(1)下部钢筋

$X$ 方向钢筋长度 = 净长 + 两端支座锚固长度

$$=(6.4-0.24)+(0.4L_{aE}+15d)\times 2$$
$$=(6.4-0.24)+(0.4\times 35\times 0.01+15\times 0.01)\times 2$$
$$=6.16+0.29\times 2$$
$$=6.74\text{m}$$

$X$ 方向钢筋根数:钢筋设置区域的长度 ÷ 钢筋设置间距 + 1

$(5.7-0.05\times 2)\div 0.13+1=44.07$,取 45 根

$X$ 方向钢筋总长度 = 每根长度 × 根数 $=6.74\times 45=303.3$m

$Y$ 方向钢筋长度

$$=5.7+(0.4L_{aE}+15d)\times 2$$
$$=5.7+0.29\times 2$$
$$=6.28\text{m}$$

$Y$ 方向钢筋根数:

$(6.4-0.24-0.05\times 2)\div 0.11+1=56.09$,取 57 根

$Y$ 方向钢筋总长度 = 每根长度 × 根数 $=6.28\times 57=357.96$m

(2)支座负筋

①号钢筋(端支座)

①号钢筋每根长度 = 伸出支座外长度 + 伸入支座锚固长度 + 一个弯折长度

其中:一个弯折长度 = 板厚 − 一个保护层厚度

①号钢筋每根长度 $X$ 方向长度 $=1.8-0.12+0.4L_{aE}+15d+0.15-0.015=2.105$m

①号钢筋 $X$ 方向根数:$(6.4-0.12\times 2-0.05\times 2)\div 0.1+1=61.6$,取 62 根

①号钢筋 $X$ 方向总长度 $=2.105\times 62=130.51$m

①号钢筋每根长度 $Y$ 方向长度 $=1.8-0.15+0.4L_{aE}+15d+0.15-0.015=2.075$m

①号钢筋 $Y$ 方向根数:$(5.7-0.05\times 2)\div 0.1+1=57$ 根

①号钢筋 $Y$ 方向总长度 $=2.075\times 57=118.28$m

②号钢筋(中间支座)

②号钢筋长度 = 直段长度 + 两个弯折长度

1.8 ×2 + (0.15 −0.015) ×2 = 3.87m

②号钢筋 $Y$ 方向根数 = (5.7 −0.05 ×2) ÷0.12 +1 = 47.7,取 68 根

②号钢筋 $X$ 方向根数 = (6.4 −0.12 ×2 −0.05 ×2) ÷0.12 +1 = 51.5,取 52 根

②号钢筋总长度 = 3.87 × (68 +52) = 464.4m

(3)分布筋

①号钢筋上 $X$ 方向分布筋长度 = 6.4 − 0.24 − 1.8 × 2 + 0.15 × 2 = 2.86m

根数 = 1.8 ÷0.2 = 9 根

①号钢筋上 $X$ 方向分布筋总长度 = 2.86 ×9 = 25.74m

①号钢筋上 $Y$ 方向分布筋长度 = 5.7 −1.8 ×2 +0.15 ×2 = 2.4m

根数 = 1.8 ÷0.2 = 9 根

①号钢筋上 $Y$ 方向分布筋总长度 = 2.4 ×9 = 21.6m

②号钢筋上 $X$ 方向分布筋长度 = 6.4 − 0.24 − 1.8 × 2 + 0.15 × 2 = 2.86m

根数 = 1.8 ÷0.2 +1.8 ÷0.2 = 18 根

②号钢筋上 $X$ 方向分布筋总长度 = 2.86 ×18 = 51.48m

②号钢筋上 $Y$ 方向分布筋长度 = 5.7 −1.8 ×2 +0.15 ×2 = 2.4m

根数 = 1.8 ÷0.2 +1.8 ÷0.2 = 18 根

②号钢筋上 $Y$ 方向分布筋总长度 = 2.4 ×18 = 43.2m

**【例 4 −19 】** 某框架建筑抗震等级三级,在二类环境下正常使用,其框架梁配筋如图 4 −27 所示,已知混凝土强度等级为 C30。计算现浇钢筋混凝土梁内的钢筋工程量。

**解:**根据钢筋种类,建筑抗震等级,混凝土强度等级,查表 4 −21 得到该框架梁的 $L_{aE}$ 是 $31d$(按钢筋基本锚固长度计算,未考虑修正系数),钢筋的锚固及布置情况如图 4 −28 所示。

Φ22 的 $L_{aE}$ = 31 ×0.022 = 0.682m

(1)上部贯通筋 2Φ22

每根上部贯通筋的长度 = 各跨净长度 + 中间支座的宽度 + 两端支座锚固长度

$$=16.2-0.3\times2+(0.4L_{aE}+15d)\times2$$
$$=16.2-0.3\times2+(0.4\times31d+15d)\times2$$
$$=15.6+(0.4\times31\times0.022+15\times0.022)\times2$$
$$=15.6+(0.2728+0.33)\times2$$
$$=15.6+0.6028\times2$$
$$=16.81\text{m}$$

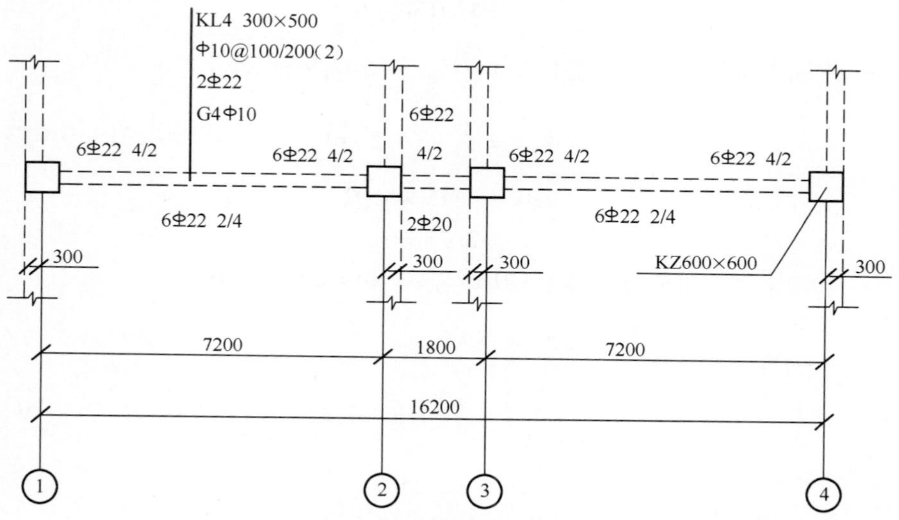

图4－27　现浇钢筋混凝土梁配筋图

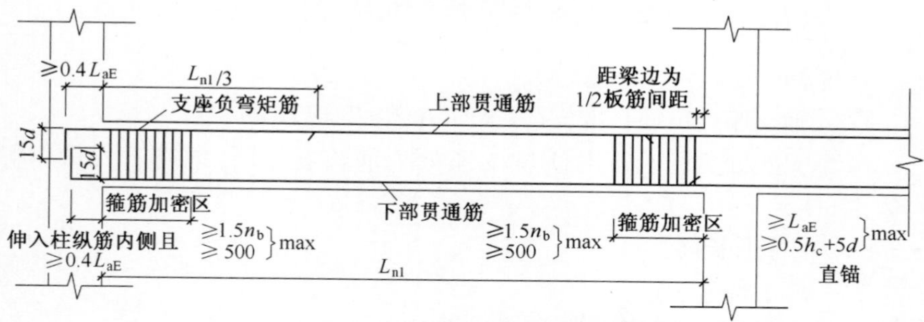

图4－28　抗震楼层框架梁纵向钢筋构造

上部贯通筋总长度＝每根上部贯通筋长度×根数＝16.81×2＝33.62m

（2）支座处负筋

①轴支座处负筋 = 4$\Phi$22

①轴支座处第一排负筋长度 $= \frac{1}{3}L_{n1}$ + 支座锚固长度

$= \frac{1}{3}(7.2 - 0.3 \times 2) + 0.4 \times 31 \times 0.022 + 15 \times 0.022$

$= 3.91\text{m}$

①轴支座处第二排负筋长度 $= \frac{1}{4}L_{n1}$ + 支座锚固长度

$= \frac{1}{4} \times (7.2 - 0.3 \times 2) + 0.4 \times 31 \times 0.022 + 15 \times 0.022$

$= 2.26\text{m}$

①轴支座处负筋总长度 $= 3.91 \times 2 + 2.26 \times 2 = 12.34\text{m}$

②③轴处支座负筋

第一排负筋长度

$= \frac{1}{3} = (7.2 - 0.3 \times 2) + 1.8 + \frac{1}{3}(7.2 - 0.3 \times 2) + 0.6 \times 2$

$= 7.4\text{m}$

第二排负筋长度

$= \frac{1}{4}(7.2 - 0.3 \times 2) + 1.8 + \frac{1}{4}(7.2 - 0.3 \times 2) + 0.6 \times 2$

$= 6.3\text{m}$

②③轴支座处负筋长度 $= 7.4 \times 2 + 6.3 \times 2 = 27.4\text{m}$

④轴支座处负筋长度与①轴支座处负筋长度相同，钢筋工程量相等（12.34m）。

(3)下部通长筋

第一跨下部通长筋：

每根下部贯通筋的长度 = 本跨净长度 + 支座锚固长度

因为柱宽 600mm < 682mm（$L_{aE}$），因此端支座采用弯锚。

中间②轴支座处采用直锚，根据规范锚固长度应取 $L_{aE}$ 和 $0.5h_c + 5d$ 的最大值。

$0.5h_c + 5d = 0.5 \times 0.6 + 5 \times 0.22 = 0.41\text{m}$

max(0.682,0.41),取 0.682m

第一跨下部贯通筋的长度

$=(7.2-0.3\times2)+(0.4L_{aE}+15d)+0.682$

$=(7.2-0.3\times2)+0.4\times0.682+15\times0.022+0.682$

$=7.8848m$

第一跨下部贯通筋总长度 = 每根长度 × 根数

$=7.8848\times6$

$=47.3m$

第二跨下部钢筋:

第二跨下部钢筋直径为 20mm,则 $L_{aE}=31\times0.02=0.62m$, max(0.62, 0.41),取 0.62m

第二跨下部贯通筋的长度

$=1.8-0.3\times2+0.62\times2$

$=2.44m$

第二跨下部通筋总长度 = 每根长度 × 根数

$=2.44\times2$

$=4.88m$

第三跨下部钢筋长度与第一跨下部钢筋长度相同(47.3m)

(4)构造筋

一根构造筋长度 = 净跨长度 $+15d_G\times2=16.2-0.3\times2+15\times0.01\times2=15.9m$

构造筋总长度 = 一根构造筋长度 × 根数 $=15.9\times4=63.9m$

(5)拉筋

因为梁宽为 350mm,故拉筋直径为 6mm。

每根拉筋长度 $=b-2c+1.9d_{拉}\times2+\max(10d_{拉},75)\times2$

$=0.5-2\times0.025+1.9\times0.006\times2+\max(10\times6,75)\times2$

$=0.5-2\times0.025+1.9\times0.006\times2+0.075\times2$

$=0.6108m$

拉筋根数:拉筋间距为非加密区箍筋间距的 2 倍,$2\times200=400mm$

一排拉筋根数 $=(16.2-0.3\times2+15d_G)\div0.4$

$=(16.2-0.3\times2+15\times0.01)\div0.4=40$ 根

拉筋总长度:每根拉筋长度 × 总根数 $=0.6108\times40\times2=48.86m$

(6)箍筋

抗震等级为二级时,箍筋加密区取 $\max(1.5h_b,500)$,其中 $h_b$ 为梁截面高度

$$\max(1.5\times500,500)=750\text{mm}$$

箍筋长度:混凝土保护层厚度指最外层钢筋外边缘至混凝土表面的距离,在本题中拉筋在最外侧,箍筋在拉筋内侧,因此箍筋沿梁的宽度方向的尺寸应减去拉筋的直径。

一根箍筋长度 $=(a+b)\times2-8c-4d_{拉}+1.9d\times2+\max(10d,75)\times2$

$=(0.3+0.5)\times2-0.025\times8-4\times0.006+1.9\times0.01\times2+0.1\times2$

$=1.614\text{m}$

箍筋根数:第一跨,非加密区 $(7.2-0.3\times2-0.75\times2)\div0.2+1=4$ 根

加密区 $(0.75-0.05)\times2\div0.2=7$ 根

第三跨箍筋根数与第一跨的箍筋根数相同。

第二跨,非加密区 $(1.8-0.75\times2)\div0.2+1=3$ 根

加密区 $(0.75-0.05)\times2\div0.2=7$ 根

箍筋总长度:一根箍筋长度 × 箍筋根数 $=1.614\times[(4+7)\times2+3+7]=51.648\text{m}$

## 4.7 混凝土与钢筋混凝土

工程混凝土及钢筋混凝土在建筑工程中应用广泛。混凝土及钢筋混凝土构件按其施工方法可分为一般混凝土及钢筋混凝土构件、预应力钢筋混凝土构件。

钢筋混凝土工程由模板工程、钢筋工程和混凝土工程 3 个部分组成。其施工顺序:首先进行模板制作安装;其次是钢筋加工成型,安装绑扎;最后是混凝土拌制、浇灌、振捣、养护、拆模。这些工程都必须根据设计图纸、施工说明和国家统一规定的施工验收规范、操作规程、质量评定标准的要求进行施工,并且随时做好工序交接和隐蔽工程检查验收工作。

**1. 现浇混凝土基础**

混凝土及钢筋混凝土基础具有承载力大、整体性好、坚固、耐久、不怕水等优点。

常见的混凝土基础有独立基础、杯形基础、带型基础、满堂基础、箱形

基础、桩基础、设备基础等。在混凝土基础中设计配置钢筋时，便成为钢筋混凝土基础。

现浇混凝土基础工程量，按设计图示尺寸以体积计算。不扣除构件内钢筋、预埋铁件和伸入承台的桩头所占体积。

1）独立基础

独立基础是指现浇钢筋混凝土柱下的单独基础。其施工特点是柱子与基础整浇为一体。独立基础是柱子基础的主要形式，按其形式可分为，阶梯形和四棱锥台形，如图 4－29 所示。

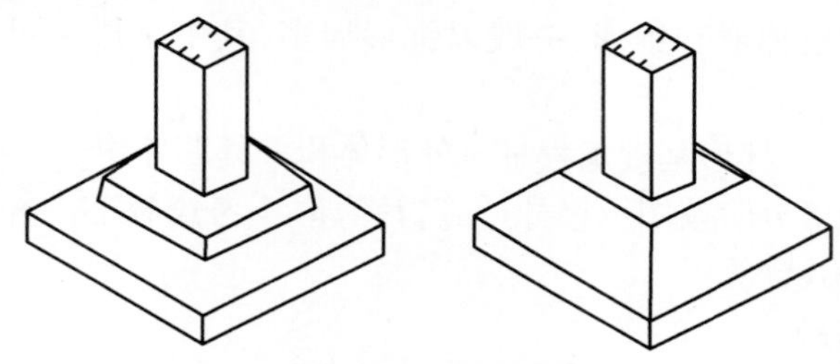

图 4－29　独立基础

（1）独立基础与柱子的划分。独立基础与柱子以柱基上表面为分界线，以上为柱子，以下为独立基础，如图 4－30 所示。

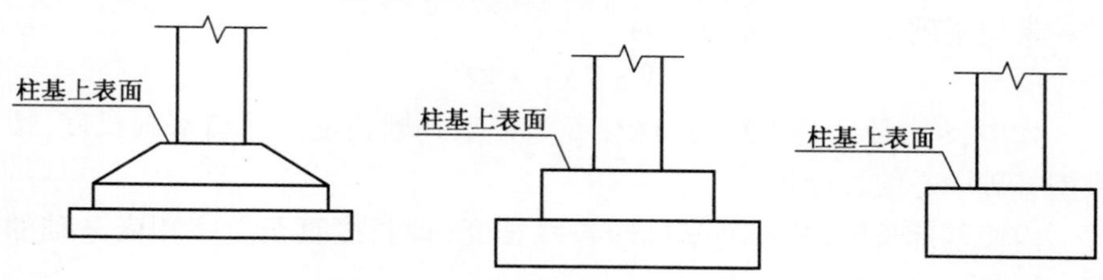


图 4－30　基础与柱子划分示意图

（2）独立基础工程量计算。阶梯形独立基础的体积计算比较容易，只需按图示尺寸分别计算出每阶的立方体体积。如四棱锥台形独立基础（图 4－31），其体积为四棱锥台体积加底座体积。计算公式为

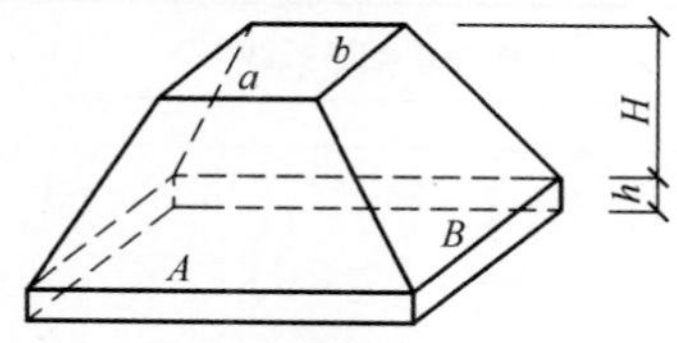


图 4－31　四棱锥台立体图

$$V = A \times B \times h + [A \times B + (A + a)(B + b) + a \times b] \times \frac{H}{6} \qquad (4.23)$$

式中:$A$、$B$ 为四棱锥台底边的长、宽;$a$、$b$ 为四棱锥台上边的长、宽; $H$ 为四棱锥台的高度;$h$ 为四棱锥台底座的厚度。

2)杯形基础

杯形基础是指预制钢筋混凝土柱下的现浇单独基础。其施工特点是,现浇单独基础时,将基础的顶部做成杯口,待其达到规定强度后,再将预制钢筋混凝土柱插入杯口内,最后灌注细石混凝土使柱与基础连成整体。按其形式可分为阶梯形和锥形,一般以锥形居多,其中锥形又可分为一般锥形和高脖锥形。

杯形基础工程量 = 外形体积 - 杯芯体积

外形体积可分阶按图示尺寸计算,计算时不考虑杯芯。杯芯体积按四棱锥台计算公式计算。

3)带型基础

带型基础又称条型基础,其外形呈长条状,断面形式一般有梯形、阶梯形和矩形等,常用于房屋上部荷载较大、地基承载能力较差的混合结构房屋墙下基础。

带型基础工程量计算公式为

$$V = S \times L + VT$$

式中:$S$ 为带型基础断面面积; $L$ 为带型基础长度。外墙基础长度,按带型基础中心线长度计算。

内墙基础长度,按带型基础净长线长度(即长度算至丁字相交基础的侧面)(图 4-32)计算

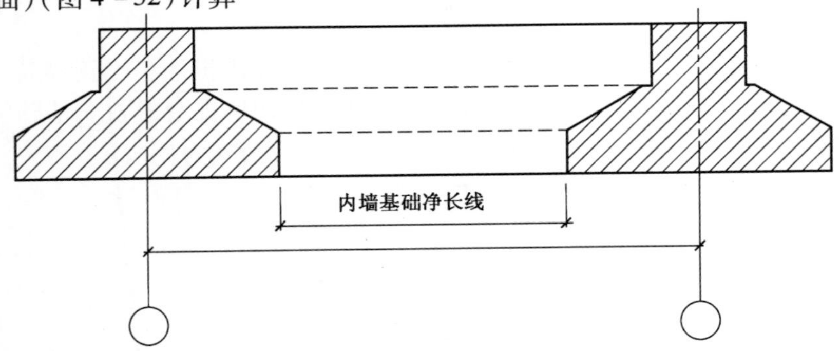


图 4-32 内墙带型基础净长线示意图

【例 4－20】　某建筑基础平面图如图 4－33 所示。试计算 C30 混凝土基础的浇捣工程量及相应的清单单价。

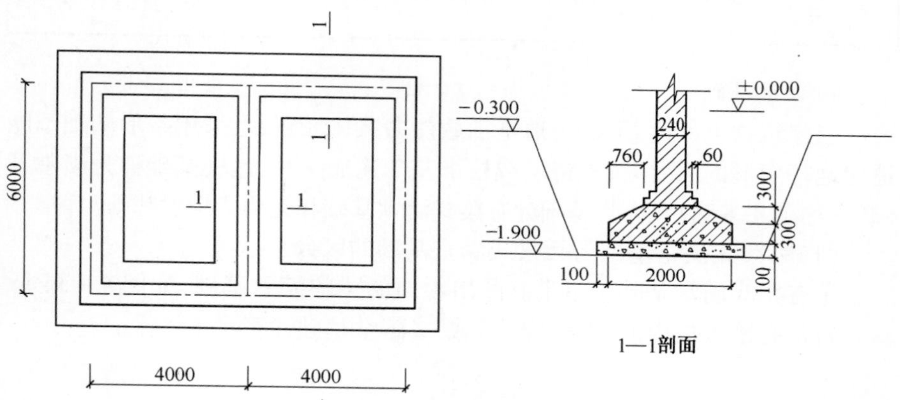


图 4－33　基础平面图及详图

**解**:计算基数:

$L_{外} = (4.0 \times 2 + 6.0) \times 2 = 28\text{m}$

$L_{内上} = 6 - 2.0 = 4.0\text{m}$

$L_{内下} = 6 - (2 - 0.76 \times 2) - 0.76 \div 2 \times 2 = 4.76\text{m}$

$h_1 = 0.3\text{m}$

$h_2 = 0.3\text{m}$

混凝土的截面积:$S_1 = 2.0 \times 0.3 = 0.6\text{m}^2$

$S_2 = [(2 - 0.76 \times 2) + 2] \times 0.3 \div 2 = 0.372\text{m}^2$

混凝土体积:

$V_{外} = 28 \times 0.6 + 28 \times 0.372 = 27.22\text{m}^3$

$V_{内} = 4.0 \times 0.6 + 4.76 \times 0.372 = 4.17\text{m}^3$

混凝土定额工程量:

$$V_{外} + V_{内} = 27.22 + 4.17 = 31.39\text{m}^3$$

定额子目 5－2 换　$222.38 - 170.58 + 190.03 = 241.83$ 元/$\text{m}^3$

混凝土清单工程量:

$$V_{外} + V_{内} = 27.22 + 4.17 = 31.39\text{m}^3$$

计算结果如表 4 -23 所列。

表 4 -23 计算结果 单位:元

| 编码 | 名称 | 工程量计算规则 | 计量单位 | 工程量 | 单价 | 合价 |
|---|---|---|---|---|---|---|
| 010401001001 | 带型基础 | 按设计图示尺寸以体积计算 | $m^3$ | 31.39 | 241.83 | 7591.04 |
| 5 -2 换 | 无梁式条形基础 | 按图示尺寸实体积以立方米计算 | $m^3$ | 31.39 | 241.83 | 7591.04 |

4)满堂基础

当建筑物上部荷载较大,地基承载能力又比较弱,且采用条形基础不能适应地基变形的需要时,常将墙或柱下基础连成一片,这种基础称为满堂基础(又称筏片基础)。满堂基础分有梁式满堂基础和无梁式满堂基础两种。

(1)有梁式满堂基础与无梁式满堂基础的区分。

①有梁式满堂基础是指带有凸出板面的梁的满堂基础,如图 4 -34 所示。若带有镶入板内的暗梁,应按无梁式满堂基础计算。

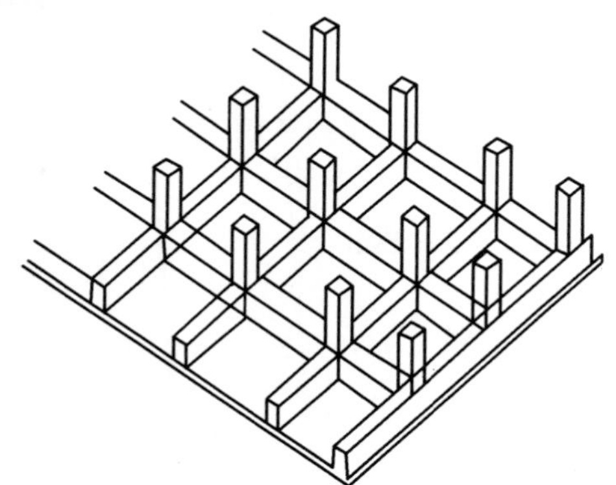

图 4 -34 有梁式满堂基础

②无梁式满堂基础是指无突出板面的梁(包括有镶入板内的暗梁)的满堂基础,如图 4 -35 所示。

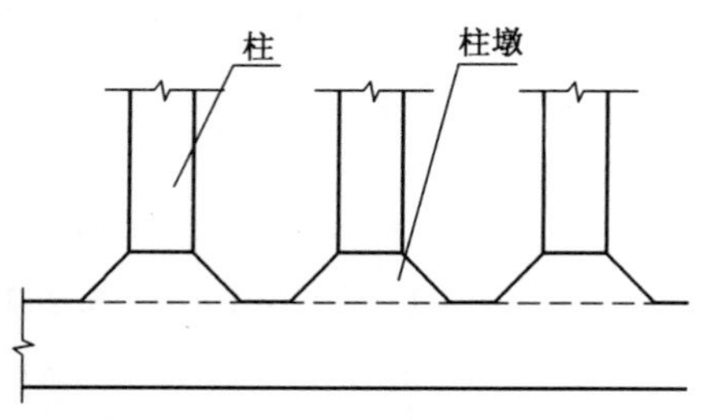


图 4 -35 无梁式满堂基础

(2)工程量计算。

①有梁式满堂基础工程量,按图示尺寸梁板体积之和以“$m^3$”计算。

有梁式满堂基础与柱子的划分:以梁的上表面为界,梁的体积并入有梁式满堂基础计算。

②无梁式满堂基础工程量,按图示尺寸以“$m^3$”计算。边肋体积并入基础工程量内计算。

无梁式满堂基础与柱子的划分:以板的上表面为界,柱墩体积并入柱内计算。

5)桩承台

桩承台是在已打完的桩顶上,将桩顶部的混凝土剔凿掉,露出钢筋,浇灌混凝土使之与桩顶连成一体的钢筋混凝土基础。按图示桩承台尺寸以“$m^3$”计算。

6)设备基础

为安装锅炉、机械或设备等所做的基础称为设备基础。按图示尺寸以“$m^3$”计算,不扣除螺栓套孔洞所占的体积。

**2. 现浇混凝土柱**

现浇混凝土柱工程量,按设计图示尺寸以体积计算。即按设计柱断面积乘以柱高计算。依附柱的牛腿的和升板的柱帽的体积并入柱身体积计算。不扣除构件内钢筋、预埋铁件所占体积。

$$柱工程量 = 设计柱断面积 \times 柱高$$

(1)柱高的确定。

有梁板的柱高,应自柱基(或楼板)上表面算至上一层楼板下表面。

无梁板的柱高,应自柱基(或楼板)上表面算至柱帽下表面。

框架柱的柱高,应自柱基上表面算至柱顶。

构造柱的柱高,应自柱基(或地圈梁)上表面算至柱顶面;如需分层计算时,首层构造柱高应自柱基(或地圈梁)上表面算至上一层圈梁上表面,其他各层为各楼层上下两道圈梁上表面之间的距离。若构造柱上、下与主、次梁连接则以上下主次梁间净高计算柱高。

(2)断面面积的确定。

矩形柱、圆形柱,均以设计图示断面尺寸计算断面面积。

构造柱按设计图示尺寸(包括与砖墙咬接部分在内)计算断面面积,如图4-36所示。

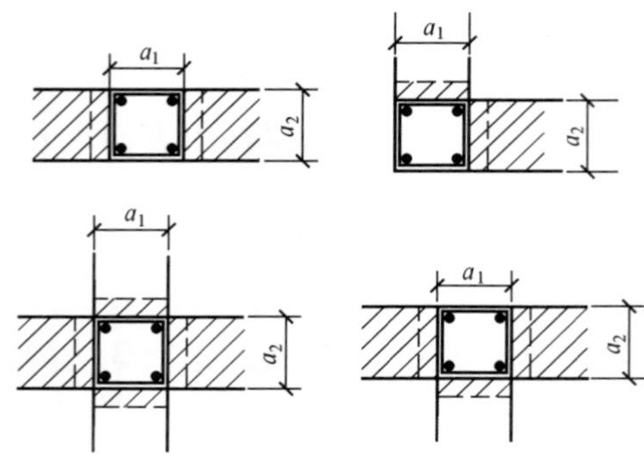


图 4-36 构造柱与墙体的交接形式

【例 4-21】 试计算图 4-37 所示混凝土构造柱的体积。已知柱高 3.2m,断面尺寸为 240mm×240mm,与砖墙咬接为 60mm。

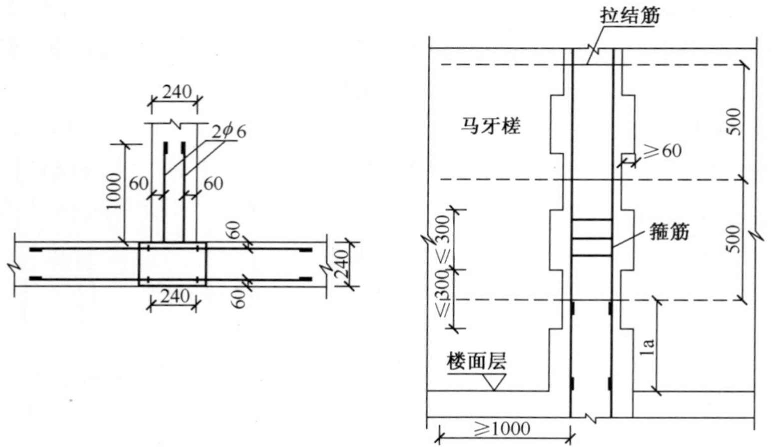


图 4-37 构造柱示意图

**解**:$V = (0.24 + (3 \times 0.06)/2) \times 0.24 \times 3.2 = 0.253\text{m}^3$

### 3. 现浇混凝土梁

现浇混凝土梁,按设计图示尺寸以体积计算。不扣除构件内钢筋、预埋铁件所占体积。伸入墙内的梁头、梁垫并入梁体积内。

(1)单梁、连续梁。

工程量 = 梁长 × 梁设计断面面积

梁长的计算规定:梁与柱连接时,梁长算至柱侧面;主梁与次梁连接时，次梁长算至主梁的侧面；圈梁与过梁连接时，过梁应并入圈梁计算。

（2）T、十、工异形梁。

工程量 = 梁长 × 设计断面面积

梁长的计算规定，同单梁、连续梁。

（3）异形梁。

在实际工程中的变截面梁按异形梁计算，图 4 - 38 所示的挑梁应分两个部分进行计算，左边按一般的矩形梁计算，右边变截面部分按异形梁计算。

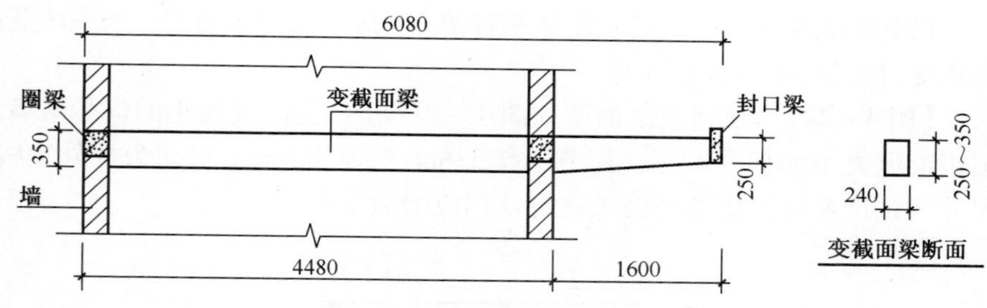


图 4 - 38　变截面梁示意图

（4）圈、过梁。

圈梁、过梁工程量按设计图示体积计算。

工程量 = 梁长 × 设计断面面积

圈梁、过梁与主、次梁或柱（包括）构造柱交接者，圈、过梁长度应算至主、次梁或柱的侧面。圈梁与现浇板整浇时，板算至圈梁侧面，圈梁部分单独列项。

**4. 现浇混凝土墙**

现浇混凝土墙，按设计图示尺寸以体积计算。不扣除构件内钢筋、预埋铁件所占体积。扣除门窗洞口面积及单个面积 0.3m$^2$ 以上的孔洞所占的体积。墙垛及突出墙面部分并入墙体积内计算。墙身与框架柱连接时，墙长算至框架柱的侧面。

**5. 现浇混凝土板**

现浇板，按设计图示尺寸以体积计算。不扣除构件内钢筋、预埋铁件及单个面积 0.3m$^2$ 以内的孔洞所占体积。各类板伸入墙内的板头并入板体积内计算。各种板具体规定如下。

（1）有梁板（包括主、次梁与板）按梁、板体积之和计算。

(2)无梁板按板和柱帽体积之和计算,周边带围梁者,并入无梁板工程量内计算。

(3)平板工程量,按板的体积计算。

(4)筒壳、双曲薄壳工程量,按设计图示尺寸计算。薄壳板的肋、基梁并入薄壳体积内计算。

(5)现浇挑檐、天沟板、雨篷、阳台板(包括遮阳板、空调机板)按设计图示尺寸以墙外部分体积计算,包括伸出墙外的牛腿和反挑檐的体积。

(6)预制板间补现浇板缝工程量,按设计板缝宽度乘以板厚计算。

(7)栏板按设计图示尺寸以体积计算,包括伸入墙内部分。楼梯栏板的长度,按设计图示长度计算。

**【例 4-22】** 某建筑剖面图如图 4-39 所示,柱的混凝土的标号 C25,梁板的混凝土的标号 C25。其中层高 3.6m,板厚 100mm,尺寸为柱外边线尺寸。试计算柱梁板的浇捣工程量及相应的清单单价。

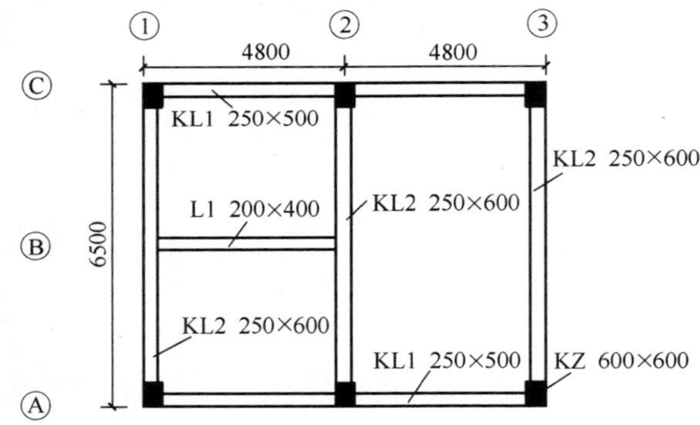


图 4-39 某建筑梁板柱布置示意图

**解:**C25 现浇碎石混凝土框架柱

柱定额工程量:$0.6 \times 0.6 \times (3.6 - 0.1) \times 6 = 7.56\text{m}^3$

定额子目 5-13 换:$277.28 - 189.98 + 183.70 = 271$ 元/$\text{m}^3$

C25 现浇碎石混凝土有梁板体积:

$$有梁板体积 = 板体积 + 梁体积 - 柱头体积$$

$$板体积 = 4.8 \times 2 \times 6.5 \times 0.1 = 6.24\text{m}^3$$

梁体积:

$$KL1 = 0.25 \times (0.5 - 0.1) \times (4.8 \times 2 - 0.6 \times 3) \times 2 = 1.56\text{m}^3$$

$$KL2 = 0.25 \times (0.6 - 0.1) \times (6.5 - 0.6 \times 2) \times 3 = 1.99\text{m}^3$$

$L = 0.2 \times (0.4 - 0.1) \times (4.8 - 0.125 - 0.25) = 0.27m^3$

混凝土有梁板定额工程量:$6.24 + 1.56 + 1.99 + 0.27 = 10.06m^3$

定额子目 5 - 32 换:$260.62 - 202.09 + 195.33 = 253.86$ 元/$m^3$

框架柱清单工程量:$0.6 \times 0.6 \times 3.6 \times 6 = 7.776m^3$

框架柱与板交接处柱头体积:$0.6 \times 0.6 \times 0.1 \times 6 = 0.216m^3$

混凝土有梁板清单工程量:$6.24 + 1.56 + 1.99 + 0.27 - 0.216 = 9.844m^3$

计算结果如表 4 - 24 所列。

表 4 - 24　计算结果　　单位:元

| 编码 | 名称 | 工程量计算规则 | 计量单位 | 工程量 | 单价 | 合价 |
|---|---|---|---|---|---|---|
| 010402001001 | 矩形柱 | 按设计图示尺寸以体积计算有梁板的柱高自柱基上表面(或楼板上表面)算至上一层楼板上表面处 | $m^3$ | 7.776 | 263.47 | 2048.76 |
| 5 - 13 换 | 矩形柱 | 按图示断面尺寸乘柱高以立方米计算,有梁板的柱高自柱基上表面(或楼板上表面)算至楼板下表面处 | $m^3$ | 7.56 | 271 | 2048.76 |
| 10405001001 | 有梁板 | 有梁板按梁(包括主、次梁)、板体积之和计算 | $m^3$ | 9.844 | 259.43 | 2553.83 |
| 5 - 32 换 | 有梁板 | 有梁板按梁(包括主、次梁)、板体积之和计算 | $m^3$ | 10.06 | 253.86 | 2553.83 |

**6. 现浇混凝土其他构件**

现浇混凝土其他构件的工程量计算规则如下所示。

(1)门框、压顶按设计图示尺寸以体积计算。

(2)栏杆、扶手按设计图示尺寸以净长度计算,伸入墙内的长度不计算。

(3)池槽(系指洗手池、污水池、盥洗槽等)按设计图示尺寸以体积计算。

(4)暖气、电缆沟按设计图示尺寸以体积计算。

(5)地沟按设计图示尺寸以体积计算。

(6)台阶按设计图示尺寸以水平投影面积计算,如台阶与平台连接时,其分界线应以最上层踏步外沿加 30cm 计算。

零星构件按设计图示尺寸以实际体积计算。

【例 4－23】 某建筑阳台大样如图 4－40 所示，计算 C20 阳台及栏板的浇捣工程量及相应的清单单价（底板厚 100mm）。

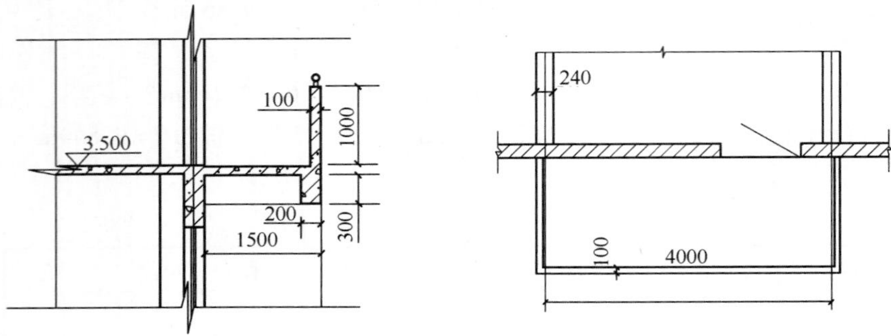


图 4－40 某建筑阳台平面图及详图

**解：**阳台底板定额工程量

$$(4.0+0.12\times2)\times1.5=6.36\text{m}^2$$

5－41 427.56 元/10m²

阳台栏板定额工程量：$1.5\times0.1\times1.0\times2+(4+0.12\times2-0.1\times2)\times0.1\times1.0=0.704\text{m}^3$

5－44 291.22 元/m³

阳台底板清单工程量：

$6.36\times0.1+0.3\times(4.0+0.12\times2)\times0.2+(1.5-0.2)\times0.3\times0.2\times2=1.0464\text{m}^3$

清单栏板工程量：

$1.5\times0.1\times1.0\times2+(4+0.12\times2-0.1\times2)\times0.1\times1.0=0.704\text{m}^3$

计算结果如表 4－25 所列。

表 4－25 计算结果 单位：元

| 编码 | 名称 | 工程量计算规则 | 计量单位 | 工程量 | 单价 | 合价 |
|---|---|---|---|---|---|---|
| 010405008001 | 阳台 | 阳台按伸出墙外的体积计算，包括伸出墙外的牛腿 | m³ | 1.0464 | 259.87 | 271.93 |
| 5－41 | 阳台 | 阳台按伸出墙外的板底水平投影面积计算，伸出墙外的牛腿不另计算 | 10m² | 0.636 | 427.56 | 271.93 |

（续）

| 编码 | 名称 | 工程量计算规则 | 计量单位 | 工程量 | 单价 | 合价 |
|---|---|---|---|---|---|---|
| 010405006001 | 栏板 | 按设计图示尺寸以体积计算 | $m^3$ | 0.704 | 291.22 | 205.02 |
| 5 - 44 | 栏板 | 阳台水平、竖向悬挑板按立方米计算 | $m^3$ | 0.704 | 291.22 | 205.02 |

**7. 预制混凝土构件**

预制混凝土构件，均按设计图示尺寸以体积计算。不扣除构件内钢筋、预埋铁件所占体积。

预制板、烟道、通风道，不扣除单个尺寸 300mm × 300mm 以内的孔洞所占体积。扣除空心板、烟道、通风道的孔洞所占体积。

## 4.8　屋 面 工 程

**1. 屋面工程的相关知识**

屋面覆盖在房屋的最外层，直接与外界接触，其作用是抗雨、雪、风、雹等的侵袭，必须具有保温、隔热、防水等性能。

(1) 屋面的分类。屋面一般按其坡度的不同分为坡屋面和平屋面两大类；根据屋面不同防水材料、排水坡度可分为瓦屋面、波形瓦屋面、混凝土构件防水屋面、金属铁皮屋面、油毡和现浇防水平屋面；根据使用功能可分为上人和不上人屋面。

(2) 屋面坡度的表示方法。屋面坡度（即屋面的倾斜程度）有 3 种表示方法，如图 4 - 41 所示。

①用屋面的高度与屋顶的跨度之比（简称高跨比）表示，即 $H/L$。

②用屋面的高度与屋顶的半跨度之比（简称坡度）表示，即 $i = 2H/L$。

③用屋面的斜面与水平角的夹角 $\theta$ 表示。

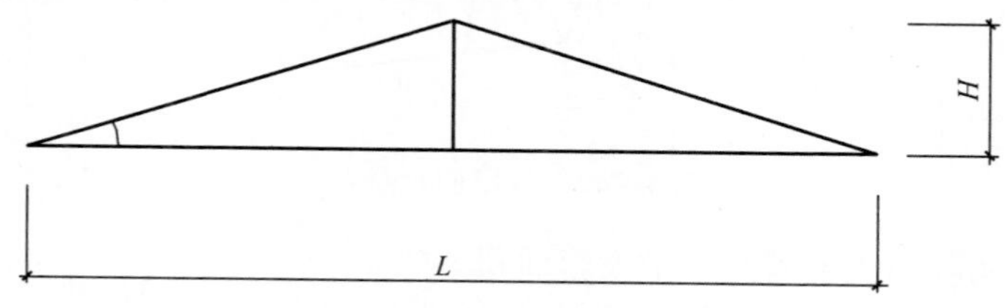


图 4 - 41　屋面坡度的表示方法

④屋面的坡度系数。由于屋面具有一定的坡度，因此屋面的实际面积与水平投影面积不相等，为了便于计算，常利用屋面坡度系数计算。屋面坡度系数表如表4－26所列。

表4－26 屋面坡度系数表

| 坡度 | | | 延迟系数 C | 隅延迟系数 D | 坡度 | | | 延迟系数 C | 隅延迟系数 D |
|---|---|---|---|---|---|---|---|---|---|
| 坡度 B/A | 高跨比 B/2A | 角度 θ | | | 坡度 B/A | 高跨比 B/2A | 角度 θ | | |
| 1.000 | 1/2 | 45° | 1.4142 | 1.7321 | 0.400 | 1/5 | 21°48′ | 1.0770 | 1.4697 |
| 0.750 | | 36°52′ | 1.2500 | 1.6008 | 0.350 | | 19°17′ | 1.0594 | 1.4569 |
| 0.700 | | 35° | 1.2207 | 1.5779 | 0.300 | | 16°42′ | 1.0440 | 1.4457 |
| 0.667 | 1/3 | 33°41′ | 1.2015 | 1.5620 | 0.250 | 1/8 | 14°02′ | 1.0308 | 1.4362 |
| 0.650 | | 33°01′ | 1.1926 | 1.5564 | 0.200 | 1/10 | 11°19′ | 1.0198 | 1.4283 |
| 0.600 | | 30°58′ | 1.6620 | 1.5362 | 0.150 | | 8°32′ | 1.0112 | 1.4221 |
| 0.577 | | 30° | 1.1547 | 1.5270 | 0.125 | 1/16 | 7°08′ | 1.0078 | 1.4191 |
| 0.550 | | 28°49′ | 1.1431 | 1.5170 | 0.100 | 1/20 | 5°42′ | 1.0050 | 1.4177 |
| 0.500 | 1/4 | 26°34′ | 1.1180 | 1.5000 | 0.083 | 1/24 | 4°45′ | 1.0035 | 1.4166 |
| 0.450 | | 24°14′ | 1.0966 | 1.4839 | 0.067 | 1/30 | 3°49′ | 1.0022 | 1.4157 |

注：1. 两坡排水屋面面积为屋面水平投影面积乘以延迟系数 C；
2. 四坡排水屋面斜脊长度 = A × D（当 S = A 时）；
3. 沿山墙泛水长度 = A × C

**2. 坡屋面**

如图4－42所示，坡屋面工程量按实际面积计算，斜脊按长度计算。

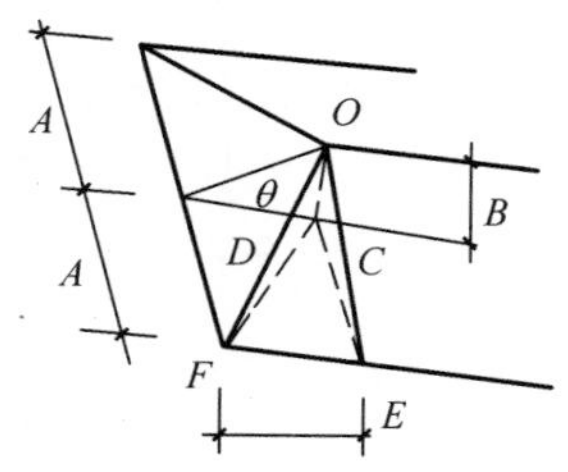


图4－42 坡屋面示意图

屋面实际面积 = 屋面水平投影面积 × C

一个斜脊长度 = A × D

式中：$C$ 为屋面坡度延迟系数；$D$ 为屋面坡度隅延迟系数。

当计算屋面实际面积时，不论单坡、双坡、三坡、四坡或多坡，均可利用公式计算。当各坡的坡度相同时，可以利用整个屋面的水平投影面积乘以其坡度延迟系数计算。

卷材坡屋面工程量 = 屋面水平投影面积 × 屋面延迟系数 + 应增加面积

**3. 平屋面**

平屋面是指屋面排水坡度小于 10% 的屋面，为满足防水、保温隔热等使用要求及施工要求，平屋面一般由结构层、找平层、保温层、防水层等构造层次组成。

(1)结构层。屋面结构层即屋面的承重层，要求有较大的强度及刚度，以承担屋面各层次的重量及屋面受到的各种荷载。平屋面的结构层多采用钢筋混凝土梁板结构，以预制钢筋混凝土多孔板、平板或现浇混凝土板支撑于屋面梁上或承重墙体上。在编制预算时，应按混凝土及钢筋混凝土构件计算。

(2)找平层。在卷材防水屋面中，找平层通常铺设在结构层或保温层之上，采用 1:2.5 ~ 1:3 水泥砂浆找平，厚度为 15mm ~ 20mm。

屋面找平层的工程量按图示面积以“$m^2$”计算。

(3)保温层。屋面保温、隔热层是为了满足对屋面保温隔热性能的要求，而在屋面铺设了一定厚度的轻质、多孔、导热系数小的材料。

工程中常用的保温、隔热层有三类：一是以炉渣、膨胀蛭石、珍珠岩等松散材料为集料，以水泥、石灰为胶结材料，按一定的比例及水灰比搅拌配制而成，铺设于屋面；二是以膨胀蛭石、珍珠岩等松散材料干铺于屋面；三是采用块状的保温材料，如加气混凝土块、泡沫混凝土块、沥青珍珠岩块、水泥蛭石块等砌铺于屋面。

保温、隔热层有时兼起找坡作用。

保温层工程量的计算按设计图示尺寸以体积或面积计算，即

保温层的工程量 = 保温层面积 × 平均厚度

或保温层的工程量 = 保温层面积

平均厚度的含义如下所示。

①保温层厚度各处相等时：

平均厚度 = 设计厚度（铺设厚度）

②保温层兼起找坡作用时，如图 4 – 43 所示。

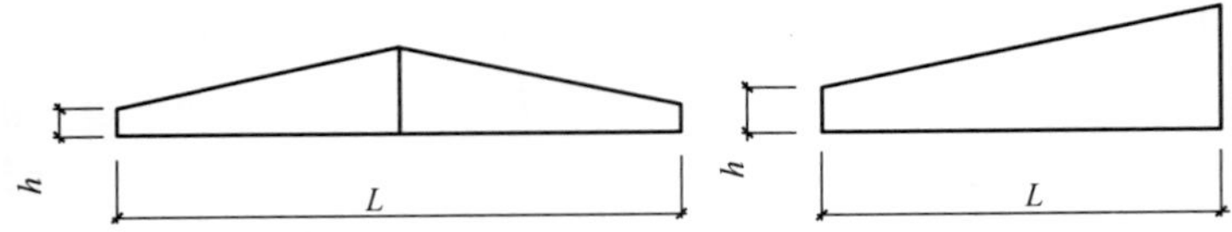


图 4－43 保温层最薄处厚度为 $h$ 示意图

双坡屋面:平均厚度 = 屋面坡度 × $L/4 + h$

单坡屋面:平均厚度 = 屋面坡度 × $L/2 + h$

(4)防水层。平屋顶坡度较小,排水缓慢,要加强面层的防水构造处理。平屋顶一般选用防水性能好和单块面积较大的屋面防水材料,并采取有效的接缝处理措施来增强屋面的抗渗能力。

防水屋面屋面工程量按图示尺寸的面积以 $m^2$ 计算(平屋面按水平投影面积计算;坡屋面应以水平投影面积乘以坡度系数),但不扣除房上烟囱、风帽底座、风道、斜沟等所占面积;屋面的女儿、伸缩缝和天窗等处弯起部分的面积应按图示尺寸并入屋面工程量计算,如图纸无规定时,伸缩缝、女儿墙可按 250mm,天窗部分可按 500mm 计算。

卷材平屋面工程量 = 屋面水平投影面积 + 应增加面积

①有挑檐无女儿墙时:

防水层工程量 = 屋面层建筑面积 +(外墙外边线长 + 檐宽 ×4)× 檐宽 + 弯起面积

②有女儿墙、无挑檐时:

防水层工程量 = 屋面层建筑面积 － 外墙中心线长 × 女儿墙厚 + 弯起面积

③有女儿墙、有桃檐时:

防水层工程量 = 屋面层建筑面积 +(外墙外边线长 + 檐宽 ×4)× 檐宽 － 外墙中心线 × 女儿墙厚度 + 弯起面积

**4. 屋面排水**

屋面排水是指通过屋面的导水装置,将屋面的雨、雪水迅速排出,避免产生屋面积水的措施。在建筑工程中,屋面排水分为有组织排水和无组织排水两种方式。

屋面排水的导水装置,按所用材料的不同,有镀锌铁皮管、铸铁管、PVC 管、UPVC 管等。

(1)铁皮排水项目:水落管按檐口滴水处算至设计室外地坪的高度以

延长米计算，檐口处伸长部分（即马腿弯伸长）、勒脚和泄水口的弯起均不增加，但水落管遇到外墙腰线（需弯起的）按每条腰线增加长度25cm计算。檐沟、天沟均以图示延长米计算。白铁斜沟、泛水长度可按水平长度乘以延长系数或隅延长系数计算。水斗以个计算。

（2）玻璃钢、PVC、铸铁水落管、檐沟均按图示尺寸以延长米计算。水斗、女儿墙弯头、铸铁落水口（带罩）均按只计算。

**【例4-24】** 如图4-44所示的屋面做法：100mm厚加气混凝土块保温，20mm厚1∶3水泥砂浆找平层，三毡四油一砂防水层，PVC水落管（直径75mm）和水斗，室内外高差300mm。试计算屋面工程的防水层、找平层、保温层的定额工程量、清单工程量及相应的清单单价。

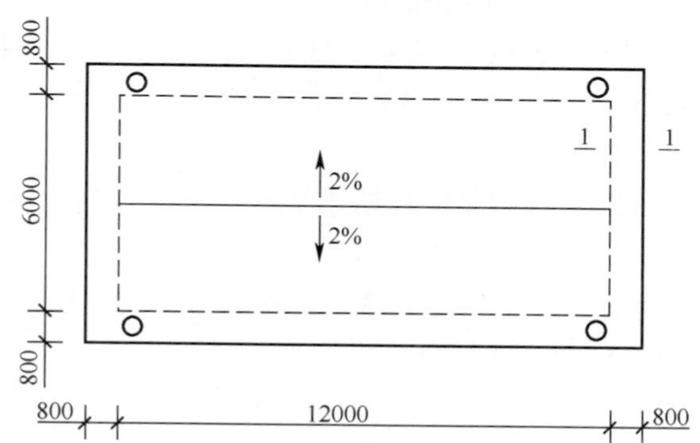


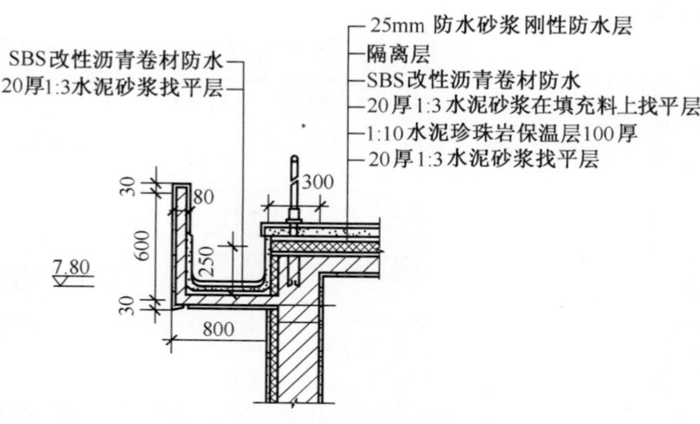


图4-44　某屋面工程平面示意图

**解：**20厚1∶3水泥砂浆找平层工程量 $=12\times6=72\text{m}^2$

定额子目 12 - 15:63.54 元/10$m^2$

水泥珍珠岩保温层工程量 = 12 × 6 × 0.1 = 7.2$m^3$

定额子目9 - 215:203.06 元/$m^3$

20 厚 1∶3 水泥砂浆在填充料找平层工程量 = 12 × 6 = 72.00$m^2$

定额子目 12 - 16:79.71 元/10$m^2$

屋面:SBS 改性沥青防水卷材 = 12 × 6 = 72$m^2$

檐沟:SBS 改性沥青防水卷材 = 0.25 × (12 + 6) × 2 + 0.25 × (12 + 0.8 × 2 + 6 + 0.8 × 2) × 2 + (12 + 0.8 + 6 + 0.8) × 2 × (0.8 - 0.08) = 47.82$m^2$

卷材防水层总面积 = 72 + 47.82 = 119.82$m^2$

定额子目 9 - 31:713.61 元/10$m^2$

檐沟找平层:0.25 × (12 + 6) × 2 + 0.25 × (12 + 0.8 × 2 + 6 + 0.8 × 2) × 2 + (12 + 0.8 + 6 + 0.8) × 2 × (0.8 - 0.08) = 47.82$m^2$

定额子目 12 - 15:63.54 元/10$m^2$

25mm 厚防水砂浆刚性防水层 = 12 × 6 = 72$m^2$

定额子目 9 - 69:139.35 元/10$m^2$

PVC 水落管 = (7.8 + 0.3 - 0.08) × 4 = 32.08m

定额子目 9 - 187:165.5 元/10m

PVC 水斗:4 个

定额子目 9 - 189:158.59 元/10 只

计算结果如表 4 - 27 所列。

表 4 - 27 计算结果 单位:元

| 编码 | 名称 | 工程量计算规则 | 计量单位 | 工程量 | 单价 | 合价 |
| --- | --- | --- | --- | --- | --- | --- |
| 010702003001 | 屋面刚性防水 | 按设计图示尺寸以面积计算 | $m^2$ | 72 | 13.935 | 1003.32 |
| 9 - 69 | 25mm 厚防水砂浆刚性防水层 | 按设计图示尺寸以面积计算 | 10$m^2$ | 7.2 | 139.35 | 1003.32 |
| 010702001001 | 屋面卷材防水 | 按设计图示尺寸以面积计算 | $m^2$ | 119.82 | 82.50 | 9885.73 |
| 9 - 31 | SBS 改性沥青防水卷材 | 按图示尺寸的水平投影面积乘以规定的坡度系数以平方米计算,檐沟、天沟按展开面积并入屋面工程量内 | 10$m^2$ | 11.982 = (7.2 + 4.782) | 713.61 | 8550.48 |

（续）

| 编码 | 名称 | 工程量计算规则 | 计量单位 | 工程量 | 单价 | 合价 |
|---|---|---|---|---|---|---|
| 12-15 | 20厚1:3水泥砂浆屋面找平层 | 按设计图示尺寸以平方米计算 | $10m^2$ | 7.2 | 63.54 | 457.49 |
| 12-16 | 20厚1:3水泥砂浆在填充料找平层 | 按设计图示尺寸以平方米计算 | $10m^2$ | 7.2 | 79.71 | 573.91 |
| 12-15 | 20厚1:3水泥砂浆檐沟找平层 | 按设计图示尺寸以平方米计算 | $10m^2$ | 4.782 | 63.54 | 303.85 |
| 010803001001 | 保温隔热屋面 | 按设计图示尺寸以面积计算 | $m^2$ | 7.2 | 203.06 | 1462.03 |
| 9-215 | 现浇珍珠岩隔热屋面 | 按隔热材料净厚度(不包括胶结材料厚度)乘实铺面积按立方米计算 | $m^3$ | 7.2 | 203.06 | 1462.03 |
| 010702004001 | 屋面排水管 | 按设计图示尺寸以长度计算,无规定,以檐口至设计室外散水上表面垂直距离计算 | m | 32.08 | 18.53 | 594.36 |
| 9-187 | PVC水落管 | 水落管按檐口滴水处算至设计室外地坪的高度以延长米计算 | 10m | 3.208 | 165.50 | 530.92 |
| 9-189 | PVC水斗 | 按只计算 | 10只 | 0.4 | 158.59 | 63.44 |

## 5. 其他部位保温隔热工程

1)计算规则

(1)保温隔热层按隔热材料净厚度(不包括胶结材料厚度)乘实铺面积以立方米计算。

(2)地墙隔热层,按围护结构墙体内净面积计算,不扣除 $0.3m^2$ 以内孔洞所占的面积。

(3)软木、聚苯乙烯泡沫板铺贴平顶以图示长乘宽乘厚的体积以立方米计算。

(4)屋面架空隔热板、天棚保温(沥青贴软木除外)层,按图示尺寸以实铺面积计算。

(5)墙体隔热:外墙按隔热层中心线,内墙按隔热层净长乘图示尺寸的高度(如图纸无注明高度时,则下部由地坪隔热层起算,带阁楼时算至阁楼板顶面止;无阁楼时则算至檐口)及厚度以立方米计算,应扣除冷藏门洞口和管道穿墙洞口所占的体积。

(6)门口周围的隔热部分,按图示部位,分别套用墙体或地坪的相应定额以立方米计算。

2)计算公式

(1)地面保温隔热层。

①地面保温隔热层。

$$V=(\text{墙间净面积}+\text{门洞等开口部分面积})\times\text{保温层厚度}$$

②架空隔热层。

$$\text{地面架空隔热层工程量}=\text{实铺面积}$$

(2)天棚保温隔热层。

$$V=\text{天棚面积}\times\text{保温隔热层厚度}+\text{柱帽保温隔热层体积}$$

(3)墙体保温隔热层。

$$V=\text{保温隔热层长度}\times\text{高度}\times\text{厚度}-\text{门窗洞口所占体积}+\text{门窗洞口侧壁增加面积}$$

(4)柱保温隔热层。

$$V=\text{柱保温隔热层中心线周长}\times\text{高度}\times\text{厚度}$$

(5)池槽保温隔热层。

池槽保温隔热层按图示池槽保温隔热层的长度、宽度及其厚度以立方米计算。其中池壁按墙面计算,池底按地面计算。

**【例 4-25】** 某药房内设聚苯乙烯泡沫塑料板保温层如图 4-45 所示,厚度 150m,净高 3.6m,墙厚 240mm。M1 尺寸:1000×2000,M2 尺寸:1800×2000, C1 尺寸:1200×1500,窗居中布置。试计算保温层的定额工程量、清单工程量及相应的清单单价。

**解:**地面实铺净面积为

$$(6-0.24)\times(2.4-0.24)+(6-0.24)\times(3-0.24)+0.24\times1+0.24\times1.8=29.01\text{m}^2$$

地面定额工程量:$29.01\times0.15=4.35\text{m}^3$

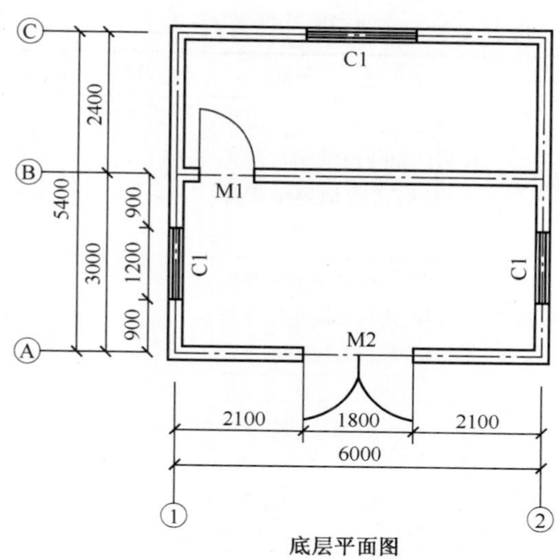


图 4-45　某建筑底层平面图

天棚定额工程量：(6 − 0.24) × (2.4 − 0.24) + (6 − 0.24) × (3 − 0.24) = 28.34m$^2$

墙面：

(6 − 0.24 + 3 − 0.24 − 0.15 × 2) × 2 × (3.6 − 0.15 × 2) + (6 − 0.24 + 2.4 − 0.24 − 0.15 × 2) × 2 × (3.6 − 0.15 × 2) = 104.544m$^2$

加门边：0.24 × 4 × 2 + 0.24 × 1 × 2 + 0.24 × 1.8 × 2 = 3.264m$^2$

扣除窗：1.2 × 1.5 × 3 = 5.4m$^2$

加窗边：[1.2 × 0.12 + (1.5 − 0.15 × 2) × 0.12] × 2 × 3 = 1.728m$^2$

墙面定额工程量：(104.544 + 3.264 − 5.4 + 1.728) × 0.15 = 104.136 × 0.15 = 15.62m$^3$

保温墙面清单工程量：104.544 + 3.264 − 5.4 + 1.728 = 104.136m$^2$

保温隔热楼地面清单工程量：(6 − 0.24) × (2.4 − 0.24) + (6 − 0.24) × (3 − 0.24) = 28.34m$^2$

保温天棚清单工程量：(6 − 0.24) × (2.4 − 0.24) + (6 − 0.24) × (3 − 0.24) = 28.34m$^2$

计算结果如表 4-28 所列。

表 4-28 计算结果 单位:元

| 编码 | 名称 | 工程量计算规则 | 计量单位 | 工程量 | 单价 | 合价 |
|---|---|---|---|---|---|---|
| 010803003001 | 保温隔热墙 | 按设计图示尺寸以面积计算。扣除门窗洞口所占面积,按实增加侧壁增加面积 | $m^2$ | 104.136 | 134.25 | 13980.68 |
| 9-234 | 保温隔热墙 | 墙体隔热:外墙按隔热层中心线,内墙按隔热层净长乘图示尺寸的高度 | $m^3$ | 15.62 | 895.05 | 13980.68 |
| 010803003001 | 保温隔热楼地面 | 按设计图示尺寸以面积计算。不扣除柱、垛所占面积 | $m^2$ | 28.34 | 146.93 | 4163.95 |
| 9-216 | 保温隔热楼地面 | 按隔热材料净厚度(不包括胶结材料厚度)乘实铺面积按立方米计算 | $m^3$ | 4.35 | 957.23 | 4163.95 |
| 010803002001 | 保温隔热天棚 | 按设计图示尺寸以面积计算,不扣除柱、垛所占面积 | $m^2$ | 28.34 | 14.36 | 407.08 |
| 9-225 | 保温天棚 | 按图示尺寸实铺面积计算 | $10m^2$ | 2.834 | 143.64 | 407.08 |

## 4.9 其他工程

**1. 构件运输及安装工程**

构件运输及安装工程包括混凝土构件的运输、安装,金属结构构件的运输、安装及木门窗的运输。

1)构件运输工程

构件运输工程定额适用于有构件堆放场地或构件加工场至施工现场的运输。运输距离应由构件堆放地(或构件加工厂)至施工现场的实际距离确定。

(1)资料准备

①构建的分类。由于建筑工程的构件种类繁多,为编制施工图预算的方便,各地区按构件的形状、体型及起吊的灵活程度进行分类。

江苏省计价表中构件运输类别划分如表 4-29、表 4-30 所列。

表4-29　混凝土构件构件运输类别划分表

| 类　别 | 项　目 |
| --- | --- |
| Ⅰ类 | 各类屋架、桁架、托架、梁、柱、桩、薄腹梁、风道梁 |
| Ⅱ类 | 大型屋面板、槽形板、肋形板、天沟板、空心板、平板、楼梯、檩条、阳台、门窗过梁、小型构件 |
| Ⅲ类 | 天窗架、端壁架、挡风架、侧板、上下档、各种支撑 |
| Ⅳ类 | 全装配式内外墙板、楼顶板、大型墙板 |

表4-30　金属构件构件运输类别划分表

| 类　别 | 项　目 |
| --- | --- |
| Ⅰ类 | 钢柱、钢梁、屋架、托架梁、防风桁架 |
| Ⅱ类 | 吊车梁、制动梁、型(轻)钢檩条、钢拉杆、钢栏杆、盖板、垃圾出灰门、篦子、爬梯、平台、扶梯、烟囱紧固箍 |
| Ⅲ类 | 墙架、挡风架、天窗架、组合檩条、钢支撑、上下挡、轻型屋架、滚动支架、悬挂支架、管道支架、零星金属构件 |

②确定构件的运输距离。

(2)运输工程量的计算

①预制混凝土构件。

预制混凝土构件按设计图示尺寸以立方米计算。

$$制作、场外运输工程量=设计工程量\times 1.018$$

②金属结构构件。

金属构件按图示主材重量以吨计算。

③木门窗。

木门窗工程量按外框面积以平方米计算。

2)构件安装

(1)资料准备

计算构件安装工程量,应了解构件的安装机械及安装高度等资料。

(2)工程量的计算

①钢筋混凝土构件。

a. 预制钢筋混凝土构件安装工程量按图示尺寸以实体体积计算,其安装损耗并入构件工程量内,如表4-31所列。其计算公式如下:

$$安装工程量=设计工程量\times 1.01$$

表 4-31 预制钢筋混凝土构件场内、外运输、安装损耗率

| 名 称 | 场外运输/% | 场内运输/% | 安 装/% |
|---|---|---|---|
| 天窗架、端壁、桁条、支撑、踏步板、板类及厚度在 50mm 内薄型构件 | 0.8 | 0.5 | 0.5 |

b. 预制构件安装后接头灌缝工程量均按预制钢筋混凝土构件实体积计算,柱与柱基的接头灌缝按单根柱的体积计算。

②金属构件安装。

a. 钢构件安装按图示构件钢材重量以吨计算。

b. 依附于钢柱上的牛腿及悬臂梁等,并入柱身主材重量内计算。

c. 金属构件中所用钢板,设计为多边形者,按矩形计算,矩形的边长以设计构件尺寸的最大矩形面积计算。

**2. 金属结构制作工程**

金属结构制作是指钢柱、钢屋架、钢托架、钢梁、钢吊车轨道等的现场加工制作或加工厂制作的构件。

(1)计算规则。金属结构制作,按图示钢材尺寸以吨计算。不扣除孔眼、切肢、切角、切边的重量,电焊条重量已包括在定额内,不另计算。在计算不规则或多边形钢板重量时均以矩形面积计算。

(2)说明。金属结构制作工程中仅包含构件的制作费及场内运输费,其场外运输及安装费另算。

(3)计算方法。金属结构构件制作工程量 = 构件中各钢材重量之和

具体计算公式如下:

构件重量 = 构件长度 × 单位长度理论重量

钢板重量 = 钢板面积 × 钢板每 $m^2$ 重量

**3. 木结构**

木结构工程中包含木屋架、屋面木基层、木楼梯等。

木屋架不论圆、方木,其制作安装均按设计断面以立方米计算。屋架的马尾、折角和正交部分半屋架,应并入相连接屋架的体积内计算。

屋面木基层,按屋面斜面积计算,不扣除附墙烟囱、风道、风帽底座和屋顶小气窗所占面积,小气窗出檐与木基层重叠部分亦不增加,气楼屋面的屋檐突出部分的面积并入计算。

檩木按立方米计算,简支檩木长度按设计图示增加 200mm 计算,如两

端出山，檩条长度算至搏风板。连续檩条的长度按设计长度计算，接头长度按全部连续檩木的总体积的5%计算。

木楼梯（包括休息平台和靠墙踢脚板）按水平投影面积计算，不扣除宽度小于200mm的楼梯井，伸入墙内部分的面积亦不另计算。

封檐板按图示檐口外围长度计算，搏风板按水平投影长度乘屋面坡度系数$C$后，单坡加300mm，双坡加500mm计算。

木柱、木梁制作安装均按设计断面竣工木料以立方米计算。

**4. 防腐耐酸工程**

耐酸、防腐工程适用于对房屋有特殊要求的工程。

防腐工程项目应区分不同防腐材料种类及厚度，按设计实铺面积以平方米计算，应扣除凸出地面的构筑物、设备基础所占的面积。砖垛等突出墙面部分，按展开面积计算并入墙面防腐工程量内。

踢脚板按实铺长度乘以高度按平方米计算，应扣除门洞所占面积并相应增加侧壁展开面积。

## 4.10 定额换算

**1. 定额换算的概述**

当工程项目的设计要求和施工方案与定额项目的内容不完全一致时，在定额允许换算的规定下，可以换算套用定额。

定额规定不允许换算的，则应“生搬硬套，强制执行”选用定额（同直接套用定额）。

定额规定允许换算的，则应按定额规定的换算原则、依据、方法进行换算，换算后再进行定额套用。换算后的定额项目应在定额编号的右下角标注一个“换”字，以示区别。

1）允许定额换算的情形

（1）定额中的混凝土、砂浆等，如设计与定额不同时，允许按定额附录1的砂浆、混凝土配合比表换算。

（2）定额总说明和各章说明中规定的换算范围和方法。

（3）凡定额子目中标明了规格、品种、厚度者为可调整换算子目，反之不能换算和调整。

2）换算的基本思路

首先要选择换算的基本子目，再根据选定的定额消耗量（基价），按规

定换入增加的消耗量(费用),减去扣除的消耗量(费用),即

换算后的定额消耗量 = 换算前的定额消耗量 + 应换入的分项工程消耗量 - 应换出的分项工程消耗量

换算后的定额基价 = 换算前的定额基价 + 应换入的费用(消耗量 × 单价) - 应换出的费用(消耗量 × 单价)

**2. 定额换算的分类**

1)按计算方法划分

(1)加减数的换算:按规定对原定额项目中的人工、材料、机械消耗量进行消耗量的加减计算。

换算后价格 = 定额基价 + 换入价格 - 换出价格

(2)乘数的换算:按规定对原定额项目中的人工、材料、机械消耗量或预算价格上乘一系数的换算。

**【例 4-26】** 某建筑大厅的装矿棉板面层,图纸计算的展开面积为 $150m^2$。按照此部分工程量的计算规则,定额规定:凹凸面板上贴板;人工乘以系数 1.2,板损耗率增加 5%(三类工程)。

**解**:查定额 14-79

乘系数后人工用量 = 0.98 × 1.2 = 1.176 工日

换算后人工费 = 0.98 × 1.2 × 28 = 32.93 元

乘系数后板材料用量 = 10.5 × (1 + 0.05) = $11.025m^2$

换算后板材料费 = 10.5 × (1 + 0.05) × 28.3 = 312.00 元

换算后材料费 = 312 + 8.65 = 320.65 元

换算后定额基价 = 人工费 + 材料费 + 机械费 + 管理费 + 利润 =

32.93 + 320.65 + 0 + 32.93 × 25% + 32.93 × 12% = 365.76 元

2)按定额换算的位置划分

换算按定额换算的位置可分为人工换算、材料换算、机械换算、工程量换算和混合换算。

(1)人工换算

只对项目定额人工费进行换算,其他不变。可分为人工系数的换算、人工用量的换算和人工价格的换算。

**【例 4-27】** 某钢筋混凝土池壁高 4.0m,池壁厚 30cm,计算其浇捣混凝土的定额价格。

**解**:查定额 5-138,当壁高超过 3.6m,则每 $m^3$ 混凝土增加人工 0.18

工日。

换算后人工用量 = 1.78 + 0.18 = 1.96 工日

换算后人工费 = (1.78 + 0.18) × 26 = 50.96 元

换算后定额基价 = 原定额基价 + 换入价 − 换出价 =

297.65 + (1.78 + 0.18) × 26 − 1.78 × 26 = 302.33 元/$m^3$

(2)材料换算

由于定额项目中某种(部分)材料规格、含量或价格与定额不同而引起的换算。

①材料规格的换算。由于设计施工图的主要材料规格与定额的规格的主要材料规格不一定相同,规格的变化可引起用量的变化,也就引起了定额价的变化,这时候就必须进行调整。

换算后价格 = 定额基价 + 换入材料价格 − 换出材料价格

**【例 4-28】**　现浇 C25 钢筋混凝土矩形柱,体积 50$m^3$。

**解:**查定额 5-13,定额基价综合的是 C30 混凝土用量及价格,而工程中用的是 C25 混凝土,因此将 C30 混凝土换成 C25 混凝土。

换算后定额基价 = 277.28 + 183.70 − 189.98 = 271 元/$m^3$

②材料含量的换算。

**【例 4-29】**　水磨石楼地面面层 20mm 厚,白石子浆不嵌条,求其定额基价。

**解:**查定额 12-30,水磨石包括找平层砂浆在内,面层厚度设计与定额不符时,水泥石子浆厚度每增减 1mm,则用量增减 0.01$m^3$。

定额厚度 15mm,水泥石子浆用量需调增:(20 − 15) × 0.01 = 0.05$m^3$

换算后水泥石子浆用量 = 0.173 + 0.05 = 0.178$m^3$

换算后定额基价 = 342.42 + (0.178 − 0.173) × 345.64 = 359.70 元/$m^3$

③材料价格的换算。

**【例 4-30】**　某建筑楼地面粘贴花岗岩,若设计为进口印度红花岗岩,该花岗岩单价为 600 元/$m^2$,应如何换算定额单价,换算后新单价是多少?

**解:**查定额 12-57,花岗岩价格为 250 元/$m^2$,挂贴印度红花岗岩墙面换算定额单价计算:

换算单价 = 原单价 + 花岗岩定额用量 ×(印度红花岗岩价格 −

普通花岗岩预算价格)

$=2789.19+10.2\times(600-250)=6359.19$ 元/10m$^2$

(3)机械换算。只对定额项目中某种施工机械费进行换算,其他不变。

(4)工程量的换算。工程量换算就是依据建筑工程预算定额中的规定,将施工图设计的工程项目工程量,乘以定额规定的调整系数。

换算后的工程量 = 按施工图计算的工程量 × 定额规定的调整系数

**【例 4-31】** 某建筑阳台图纸计算的单面面积为 15m$^2$。按照此部分工程量的计算规则,栏板、栏杆(包括立柱、扶手或压顶等)抹灰按单面垂直投影面积乘以系数 2.1 以平方米计算。

工程量的换算:$15\times2.1=31.5$m$^2$

(5)混合换算:施工图要求使定额项目中的工、料、机等因素同时发生变化而形成的两种换算以上的换算。

**【例 4-32】** 某建筑地面垫层为灌砂浆碎石垫层 1000m$^2$,求其定额基价。

**解:**查定额 12-9,定额规定设计碎石干铺需灌砂浆时另增人工 0.25 工日,砂浆 0.32m$^3$,水 0.3m$^3$,灰浆搅拌机 200L0.064 台班,同时扣除定额中碎石 5mm~16mm0.12t,碎石 5mm~40mm0.04t。设计用 1∶2 水泥砂浆。

换算后人工费 $=(0.56+0.25)\times26=0.81\times26=21.06$ 元

材料换算:

增加砂浆费 $=0.32\times212.43=67.98$ 元

增加水费 $=0.3\times2.8=0.84$ 元

扣:碎石 5mm~16mm 费 $=0.12\times27.8=3.34$ 元

碎石 5mm~40mm 费 $=0.04\times35.1=1.404$ 元

换算后材料费 $=61.26+67.98+0.84-3.34-1.404=125.34$ 元

机械换算:

增灰浆搅拌机 200L 费 $=0.064\times51.43=3.29$ 元

换算后机械费 $=0.97+3.29=4.26$ 元

人工费 + 机械费 $=21.06+4.26=25.32$ 元

管理费 $=25.32\times25\%=6.33$ 元

利润 $=25.32\times12\%=3.04$ 元

换算后定额基价 $=21.06+125.34+4.26+6.33+3.04=160.03$ 元

## 习　题

1. 计算图 4－46、图 4－47 土方工程、混凝土基础及砖基础的工程量和清单单价。

2. 依据图 4－25 计算某建筑挑檐工程量和清单单价。

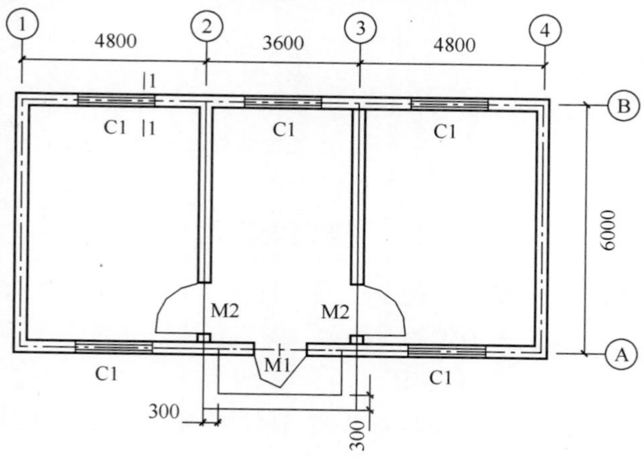


图 4－46　某建筑底层平面图

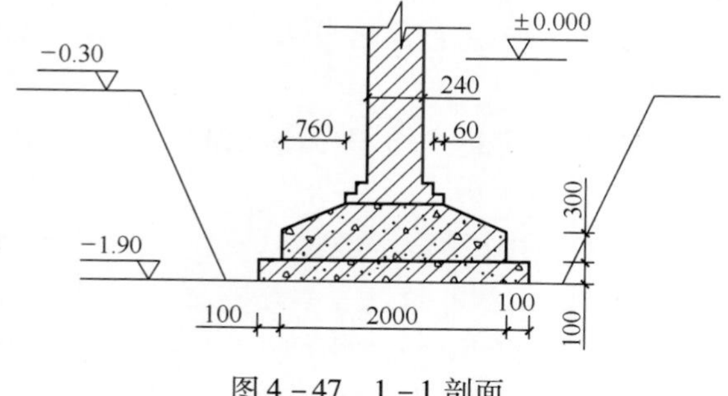


图 4－47　1－1 剖面

# 第5章　装饰装修工程计量与计价

**学习要求**

掌握计价表对装饰装修工程分部分项工程量计算的要求，掌握清单对装饰装修工程分部分项工程量计算的要求，掌握装饰装修工程量清单综合单价的确定。

## 5.1　楼地面工程

装饰装修工程包括楼地面工程、墙、柱面工程、天棚工程、门窗工程、油漆、涂料、裱糊工程及其他工程。

**1. 楼地面工程的相关知识**

楼地面工程是地面和楼面的总称，是指使用各种面层材料对楼地面进行装饰的工程。

一般来说地面主要由垫层、找平层、面层组成，楼面主要由结构层、找平层、保温隔热层和面层组成。面层可分为整体面层、块料面层两类。

(1)基层：指基层、夯实土基。

(2)垫层：指承受地面荷载并均匀传递给基层的构造层，如灰土垫层、混凝土垫层等。

(3)填充层：指在建筑楼地面上起隔音、保温、找坡或敷设暗管、暗线等作用的构造层，如炉渣、水泥膨胀珍珠岩等填充层。

(4)隔离层：指起防水、防潮作用的构造层，如油毡卷材、防水涂料等隔离层。

(5)找平层：指在垫层、楼板上或填充层上起找平、找坡或加强作用的构造层，如水泥砂浆、细石混凝土等找平层。

(6)结合层：指在面层与下层相结合的中间层，如水泥砂浆、冷底子油等结合层。

(7)面层：指直接承受各种荷载作用的表面层，如水泥砂浆、细石混凝土整体面层或其石材等块料面层。

除此以外，楼地面工程还有以下各种辅助材料或工序。

（1）楼地面点缀：是一种简单的楼地面块料平铺方式，即在块料四角相交处各切去一个角另镶一小块深颜色块料，起到点缀作用。

（2）胶粘剂楼地面块料面层：指楼地面块料面层采用干粉型胶粘剂或万能胶粘贴的形式。

（3）零星项目：指小面积少量分散的楼地面装饰、台阶的牵边、小便池、蹲台、池槽以及面积在 $1m^2$ 以内且零星项目的工程。

（4）压线条：指地毯、橡胶板、橡胶卷材铺设的压线条，如铝合金、不锈钢等线条。

（5）嵌条材料：指用于水磨石的分隔、做图案等的嵌条，如玻璃嵌条、铝合金嵌条等。

（6）防护材料：是耐酸、耐碱、耐老化、防火、防油渗等材料。

（7）防滑条：指用于楼梯、台阶的栏杆柱、栏杆、栏板与扶手相连接的固定件，靠墙扶手与墙相连接的固定件。

**2. 楼地面层工程**

（1）整体和块料面层。楼地面整体和块料面层按设计图示尺寸以面积计算。扣除凸出地面构筑物、设备基础、室内铁道、地沟等所占面积，不扣除间壁墙和 $0.3m^2$ 以内的柱、垛、附墙烟囱及孔洞所占面积。门洞、空圈、暖气包槽、壁龛的开口部分不增加面积。

（2）橡塑面层。橡塑面层和其他材料面层按设计图示尺寸以面积计算。门洞、空圈、暖气包槽、壁龛的开口部分并入相应的工程量内。

**【例5-1】**　某建筑平面图如图5-1所示，已知墙厚240mm，室内铺设

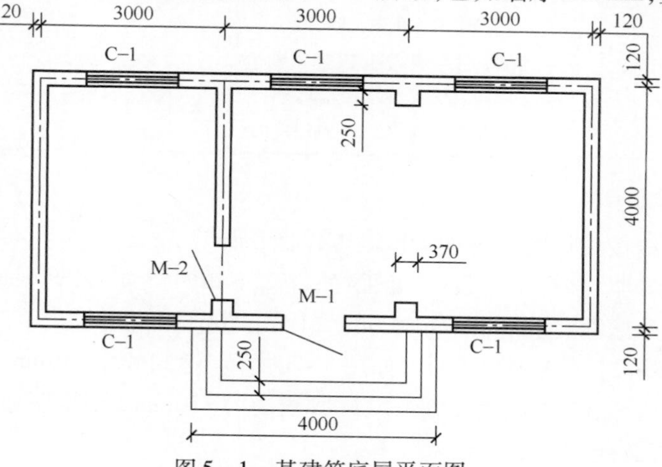


图5-1　某建筑底层平面图

500mm × 500mm 大理石地面(干硬性水泥砂浆),M1:1200 × 2000,$m^2$:1000 × 2000。求地面面层的定额工程量、清单工程量及相应的清单单价。

**解:**地面面层定额工程量为

(3.0 − 0.24) × (4.0 − 0.24) + (3.0 + 3.0 − 0.24) × (4.0 − 0.24) + 1.2 × 0.24 + 1.0 × 0.24 − 0.37 × 0.25 × 2 = 32.38$m^2$

地面面层清单工程量:

(3.0 − 0.24) × (4.0 − 0.24) + (3.0 + 3.0 − 0.24) × (4.0 − 0.24) = 10.3776 + 21.6576 = 32.04$m^2$

计算结果如表 5 − 1 所列。

表 5 − 1 计算结果 单位:元

| 编码 | 名称 | 工程量计算规则 | 计量单位 | 工程量 | 单价 | 合价 |
|---|---|---|---|---|---|---|
| 020102002001 | 块料楼地面 | 按设计图示尺寸以面积计算。扣除凸出地面建筑物、设备基础、地沟等所占面积,不扣除柱、垛、间壁墙、附墙烟囱及面积在 0.3$m^2$ 以内的孔洞所占面积,但门洞、空圈、暖气包槽、壁龛的开口部分亦不增加 | $m^2$ | 32.04 | 178.48 | 5718.37 |
| 12 − 45 | 大理石面层 | 按图示尺寸实铺面积以平方米计算,0.3$m^2$ 以内的孔洞所占面积不扣除,但门洞、空圈、暖气包槽、壁龛开口部分的工程量另增面积应并入相应的面层内计算 | 10$m^2$ | 3.238 | 1766.02 | 5718.37 |

(3)踢脚线。

踢脚线按设计图示长度乘以高度以面积计算。

水泥砂浆、现浇水磨石:内墙面净长度,不扣门口线,侧壁不加。

预制水磨石:内墙面净长度,扣门口线,侧壁另加。

**【例 5 − 2】** 某建筑平面图如图 5 − 1 所示,已知墙厚 240mm,墙面铺设大理石踢脚线(干硬性水泥砂浆),踢脚线高为 150mm,求踢脚线的工程量。

**解:**踢脚线按实贴延长米计算。

定额踢脚线长度为((3 − 0.24) + (4.0 − 0.24)) × 2 − 1.0 × 2 + 0.24 × 2 + [(3.0 + 3.0 − 0.24) + (4.0 − 0.24)] × 2 − 1.2 + 0.24 × 2 + 0.25 × 4 = 30.84m

268.30 元/10m

清单踢脚线工程量为 30.84 × 0.15 = 4.626$m^2$

计算结果如表 5 − 2 所列。

表 5 − 2　计算结果　单位:元

| 编码 | 名称 | 工程量计算规则 | 计量单位 | 工程量 | 单价 | 合价 |
|---|---|---|---|---|---|---|
| 020105003001 | 块料踢脚线 | 按设计图示长度乘以高度以面积计算 | $m^3$ | 4.626 | 178.87 | 827.44 |
| 12 − 51 | 大理石踢脚线 | 按图示尺寸以实贴延长米计算,门洞扣除,侧壁另加 | 10m | 3.084 | 268.30 | 827.44 |

(4)其他构造。楼梯装饰按设计图示尺寸以楼梯(包括踏步、休息平台及500mm 以内的楼梯井)水平投影面积计算。楼梯与楼地面相连时,算至梯口梁内侧边沿;无梯口梁者,算至最上一层踏步边沿加 300mm。

台阶装饰按设计图示尺寸以台阶(包括上层踏步边沿加 300mm)水平投影面积计算。

散水、防滑坡道按图示尺寸以水平投影面积计算(不包括翼墙、花池等)。

扶手、栏杆、栏板装饰工程量按设计图纸尺寸以扶手中心线长度(包括弯头长度)计算。

零星项目装饰工程量按设计图示尺寸以面积计算。

地面垫层工程量按设计图示尺寸以体积计算。扣除凸出地面构筑物、设备基础、室内铁道、地沟等所占体积,不扣除间壁墙和 0.3$m^2$ 以内的柱、垛、附墙烟囱及孔洞所占体积。

**【例 5 − 3】**　建筑散水做法如图 5 − 2 所示。试依据图 5 − 1,图 5 − 2 计算散水面层的定额工程量、清单工程量及相应的清单单价。

**解:**$S$ = 散水中心线长度 × 散水宽度 − 台阶等所占面积

散水中心线长度 = (4.0 + 0.24 + 1 + 3.0 × 3 + 0.24 + 1) × 2

散水面积 = (4.0 + 0.24 + 1 + 3.0 × 3 + 0.24 + 1) × 2 × 1 = 30.96$m^2$

定额子目:276.50 元/10$m^2$

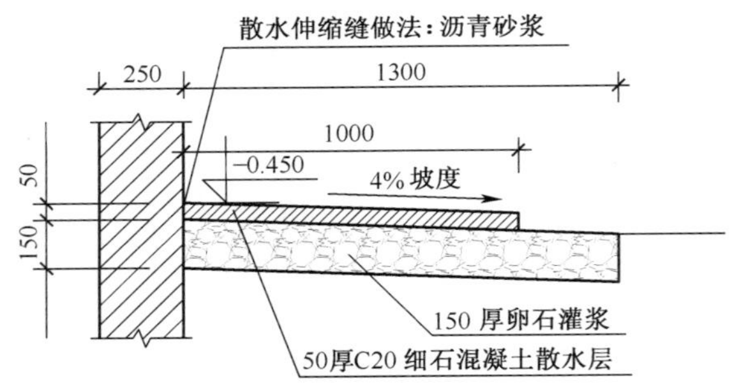


图 5－2　散水详图

计算结果如表 5－3 所列。

表 5－3　计算结果

| 编码 | 名称 | 工程量计算规则 | 计量单位 | 工程量 | 单价 | 合价 |
| --- | --- | --- | --- | --- | --- | --- |
| 020101003001 | 细石混凝土散水 | 按设计图示尺寸以面积计算 | $m^2$ | 30.96 | 27.65 | 856.04 |
| 12－172 | 细石混凝土散水 | 按水平投影面积以平方米计算，应扣除踏步、斜坡、花台等的长度 | $10m^2$ | 3.096 | 276.50 | 856.04 |

## 5.2　墙、柱面工程

### 1. 墙、柱面工程的相关知识

墙柱面工程包括抹灰、镶贴块料面层、墙柱面装饰及幕墙工程。

抹灰又称粉刷，它的主要作用是保护墙面、装饰美观、提高房屋的使用效能。内墙抹灰可改善室内清洁卫生条件和增加光亮，增加美观。用于浴室、厕所、厨房的抹灰，主要是保护墙身不受水和潮气的影响。对于一些有特殊要求的房屋，还能改善它的热工、声学、光学等物理性能。外墙抹灰可提高墙身防潮、防风化、防腐蚀的能力，增强墙身的耐久性，也是装饰美化建筑物的重要措施之一。

抹灰分为一般抹灰、装饰抹灰。一般抹灰包括石灰砂浆、混合砂浆、水泥砂浆及其他砂浆等；装饰抹灰包括水刷石、干粘石、斩假石、拉条灰、甩毛灰等。

为避免抹灰层出现裂缝，保证抹灰层牢固和表面平整，抹灰应分层进行。抹灰层一般可分为底层、中层和面层抹灰。普通抹灰由一遍底层、一遍面层或不分层一遍成活；中级抹灰由一遍底层、一遍中层、一遍面层或一遍底层、一遍面层两遍成活；高级抹灰由一遍底层、两遍或两遍以上中层、一遍面层成活。

底层抹灰主要起与基层的粘结作用，并起初步找平的作用；中层抹灰主要起找平作用，可分层或一次抹成；面层抹灰起装饰作用。一般抹灰按质量要求不同，分为普通抹灰、中级抹灰、高级抹灰三级。不同规格标准的建筑对抹灰质量的要求也不同，采用哪种级别标准的抹灰应遵从设计要求。

饰面板（砖）工程又称镶贴工程，多用于标准要求较高的装饰工程。饰面板（砖）工程指把天然或人造的装饰块料镶贴在建筑物室内外墙柱表面的一种装饰方法。镶贴块料面层包括大理石、花岗岩、麻石块、陶瓷锦砖、瓷板、面砖等。施工时一般采用挂贴、粘贴、干挂等施工方法。

挂贴方式是对大规格的石材（大理石、花岗岩等）使用的先挂后灌浆的方式固定于墙柱面。

粘贴方式是对小规格块料（一般边长小于400mm以下）的施工。

干挂方式分直接干挂法和间接干挂法。直接干挂法是通过不锈钢膨胀螺栓、不锈钢挂件、不锈钢连接件、不锈钢钢针等，将外墙饰面板连接在外墙墙面；间接干挂法是通过固定在墙、柱、梁上的龙骨，再通过各种挂件固定外墙饰面板。

龙骨由木龙骨、轻钢龙骨、铝合金龙骨、型钢龙骨、石膏龙骨等组成。木龙骨以方木为支撑骨架，由上槛、下槛、主柱、斜撑组成，轻钢龙骨采用镀锌铁皮、黑铁皮带钢或薄壁冷轧退火卷带为原料，经冷弯或冲压而成的轻隔墙骨架支撑材料。

间壁墙是指不承受荷载只用于分隔室内房间的墙。其中，不到顶的间壁墙称为隔断。护壁是指在原墙面基层上铺钉木龙骨、木基层（有的不带木基层），然后铺钉或粘贴饰面材料的墙面装饰。

幕墙工程是指先在建筑物外面安装立柱和横梁，然后再安装玻璃或金属板的结构外墙面，包括玻璃幕墙、铝板幕墙。

**2. 墙柱面抹灰工程**

（1）墙面抹灰按设计图示尺寸以面积计算。扣除墙裙、门窗洞口及单个0.3$m^2$以上的孔洞所占面积，不扣除踢脚线、挂镜线和墙与构件交接处的面积，门窗洞口和孔洞的侧壁及顶面不增加面积。附墙柱、梁、垛、烟囱侧壁并入相应的墙面面积内。具体计算方法如下所示。

①外墙抹灰面积按外墙垂直投影面积计算。

②外墙裙抹灰面积按其长度乘以高度计算。

③内墙抹灰面积按主墙间的净长乘以高度计算。无墙裙的,高度按室内楼地面至天棚底面计算;有墙裙的,高度按墙裙顶至天棚底面计算。

④内墙裙抹灰面按内墙净长乘以高度计算。

内墙面抹灰工程量 = 内墙面面积 − 门窗洞口和空圈所占面积 + 墙垛、附墙烟囱侧壁面积
= 内墙面净长度 × 内墙面抹灰高度 − 门窗洞口和空圈所占面积 + 墙垛、附墙烟囱侧壁面积

内墙裙抹灰工程量 = 内墙面净长度 × 内墙裙抹灰高度 − 门窗洞口和空圈所占面积 + 墙垛、附墙烟囱侧壁面积

外墙面抹灰工程量 = 外墙垂直投影面积 − 门窗洞口及 $0.3m^2$ 以上孔洞所占面积 + 墙垛侧壁面积
= $L_{外}$ × 外墙抹灰高度 − 门窗洞口及 $0.3m^2$ 以上孔洞所占面积 + 墙垛侧壁面积

外墙裙抹灰工程量 = $L_{外}$ × 外墙裙高度 − 门窗洞口及 $0.3m^2$ 以上孔洞所占面积 + 墙垛侧壁面积

内外墙装饰抹灰工程量 = 实抹面积 − 门窗洞口、空圈所占面积

(2)柱面抹灰按设计图示柱断面周长乘以高度以面积计算。

**3. 墙柱面镶贴块料工程**

墙柱面镶贴块料工程量按饰面设计图示尺寸以面积计算。

**【例5-4】** 已知某建筑墙厚240mm,外墙为混凝土墙面,设计为水刷白石子(12mm 厚水泥砂浆 1:3,10mm 厚水泥白石子浆 1:1.5),窗下釉面砖墙裙(勾缝),C:1.5m×1.5m。依据图5-3,计算外墙面装饰抹灰的工程量及清单单价。

**解:**外墙面装饰抹灰面积,按垂直投影面积计算,扣除门窗洞口和 $0.3m^2$ 以上的空洞所占的面积,门窗洞口及空洞侧壁面积亦不增加。附墙柱侧面抹灰并入外墙抹灰面积工程量内。

计算基数:

$$L_{外} = [(18+0.24)+(9+0.24)]\times 2 = 54.96\text{m}$$

外墙水刷石高度:4.4 − 1.5 = 2.9m

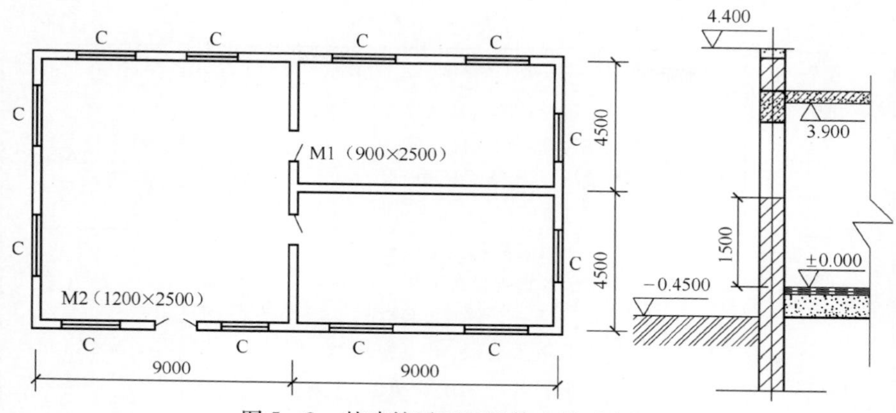


图 5-3　某建筑平面及墙体大样示意图

C 面积：$1.5\times1.5\times12=27\text{m}^2$

M 面积：$1.2\times(2.5-1.5)=1.2\text{m}^2$

墙裙工程量为

铺贴釉面砖高度：$1.5+0.45=1.95\text{m}$

墙裙中门的高度：1.5m

门的面积：$1.2\times1.5=1.8\text{m}^2$

外墙面装饰抹灰工程量：$54.96\times2.9-27-1.2=131.18\text{m}^2$

墙裙定额工程量：$[(18+0.24)+(9+0.24)+0.25\times2]\times 2\times(1.5+0.45)-1.8=107.32\text{m}^2$

墙裙清单工程量：$54.96\times(1.5+0.45)-1.8=105.37\text{m}^2$

计算结果如表 5-4 所列。

表 5-4　计算结果　　单位：元

| 编码 | 名称 | 工程量计算规则 | 计量单位 | 工程量 | 单价 | 合价 |
|---|---|---|---|---|---|---|
| 020204003001 | 块料墙面 | 按设计图示尺寸以镶贴表面积计算 | $\text{m}^2$ | 105.37 | 51.55 | 5432.0 |
| 13-124 | 釉面砖墙裙 | 按块料面层的建筑尺寸（各块料面层+粘贴砂浆厚度=25mm）面积计算。门窗洞口面积扣除，侧壁、附垛贴面应并入墙面工程量中 $10\text{m}^2$ | $10\text{m}^2$ | 10.732 | 506.15 | 5432.0 |

（续）

| 编码 | 名称 | 工程量计算规则 | 计量单位 | 工程量 | 单价 | 合价 |
|---|---|---|---|---|---|---|
| 020201002001 | 墙面装饰抹灰 | 按设计图示尺寸以面积计算。扣除门窗洞口面积、门窗侧壁及顶面也不增加等 | $m^2$ | 131.18 | 20.092 | 2635.67 |
| 13－54 | 水刷石墙面 | 外墙面抹灰面积按外墙面的垂直投影面积计算，应扣除门窗洞口和空圈所占的面积，不扣除0.3$m^2$以内的孔洞面积。但门窗洞口、空圈的侧壁、顶面及垛等抹灰，应按结构展开面积并入墙面抹灰中计算 | 10$m^2$ | 13.118 | 200.92 | 2635.67 |

**【例5－5】** 某建筑室外柱立面及剖面示意图如图5－4所示，斩假石柱面高度为5.6m。试计算其工程量。

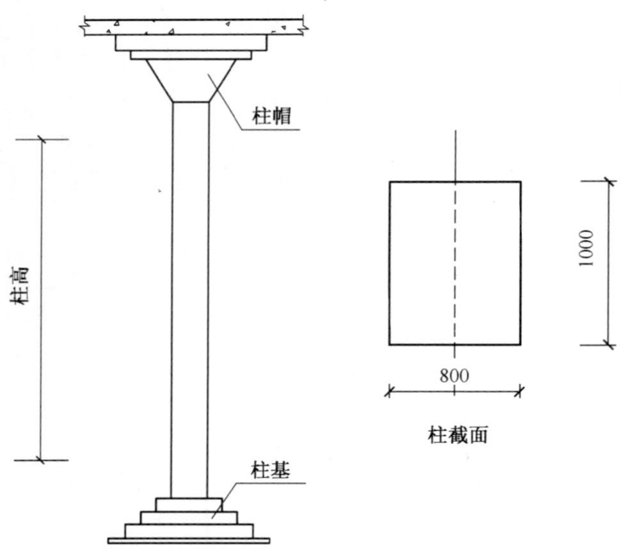


图5－4 某建筑室外柱立面及剖面示意图

**解:**柱抹灰按设计断面周长乘高计算。则其工程量为

$$(0.8+1.0)\times 2\ \times 5.6=20.16\text{m}^3$$

**4. 其他装饰装修工程**

(1)干挂石材钢骨架按设计图示尺寸以质量计算。

(2)墙饰面按设计图示墙净长乘以净高以面积计算。扣除门窗洞口及单个 0.30m$^2$ 以上的孔洞所占面积。

(3)柱(梁)饰面按设计图示外围尺寸以面积计算。柱帽、柱墩并入相应柱饰面工程量内。

(4)隔断按设计图示尺寸以面积计算。扣除单个 0.3m$^2$ 以上的孔洞所占面积;浴厕门的材质与隔断相同时,门的面积并入隔断面积内。

(5)浴厕隔断,高度自下横枋底算至上横枋顶面。浴厕门扇和隔断面积合并计算,安装的工料,已包括在厕所隔断子目内,不另计算。

(6)带骨架幕墙按设计图示框外围尺寸以面积计算。与幕墙同种材质的窗所占面积不扣除。

(7)全玻璃幕墙按设计图示尺寸以面积计算。带肋全玻璃幕墙按设计图示尺寸以展开面积计算。

**【例 5-6】** 某建筑雨篷大样如图 5-5 所示,雨篷板底及侧壁抹贴釉面砖,雨篷尺寸 4500×2000,试计算雨篷装饰面层的定额工程量、清单工程量及相应的清单单价。

**解:**计算基数

雨篷长:4.5m

雨篷宽:(1.92+0.08)=2m

雨篷翻边高:0.2m

定额工程量:(4.5+0.25×2)×(2+0.25)+0.2×2×2+0.2×(4.5+0.25×2)=11.25+0.8+1=13.05m$^2$

清单工程量:2.0×4.5+0.2×2×2+0.2×4.5=10.7m$^2$

计算结果如表 5-5 所列。

表 5-5　计算结果　　单位:元

| 编码 | 名称 | 工程量计算规则 | 计量单位 | 工程量 | 单价 | 合价 |
|---|---|---|---|---|---|---|
| 02020603001 | 块料零星项目 | 按设计图示尺寸以镶贴表面积计算 | m$^2$ | 10.7 | 64.04 | 685.28 |

（续）

| 编码 | 名称 | 工程量计算规则 | 计量单位 | 工程量 | 单价 | 合价 |
|---|---|---|---|---|---|---|
| 13－123 | 雨篷粘贴釉面砖 | 均按块料面层的建筑尺寸（各块料面层＋粘贴砂浆厚度＝25mm）面积计算 | $10m^2$ | 1.305 | 525.12 | 685.28 |

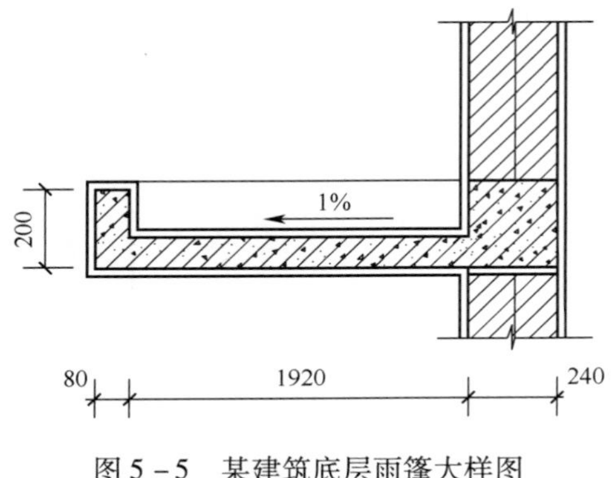


图5－5　某建筑底层雨篷大样图

## 5.3　天 棚 工 程

**1. 天棚工程的相关知识**

天棚常用的做法有喷浆、抹灰、涂料和吊顶棚等。具体根据房屋的功能要求、外观形式、饰面材料等选定。

天棚的造型是多种多样的，除平面型外有多种起伏型。起伏型吊顶即上凸或下凹的形式，它可有两个或更多的高低层次，其剖面有梯形、圆拱形、折线形等。水平面上有方、圆、菱、三角、多边形等几何形状。

1）直接式顶棚

直接式顶棚是指建筑施工过程中，直接在楼板底面进行抹灰或粉刷、粘贴等装饰而形成的顶棚，一般用于装修要求不高的房间，其要求和做法与内墙装修相同。

2）悬吊式顶棚

悬挂于楼板或者屋盖承重结构下表面的顶棚称为吊顶。吊顶即为吊在顶面上的另一个顶面，一般采用扣板或石膏板，起到遮挡管道或者制作造型之用。

吊顶的基本构造包括吊筋、龙骨和面层3个部分。吊筋通常用圆钢制作,龙骨可用木、钢和铝合金制作。面层常用纸面石膏板、夹板、铝合金板、塑料扣板等制作。

**2. 天棚抹灰工程**

天棚抹灰面积,按设计图示尺寸以水平投影面积计算。不扣除间壁墙(包括半砖墙)、垛、柱、附墙烟囱、检查口和管道所占的面积。带梁天棚,梁侧面的抹灰并入天棚抹灰内计算。板式楼梯底面抹灰按斜面积计算。

**3. 天棚装饰工程**

(1)天棚吊顶骨架工程量按设计图示尺寸以水平投影面积计算。不扣除间壁墙、检查口、附墙烟囱、柱、垛和管道所占的面积,但应扣除与天棚相连的窗帘箱等所占的面积。

(2)阶梯式(跌级式)天棚的计算范围以阶梯式(跌级式)最上(下)一级边沿加30cm计算。

(3)拱形及下凸弧形天棚按起拱或下凸弧起止的范围以平方米计算。

(4)天棚饰面(基层板)工程量按展开面积计算,不扣除0.3$m^2$以内孔洞所占的面积。

(5)悬挑式灯槽(带),按灯槽(带)面层展开面积计算。嵌入式灯槽按槽内面层展开面积计算。

**【例5-7】** 天棚做法如图5-6所示,使用吊筋直径6mm,方木龙骨,三夹板面层300mm×300mm,标准砖墙。试计算天棚的定额工程量、清单工程量及相应的清单单价。

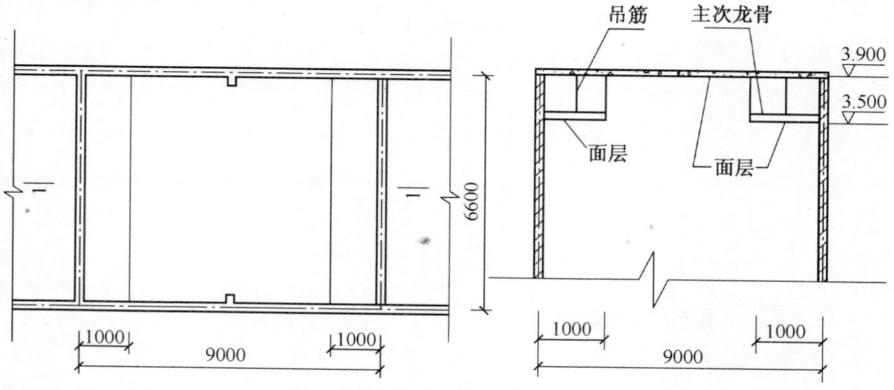


图5-6　某天棚平面图与剖面图

**解**:龙骨面积为$(1.0-0.12)\times(6.6-0.24)\times2=11.19\text{m}^2$

14-3　433.86 元/$10\text{m}^2$

龙骨吊筋:吊筋工程量按龙骨工程量计算

$$(1.0-0.12)\times(6.6-0.24)\times2=11.19\text{m}^2$$

14-41 换　$45.99-[1-(3.9-3.5)]\times0.102\times2.8\times0.222=45.95$ 元/$10\text{m}^2$

天棚工程量为

天棚底面积 $=(9.0-1.0\times2)\times(6.6-0.24)=44.52\text{m}^2$

天棚侧壁面积 $=(6.6-0.24)\times(3.9-3.5)\times2=5.09\text{m}^2$

下侧面积 $=(1.0-0.12)\times2\times(6.6-0.24)=11.19\text{m}^2$

14-46　150.73 元/$10\text{m}^2$

三夹板面层定额工程量:$44.52+5.09+11.09=60.7\text{m}^2$

天棚清单工程量:$(9.0-0.24)\times(6.6-0.24)=55.71\text{m}^2$

计算结果如表 5-6 所列。

表 5-6　计算结果　　单位:元

| 编码 | 名称 | 工程量计算规则 | 计量单位 | 工程量 | 单价 | 合价 |
|---|---|---|---|---|---|---|
| 020302001001 | 天棚吊顶 | 按设计图示尺寸以水平投影面积计算 | $\text{m}^2$ | 55.71 | 26.06 | 1451.84 |
| 14-3 | 方木龙骨 | 天棚龙骨的面积按主墙间的水平投影面积计算 | $10\text{m}^2$ | 1.119 | 433.86 | 485.49 |
| 14-41 换 | 龙骨吊筋 | 棚龙骨的吊筋按每 $10\text{m}^2$ 龙骨面积套相应子目计算 | $10\text{m}^2$ | 1.119 | 45.95 | 51.42 |
| 14-46 | 天棚三夹板面层 | 按展开面积计算 | $10\text{m}^2$ | 6.07 | 150.73 | 914.93 |

## 5.4 门窗工程

### 1. 门窗工程的相关知识

1)门窗的功能

门窗具有采光、通风、交通联系和交通疏散、围护、保温、隔热、隔声、防水、防火等功能,门和窗是建筑物围护结构系统中重要的组成部分。

2）门窗的分类

（1）按门窗的开启方式可分为：平开门窗、推拉门窗、折叠门、转门窗（上悬窗、下悬窗、中悬窗、立转窗等）、弹簧门、其他门（包括卷帘门、升降门、上翻门等）。

（2）按门窗材料可分为木门窗、塑料门窗、铝合金门窗、钢门窗、玻璃钢门窗、钢筋混凝土门窗等。

（3）按门窗的功能可分为百叶门窗、保温门、防火门、隔声门等。

（4）按门窗的位置：门分为外门和内门。窗分为侧窗（设在内外墙上）和天窗。

**2. 门、窗工程**

（1）各类门、窗工程量除特别规定者外，均按设计图示尺寸以门、窗洞口面积计算。

（2）纱门、纱扇、纱亮的工程量分别按其安装对应的开启门扇、窗扇、亮扇面积计算。

（3）铝合金、塑钢纱窗制作安装按其设计图示尺寸以扇面积计算。

（4）金属卷闸门安装按设计图示尺寸以面积计算。电动装置安装以“套”计算，小门安装以“个”计算。

**3. 与门窗有关的装修工程**

1）门窗套、门窗木贴脸

门窗套是指门框和窗框沿边所包的木质套（或其他材料），起着装饰和保护的作用。

门窗木贴脸是指装置在门窗洞口内侧四周墙壁上，并与门窗筒子板连接配套的装饰线条板。门窗贴脸、门窗筒子板工程量均按设计图示门窗洞口尺寸以长度计算。

2）硬木筒子板、饰面夹板筒子板

凡设置在门窗洞口侧壁和顶面上的木板，称为筒子板。工程量均按设计图示尺寸以展开面积计算。

3）窗帘盒、窗帘轨

窗帘盒、窗帘轨设置在窗樘内侧顶部，用于吊挂窗帘。工程量均按设计图示尺寸以长度计算。如设计未注明时，可按窗洞口宽度两边共加 300mm 计算。

4）窗台板

窗台板设置在窗樘内侧的平墙上。按照使用要求，其厚度多为 3cm ~

4cm,突出墙面不大于5cm。按设计图示尺寸以面积计算。如设计未注明,长度可按窗洞口宽两边共加100mm计算,挑出墙面外的宽度,按50mm计算。

**【例5-8】** 某建筑平面图如图5-7所示,已知墙厚240mm,采用塑钢门窗,求该层门窗的工程量及清单单价。

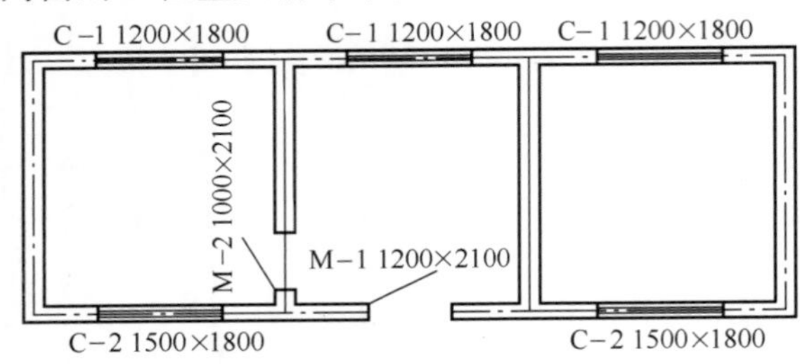


图5-7 某建筑平面图

**解:**各类门、窗工程量除特别规定者外,均按设计图示尺寸以门、窗洞口面积计算。则定额工程量为

C1:$1.2\times1.8\times3=6.48\text{m}^2$

C2:$1.5\times1.8\times2=5.4\text{m}^2$

M1:$1.2\times2.1=2.52\text{m}^2$

M2:$1.0\times2.1=2.1\text{m}^2$

门定额:15-10 3037.45元/$10\text{m}^2$ 窗定额:15-11 2416.79元/$10\text{m}^2$

C1清单工程量:3樘

C2清单工程量:2樘

M1清单工程量:1樘

M2清单工程量:1樘

计算结果如表5-7所列。

表5-7 计算结果 单位:元

| 编码 | 名称 | 工程量计算规则 | 计量单位 | 工程量 | 单价 | 合价 |
|---|---|---|---|---|---|---|
| 020402005001 | 塑钢门 | 按设计图示数量计算 | 樘 | 1 | 765.44 | 765.44 |
| 15-10 | 塑钢门 | 按洞口面积以平方米计算 | $10\text{m}^2$ | 0.252 | 3037.45 | 765.44 |
| 020402005002 | 塑钢门 | 按设计图示数量计算 | 樘 | 1 | 637.86 | 637.86 |
| 15-10 | 塑钢门 | 按洞口面积以平方米计算 | $10\text{m}^2$ | 0.21 | 3037.45 | 637.86 |
| 020406007001 | 塑钢窗 | 按设计图示数量计算 | 樘 | 3 | 522.03 | 1566.08 |
| 15-11 | 塑钢窗 | 按洞口面积以平方米计算 | $10\text{m}^2$ | 0.648 | 2416.79 | 1566.08 |
| 020406007001 | 塑钢窗 | 按设计图示数量计算 | 樘 | 2 | 652.53 | 1305.07 |
| 15-11 | 塑钢窗 | 按洞口面积以平方米计算 | $10\text{m}^2$ | 0.54 | 2416.79 | 1305.07 |

## 习　题

1. 某单个会议室，开间 6 米，进深 4 米，墙厚 240mm，无柱，房间设有两个门，均为 900mm 宽，地面采用 100mm 厚碎石做垫层，上做 60mm 厚 C10 素混凝土垫层，再用水泥砂浆铺设花岗岩。试编制此房间的地面清单。

2. 某建筑层高 3.6m，现浇混凝土楼板 100mm，雨篷长 3.2m，宽 1.5m。底层平面图，立面图，如图 5－8，图 5－9 所示。

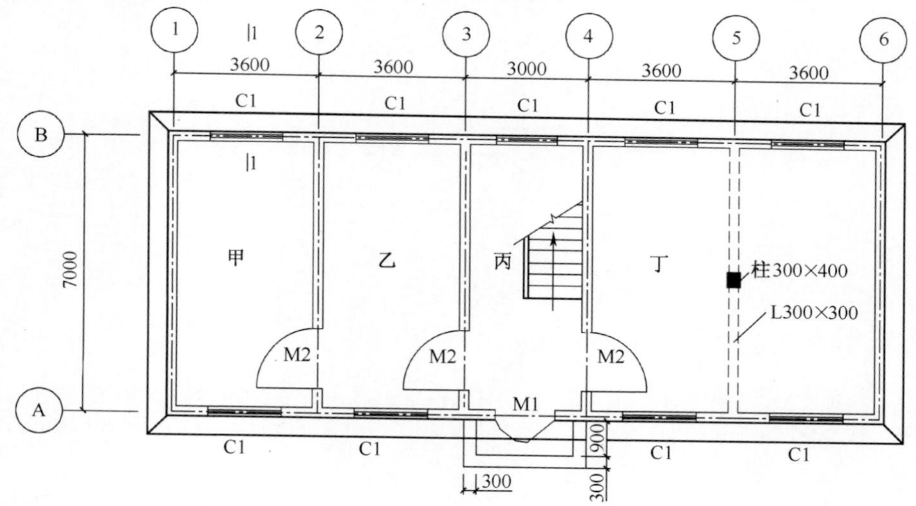


图 5－8　某建筑底层平面图

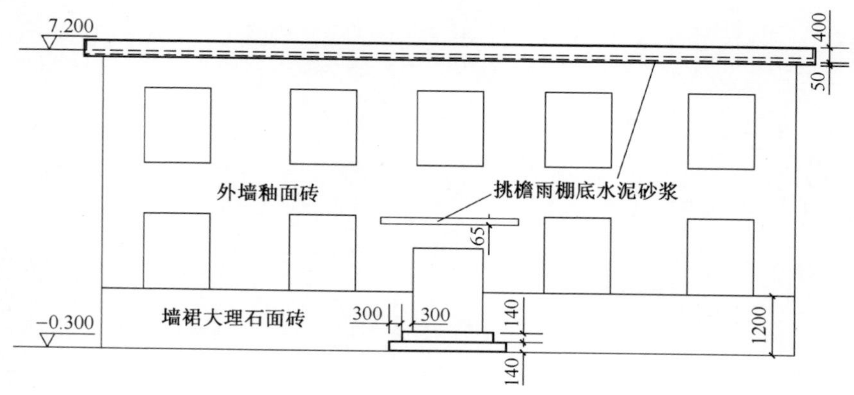


图 5－9　某建筑立面图

内墙面做法:批 801 白水泥腻子,涂刷乳胶漆 2 遍。柱子粘贴大理石(粘贴厚度 25mm)。

外墙裙做法:20 厚磨光大理石(密缝),25 厚 1:3 水泥砂浆结合层。

其中:二层与一层的平面布局相同。C1 尺寸 1200 × 1800,M1 尺寸 1300 × 2000,M2 尺寸 1000 × 2000。

试计算墙体装饰工程的定额工程量、清单工程量及相应的清单单价。

# 第6章 建设工程措施项目计量与计价

**学习要求**

熟悉建设工程措施项目的分类，掌握模板工程费、脚手架工程费、建筑物超高增加费及垂直运输工程费、施工排水、降水、深基坑支护工程、场内二次搬运工程费的确定。

## 6.1 建设工程措施项目的分类

建设工程措施项目费是为完成工程项目施工，发生于该工程施工前和施工过程中非工程实体项目的费用，由施工技术措施和施工组织措施组成。

**1. 施工技术措施费**

施工技术措施费包括：(1)大型机械设备进出场及安拆费；(2)混凝土、钢筋混凝土模板及支架费；(3)脚手架费；(4)施工排水、降水费；(5)其他施工技术措施费。

**2. 施工组织措施费**

施工组织措施费包括：(1)环境保护费；(2)文明施工费；(3)安全施工费；(4)临时设施费；(5)夜间施工费；(6)二次搬运费；(7)已完工程及设备保护费等。

其中环境保护费、安全文明施工费、临时设施费、夜间施工费、已完工程及设备保护费等施工组织措施费是依据相关法律法规或合同约定来确定费率和取费基础的。本章主要讲解模板工程、脚手架工程、建筑物超高增加费及垂直运输工程费、施工排水、降水、深基坑支护工程、场内二次搬运工程费的确定。

## 6.2 模板工程

模板工程(formwork)指新浇混凝土成型的模板以及支承模板的一整套构造体系，其中，接触混凝土并控制预定尺寸、形状、位置的构造部分称为模板，支持和固定模板的杆件、桁架、联结件、金属附件、工作便桥等构成支承体系。按照材料分为木模板、钢模板、钢木组合模板。

按构件成型方式分为现浇构件模板、现场预制构件模板、加工厂预制构件模板和构筑物工程模板4个部分。

**1. 现浇混凝土及钢筋混凝土模板**

(1)现浇混凝土及钢筋混凝土模板工程量除另有规定者外,均按混凝土与模板的接触面积 以平方米计算。若使用含模量计算模板接触面积者,其工程量=构件体积×相应项目含模量(含模量详见附录)。

(2)钢筋混凝土墙、板上单孔面积在 $0.3m^2$ 以内的孔洞,不予扣除,洞侧壁模板不另增加,但突出墙面的侧壁模板应相应增加。单孔面积在 $0.3m^2$ 以外的孔洞,应予扣除,洞侧壁模板面积并入墙、板模板工程量之内计算。

(3)现浇钢筋混凝土框架分别按柱、梁、墙、板有关规定计算,墙上单面附墙柱并入墙内工程量计算,双面附墙柱按柱计算,但后浇墙、板带的工程量不扣除。

(4)设备螺栓套孔或设备螺栓分别按不同深度以"个"计算;二次灌浆,按实灌体积以立方米计算。

(5)预制混凝土板间或边补现浇板缝,缝宽在100mm以上者,模板按平板定额计算。

(6)构造柱外露均应按图示外露部分计算面积(锯齿形,则按锯齿形最宽面计算模板宽度),构造柱与墙接触面不计算模板面积。

**【例6-1】** 如图5-5所示,雨篷尺寸4500×2000。试计算雨篷模板工程量并套计价表。

**解:**①雨篷板底

雨篷宽度×雨篷板底长度

$$=4.5\times2.0=9m^2$$

②雨篷檐边立板

立板外侧:雨篷檐边立板外侧高度×檐边立板外侧周长

$$0.2\times(4.5+2+2)=1.7m^2$$

立板内侧:雨篷檐边内侧高度×檐边立板内侧周长

$$(0.2-0.08)\times[4.5-0.08\times2+(2-0.08)\times2]$$

$$=0.12\times(4.34+3.84)=0.98m^2$$

$$S=9+1.7+0.98=11.68m^2$$

**【例6-2】** 计算图6-1所示花篮梁的复合木模板工程量(标砖砖墙)。

**解:**花篮梁模板接触面积为

底模：$0.24 \times (6.0 - 0.24) = 1.38\text{m}^2$

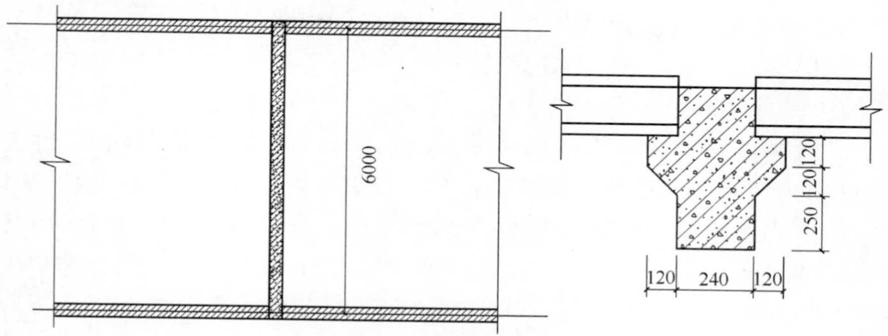


图 6－1　某建筑花篮梁详图

侧模：$0.25 \times (6 - 0.24) \times 2 + 0.12 \times \sqrt{2} \times (6 - 0.24) \times 2 + 0.12 \times (6 - 0.24) \times 2 = 6.22\text{m}^2$

$$S = 1.38 + 6.22 = 7.6\text{m}^2$$

20－39　异形梁 270.86 元/10m²

**2. 现场预制钢筋混凝土构件模板**

（1）现场预制构件模板工程量，除另有规定者外，均按模板接触面积以平方米计算。若使用含模量计算模板面积，则工程量 = 构件体积 × 相应项目的含模量。砖地模费用已包括在 定额含量中，不再另行计算。

（2）漏空花格窗、花格芯按外围面积计算。

（3）预制桩不扣除桩尖虚体积。

**3. 加工厂预制构件的模板**

除漏空花格窗、花格芯外，均按构件的体积以立方米计算。

（1）混凝土构件体积一律按施工图纸的几何尺寸以实体积计算，空腹构件应扣除空腹体积。

（2）漏空花格窗、花格芯按外围面积计算。

**4. 构筑物工程模板**

构筑物工程中的现浇构件模板除注明外均按模板与混凝土的接触面积以平方米计算。

## 6.3　脚手架工程

脚手架指施工现场为工人操作并解决垂直和水平运输而搭设的各种

支架。一般搭设在外墙、内部装修或因层高较高而无法直接施工的地方。

**1. 脚手架工程量计算说明**

(1)檐高在20m以内的建筑物,不包括女儿墙、屋顶水箱、突出主体建筑的楼梯间等高度,前后檐高不同,按平均高度计算。

(2)高度在3.60m以内的墙面、天棚、柱、梁抹灰(包括钉间壁、钉天棚)用的脚手架费用套用3.60m以内的抹灰脚手架。如室内(包括地下室)净高超过3.60m时,天棚需抹灰(包括钉天棚)应按满堂脚手架计算,但其内墙抹灰不再计算脚手架。高度在3.60m以上的内墙面抹灰,如无满堂脚手架可以利用时,可按墙面垂直投影面积计算抹灰脚手架。

(3)高度在3.60m以内的墙面、天棚、柱、梁抹灰(包括钉间壁、钉天棚)用的脚手架费用套用3.60m以内的抹灰脚手架。如室内(包括地下室)净高超过3.60m时,天棚需抹灰(包括钉天棚)应按满堂脚手架计算,但其内墙抹灰不再计算脚手架。高度在3.60m以上的内墙面抹灰,如无满堂脚手架可以利用时,可按墙面垂直投影面积计算抹灰脚手架。

(4)超高脚手架材料增加费。

①2004定额中脚手架是按建筑物檐高在20m以内编制的,檐高超过20m时应计算脚手架材料增加费。

②檐高超过20m脚手材料增加费按下列规定计算。

檐高超过20m部分的建筑物应按其超过部分的建筑面积计算;层高超过3.6m时,每增高0.1m按增高1m的比例换算(不足0.1m按0.1m计算),按相应项目执行;建筑物檐高高度超过20m,但其最高一层或其中一层楼面未超过20m时,则该楼层在20m以上部分仅能计算每增高1m的增加费;同一建筑物中有2个或2个以上的不同檐口高度时,应分别按不同高度竖向切面的建筑面积套用相应子目;单层建筑物(无楼隔层者)高度超过20m,其超过部分除构件安装按第7章的规定执行外,另再按本章相应项目计算每增高1m的脚手架材料增加费。

**2. 脚手架工程量计算规则**

1)砌筑脚手架

(1)外墙脚手架按外墙外边线长度(如外墙有挑阳台,则每只阳台计算一个侧面宽度,计入外墙面长度内,二户阳台连在一起的也只算一个侧面)乘以外墙高度以平方米计算。外墙高度指室外设计地坪至檐口(或女儿墙上表面)高度,坡屋面至屋面板下(或椽子顶面)墙中心高度。

(2)内墙脚手架以内墙净长乘以内墙净高计算。有山尖者算至山尖1/2处的高度;有地下室时,自地下室室内地坪算至墙顶面高度。

(3)砌体高度在3.60m以内者,套用里脚手架;高度超过3.60m者,套用外脚手架。

(4)山墙自设计室外地坪至山尖1/2处高度超过3.60m时,该整个外山墙按相应外脚手架计算,内山墙按单排外架子计算。

2)现浇钢筋混凝土脚手架

(1)钢筋混凝土基础自设计室外地坪至垫层上表面的深度超过1.50m,同时带形基础底宽超过3.0m、独立基础或满堂基础及大型设备基础的底面积超过16m$^2$的混凝土浇捣脚手架应按槽、坑土方规定放工作面后的底面积计算,按满堂脚手架相应定额乘以0.3系数计算脚手架费用。

(2)现浇钢筋混凝土独立柱、单梁、墙高度超过3.60m应计算浇捣脚手架。柱的浇捣脚手架以柱的结构周长加3.60m乘以柱高计算;梁的浇捣脚手架按梁的净长乘以地面(或楼面)至梁顶面的高度计算;墙的浇捣脚手架以墙的净长乘以墙高计算。套柱、梁、墙混凝土浇捣脚手架。

(3)层高超过3.60m的钢筋混凝土框架柱、墙(楼板、屋面板为现浇板)所增加的混凝土浇捣脚手架费用,以每10m$^2$框架轴线水平投影面积,按满堂脚手架相应子目乘以0.3系数执行;层高超过3.60m的钢筋混凝土框架柱、梁、墙(楼板、屋面板为预制空心板)所增加的混凝土浇捣脚手架费用,以每10m$^2$框架轴线水平投影面积,按满堂脚手架相应子目乘以0.4系数执行。

3)抹灰脚手架、满堂脚手架

(1)抹灰脚手架。

①钢筋混凝土单梁、柱、墙,按以下规定计算脚手架。

单梁:以梁净长乘以地坪(或楼面)至梁顶面高度计算;柱:以柱结构外围周长加3.60m乘以柱高计算;墙:以墙净长乘以地坪(或楼面)至板底高度计算。

②墙面抹灰:以墙净长乘以净高计算。

③如有满堂脚手架可以利用时,不再计算墙、柱、梁面抹灰脚手架。

④天棚抹灰高度在3.60m以内,按天棚抹灰面(不扣除柱、梁所占的面积)以平方米计算。

(2)满堂脚手架:天棚抹灰高度超过3.60m,按室内净面积计算满堂脚手架,不扣除柱、垛、附墙烟囱所占面积。

①基本层:高度在8m以内计算基本层。

②增加层:高度超过8m,每增加2m,计算一层增加层,计算式如下:

$$增加层数 = \frac{室内净高(m) - 8m}{2m}$$

余数在0.6m以内,不计算增加层,超过0.6m,按增加一层计算。

③满堂脚手架高度以室内地坪面(或楼面)至天棚面或屋面板的底面为准(斜的天棚或屋面板按平均高度计算)。室内挑台栏板外侧共享空间的装饰如无满堂脚手架利用时,按地面(或楼面)至顶层栏板顶面高度乘以栏板长度以平方米计算,套相应抹灰脚手架定额。

**【例6-3】** 依据图6-2、图6-3计算该建筑脚手架工程量并套计价表(标砖砖墙)。

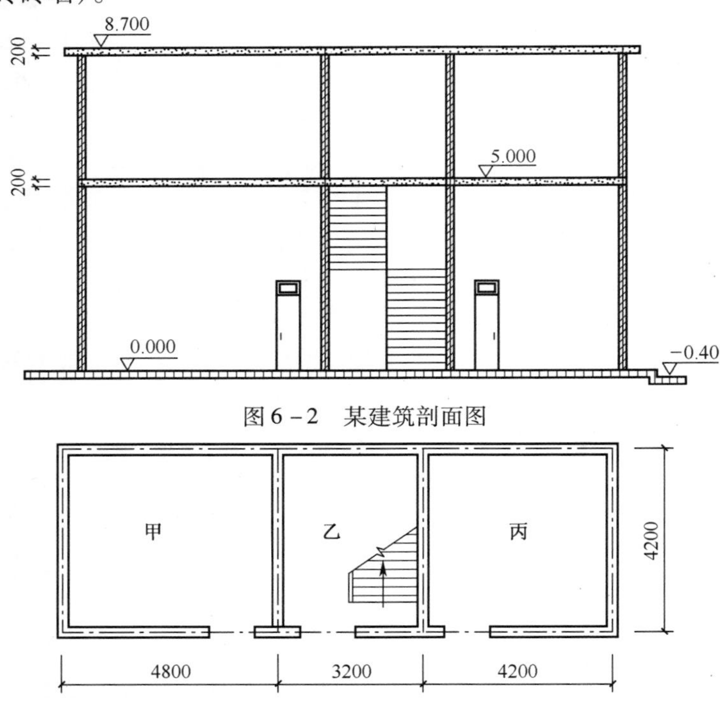


图6-2 某建筑剖面图

图6-3 某建筑平面图

**解:**(1)计算基数。

$$L_{外} = (4.8 + 3.2 + 4.2 + 0.24 + 4.2 + 0.24) \times 2 = 33.76\text{m}$$

外墙高度:8.7-0.2+0.4=8.9m

一层内墙净高:5.0 − 0.2 = 4.8m

二层内墙净高:8.5 − 5.0 = 3.5m

(2)外墙砌筑脚手架:外墙外边线长 × 外墙高度。

$$33.76 \times 8.9 = 300.46\text{m}^2$$

19 − 2　65.26 元/10m²

(3)内墙砌筑脚手架:内墙净长 × 内墙净高。

一层:(4.2 − 0.24) × 4.8 × 2 = 38.02m²

二层:(4.2 − 0.24) × 3.5 × 2 = 27.72m²

(4)满堂脚手架。

一层甲房间满堂脚手架工程量:(4.8 − 0.24) × (4.2 − 0.24) = 18.06m²

一层乙房间满堂脚手架工程量:(3.2 − 0.24) × (4.2 − 0.24) = 11.72m²

一层丙房间满堂脚手架工程量:(4.2 − 0.24) × (4.2 − 0.24) = 15.68m²

$$S_2 = 18.06 + 11.72 + 15.68 = 45.46\text{m}^2$$

19 − 7　63.23 元/10m²

(5)抹灰脚手架。

二层甲房间抹灰脚手架工程量:(4.8 − 0.24 + 4.2 − 0.24) × 2 × 3.5 = 59.64m²

二层乙房间抹灰脚手架工程量:(3.2 − 0.24 + 4.2 − 0.24) × 3.5 × 2 = 48.44m²

二层丙房间抹灰脚手架工程量:(4.2 − 0.24 + 4.2 − 0.24) × 2 × 3.5 = 55.44m²

$$S_3 = 59.64 + 48.44 + 55.44 = 163.52\text{m}^2$$

19 − 10　2.05 元/10m²

## 6.4 建筑物超高增加费及垂直运输工程费

### 1. 建筑物超高增加费

(1)建筑物设计室外地面至檐口的高度(不包括女儿墙、屋顶水箱、突出屋面的电梯间、楼梯间等的高度)超过20m时,应计算超高费。

(2)超高费按下列规定计算。

①檐高超过20m部分的建筑物应按其超过部分的建筑面积计算。

②层高超过3.6m时,以每增高1m(不足0.1m按0.1m计算)按相应

子目的 20% 计算，并随高度变化按比例递增。

③建筑物檐高高度超过 20m，但其最高一层或其中一层楼面未超过 20m 时，则该楼层在 20m 以上部分仅能计算每增高 1m 的层高超高费。

④同一建筑物中有 2 个或 2 个以上的不同檐口高度时，应分别按不同高度竖向切面的建筑面积套用定额。

⑤单层建筑物（无楼隔层者）高度超过 20m，其超过部分除构件安装按第 7 章的规定执行外，另再按本章相应项目计算每增高 1m 的层高超高费。

**【例 6－4】** 已知某建筑物共 18 层，其中一层层高 5m，2 层～5 层层高 4.5m，6 层～18 层为标准层，层高 3.0m，室外地坪标高 －0.3m，又知1 层～5 层每层建筑面积为 $4500m^2$，6 层～18 层每层建筑面积为 $4000m^2$，求该建筑物的超高增加费工程量并套计价表。

**解**：室外地坪算起 20m 线位于五层。

故第六层开始计算超高费

$H = 5 + 4.5 \times 4 + 0.3 = 23.3 > 20m$，计算超高增加费

跨 20m 楼层的部分

超过高度：$23.3 - 20 = 3.3m$

层高超 3.6m 部分工程量：已知第五层建筑面积 $4500m^2$

定额子目 18－5：33.58 元/$m^2$

第五层楼层超高增加费：$3.3 \times 0.2 \times 33.58 \times 4500 = 99732.6$ 元

楼层超过 20m 的部分

$$S = (18 - 5) \times 4000 \times 33.58 = 1746160 \text{ 元}$$

定额子目 18－5：33.58 元/$m^2$

合计建筑物超高增加费：$99732.6 + 1746160 = 1845892.6$ 元

**2. 建筑工程垂直运输费**

1）工程量计算说明

（1）“檐高”是指设计室外地坪至檐口的高度，突出主体建筑物顶的女儿墙、电梯间、楼梯间、水箱等不计入檐口高度以内；“层数”指地面以上建筑物的高度。

（2）本定额项目划分是以建筑物“檐高”、“层数”两个指标界定的，只要其中一个指标达到定额规定，即可套用该定额子目。

（3）一个工程，出现两个或两个以上檐口高度（层数），使用同一台垂直运输机械时，定额不作调整；使用不同垂直运输机械时，应依照国家工期定

额规定结合施工合同的工期约定，分别计算。

(4)檐高3.60m内的单层建筑物和围墙，不计算垂直运输机械台班。

(5)垂直运输高度小于3.6m的一层地下室不计算垂直运输机械台班。

(6)预制混凝土平板、空心板、小型构件的吊装机械费用已包括在本定额中。

2)工程量计算规则

(1)建筑物垂直运输机械台班用量，区分不同结构类型、檐口高度(层数)按国家工期定额以日历天计算。

(2)单独装饰工程垂直运输机械台班，区分不同施工机械、垂直运输高度、层数、按定额工日分别计算。

## 6.5　施工排水、降水、深基坑支护工程

**1. 施工排水、降水、深基坑支护工程计算条件**

1)施工排水

挖沟槽时，如有地下水渗出，或管道水渗出，需对其进行排水之后才能继续进行施工，所产生的费用称为排水费用。人工土方施工排水是在人工开挖湿土、淤泥、流砂等施工过程中的地下水排放发生的机械排水台班费用。基坑排水是指地下常水位以下、基坑底面积超过20m$^2$(两个条件同时具备)土方开挖以后，在基础或地下室施工期间所发生的排水包干费用(不包括±0.00以上有设计要求待框架、墙体完成以后再回填基坑土方期间的排水)。)强夯法加固地基坑内排水是指击点坑内的积水排抽台班费用。

2)降水工程

在地下水位较高的地区开挖深基坑，由于含水层被切断，在压差作用下，地下水必然会不断地渗流入基坑，如不进行基坑降排水工作，将会造成基坑浸水，使现场施工条件变差，地基承载力下降，在动水压力作用下还可能引起流砂、管涌和边坡失稳等现象，因此，为确保基坑施工安全，必须采取有效的降水和排水措施，亦称降水工程。常见做法有井点降水和管井降水等。降水费用包括凿井费用、设备安装费、降水费用(真空泵抽水)。

井点间距根据地质和降水要求由施工组织设计确定，一般轻型井点管间距为1.2m。井点降水成孔工程中产生的泥水处理及挖沟排水工作应另行计算。井点降水必须保证连续供电，在电源无保证的情况下，使用备用电源的费用另计。

3)深基坑支护

建造埋置深度大的基础或地下工程时,往往需要进行深度大的土方开挖。这个由地面向下开挖的地下空间称为基坑。基坑施工加固与保护措施有放坡开挖和挡土支护开挖。挡土支护开挖包括水泥土墙支护、排桩、地下连续墙、钢板桩支护和土钉墙支护。

**2. 施工排水、降水、深基坑支护工程量计算规则**

(1)人工土方施工排水不分土壤类别、挖土深度,按挖湿土工程量以立方米计算。

(2)人工挖淤泥、流砂施工排水按挖淤泥、流砂工程量以立方米计算。

(3)基坑、地下室排水按土方基坑的底面积以平方米计算。

(4)强夯法加固地基坑内排水,按强夯法加固地基工程量以平方米计算。

(5)井点降水 50 根为一套,累计根数不足一套者按一套计算,井点使用定额单位为套天,一天按 24 小时计算。井管的安装、拆除以“根”计算。

(6)基坑钢管支撑以坑内的钢立柱、支撑、围檩、活络接头、法兰盘、预埋铁件的合并重量按吨计算。

(7)打、拔钢板桩按设计钢板桩重量以吨计算。

## 6.6 场内二次搬运工程

**1. 二次搬运费计算条件**

(1)市区沿街建筑在现场堆放材料有困难,汽车不能将材料运入巷内的建筑,材料不能直接运到单位工程周边需再次中转,建设单位不能按正常合理的施工组织设计提供材料,构件堆放场地和临时设施用地的工程而发生的二次搬运费用,执行相关定额。

(2)水平运距的计算,分别以取料中心点为起点,以材料堆放中心为终点。超运距增加运距不足整数者,进位取整计算。

(3)运输道路 15% 以内的坡度已考虑,超过时另行处理。

(4)松散材料运输不包括做方,但要求堆放整齐。如需做方者,应另行处理。

(5)机动翻斗车最大运距为 600m,单(双)轮车最大运距为 120m,超过时,应另行处理。

**2. 二次搬费计算规则**

(1)砂子、石子、毛石、块石、炉渣、矿渣、石灰膏按堆积原方计算。

(2)混凝土构件及水泥制品按实体积计算。

(3)玻璃按标准箱计算。

(4)其他材料按表中计量单位计算。

由此可见,有些材料的二次搬运费的计算需要材料分析的结果。

## 习　题

1. 依据图 6－4 计算某建筑脚手架费用。

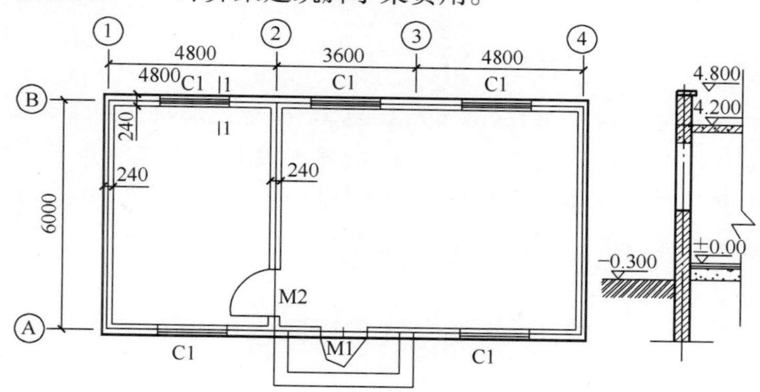


图 6－4　某建筑平面图及墙体大样图

2. 依据图 4－46 计算某建筑基础模板工程量并套定额计算费用(组合钢模板)。

3. 试述建设工程措施项目的分类。

# 第三篇　建筑设备工程计量与计价

## 第7章　建筑电气工程计量与计价

**学习要求**

了解建筑电气照明工程、防雷及接地工程、建筑弱电工程系统组成；熟悉建筑电气照明工程施工图的识读方法；熟悉建筑电气工程清单项目设置及组价定额的应用方法；掌握按相应工程量计算规则进行清单工程量计算和计价表工程量计算，并确定清单综合单价。

### 7.1　建筑电气工程基本知识

**1. 建筑电气照明工程**

1）建筑电气照明系统的组成

建筑电气照明系统一般是由变配电设施通过线路连接各用电器具组成的一个完整的照明供电系统，主要内容有进户装置、照明配电装置、照明配电线路敷设、照明器具等。

2）建筑照明工程图识读

在电气工程图中，设备、元件、线路及其安装方法等，都是用统一的图形符号和文字符号来表达的。图形符号和文字符号犹如电气工程语言中的“词汇”，所以要阅读电气图纸，应首先熟悉这些“词汇”，并弄清它们各自代表的意义。

（1）常用图例符号。

照明工程图常用图例如表7－1所列。

导线或电缆敷设方式符号如表7－2所列。

导线敷设部位符号如表7－3所列。

灯具安装方式符号如表7－4所列。

表7－1　照明工程图常用图例

| 图例 | 名称 | 图例 | 名称 | 图例 | 名称 |
|---|---|---|---|---|---|
| | 普通灯 | | 三管荧光灯 | | 按钮盒 |
| | 防水防尘灯 | E | 安全出口指示灯 | | 带保护接点暗装插座 |
| | 隔爆灯 | | 自带电源事故照明灯 | | 带接地插孔暗装三相插座 |
| | 壁灯 | | 天棚灯 | | 暗装单相插座 |
| | 嵌入式方格栅吸顶灯 | | 球形灯 | | 单相插座 |
| | 墙上座灯 | | 暗装单极开关 | | 带保护接点插座 |
| | 单相疏散指示灯 | | 暗装双极开关 | | 插座箱 |
| | 双相疏散指示灯 | | 暗装三极开关 | | 电信插座 |
| | 单管荧光灯 | | 双控开关 | | 双联二三极暗装插座 |
| | 双管荧光灯 | | 钥匙开关 | | 带有单极开关的插座 |
| | 动力配电箱 | | 电源自动切换箱 | | 照明配电箱 |

表7－2　导线或电缆敷设方式符号

| 序号 | 名称 | 符号 | 序号 | 名称 | 符号 |
|---|---|---|---|---|---|
| 1 | 瓷瓶、瓷珠配线 | K | 7 | 硬塑料管配线 | PC |
| 2 | 塑料线夹配线 | PLC | 8 | 软塑料管配线 | FPC |
| 3 | 焊接钢管 | SC | 9 | 瓷夹配线 | PL |
| 4 | 水煤气管 | RC | 10 | 塑料槽板配线 | PR |
| 5 | 电线管 | TC | 11 | 金属槽板配线 | SR |
| 6 | 金属软管配线 | CP | 12 | 钢筋扎片(卡钉)配线 | QD |

表7－3　导线敷设部位符号

| 序号 | 敷设名称 | 符号 |
|---|---|---|
| 1 | 钢索配线 | SR |
| 2 | 柱子明、暗配 | CLE、CLC |
| 3 | 梁明、暗配 | RE、RC |
| 4 | 天棚明、暗配 | CE、CC |
| 5 | 墙明、暗配 | WE、WC |
| 6 | 地板(面)明、暗配 | FE、FC |
| 7 | 不能进入的吊顶内 | ACC |

表 7-4 灯具安装方式符号

| 序号 | 安装方式 | 符号 | 序号 | 安装方式 | 符号 |
|---|---|---|---|---|---|
| 1 | 线吊 | CP | 9 | 链吊 | Ch |
| 2 | 自在器线吊 | CP | 10 | 管吊 | P |
| 3 | 固定线吊 | CP1 | 11 | 壁装 | W |
| 4 | 防水线吊 | CP2 | 12 | 吸顶 | S |
| 5 | 吊线器 | CP3 | 13 | 嵌入 | R |
| 6 | 台上安装 | T | 14 | 顶棚内 | CR |
| 7 | 支架上安装 | SP | 15 | 墙壁内 | WR |
| 8 | 柱上安装 | CL | 16 | 座装 | HM |

(2)常用标注形式。

①配电箱及开关。

图 7-1 中,E4FC20FD 440(L)×380(H)×280(W),表示用户配电箱的型号规格及尺寸;S354-C25 表示小型断路器,额定电流 25A;C45N-10/1P 表示微型断路器,额定电流 10A,1P 表示单极,则 2P 表示二级,以此类推。配电系统图上,还表示了该工程总的设备容量、需要系数、计算容量、计算电流、配电方式等。

②导线。图 7-1 中,BV-2×2.5-SC15 表示铜芯塑料绝缘线截面为 2.5mm$^2$ 的 2 根,穿直径 15mm 焊接钢管。

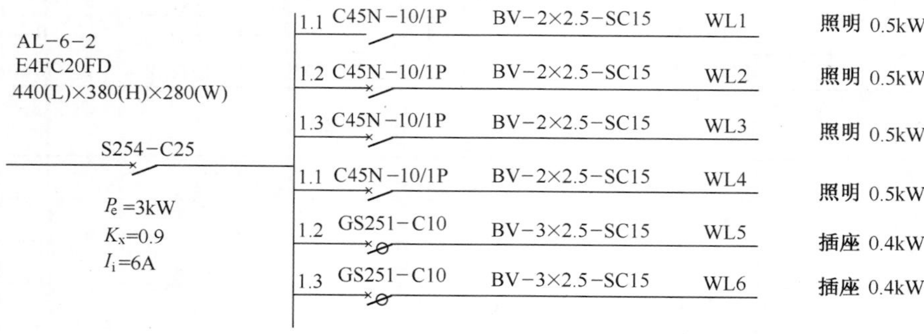


图 7-1 照明配电系统图

例如, BV-3×6+1×2.5-SC25-FC:表示铜芯塑料绝缘线截面为 6mm$^2$ 的 3 根相线,加截面为 2.5mm$^2$ 的 1 根中性线,穿直径 25mm 焊接钢管沿地面暗敷设。BVV- 3×2.5-PR-CE:表示 3 根 2.5mm$^2$ 的铜芯塑料护套线用塑料线槽沿顶棚明敷设。BLX－3×1.5－SC－WC：表示铝芯橡皮线 3 根 1.5 $mm^2$ 截面，穿钢管沿墙面暗敷设。

③灯具。图 7－2 中，8－PKY 501 $\frac{2\times40}{2.7}$Ch 表示 8 套 PKY501 型号双管日光灯，每套灯具 2 根 40W 日光灯管，安装高度离地面为 2.7m，链吊式。

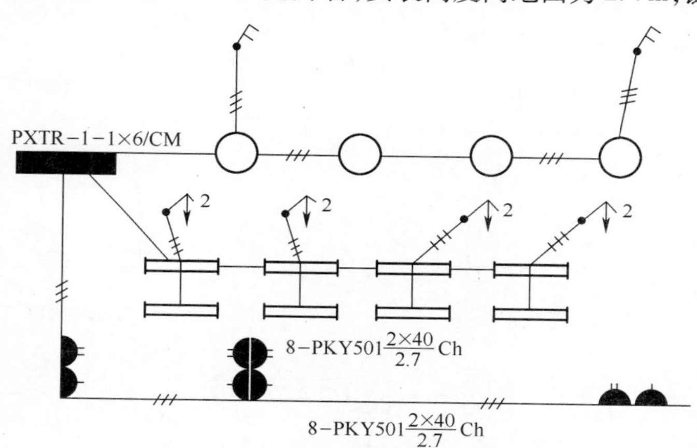


图 7－2　照明平面局部图

例如，12 $\frac{2\times40}{—}$S 表示 12 套灯具，每套灯具 2 根 40W 荧光灯管，吸顶安装。

(3)常用照明线路。

①一只开关控制一盏灯或多盏灯(图 7－3)。

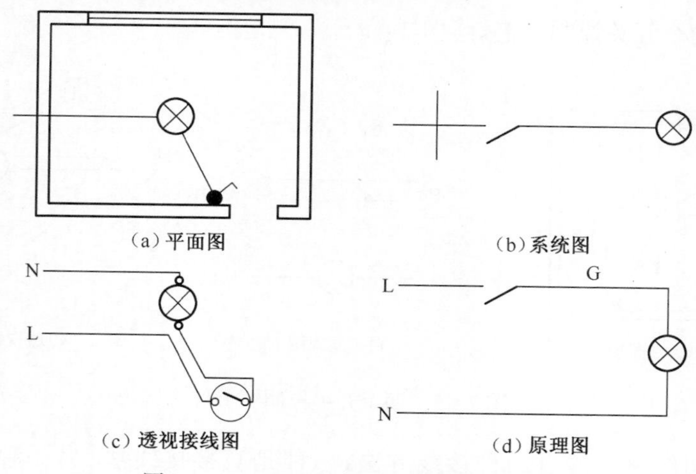


图 7－3　一只开关控制一盏灯或多盏灯

②多个开关控制多盏灯(图 7－4)。

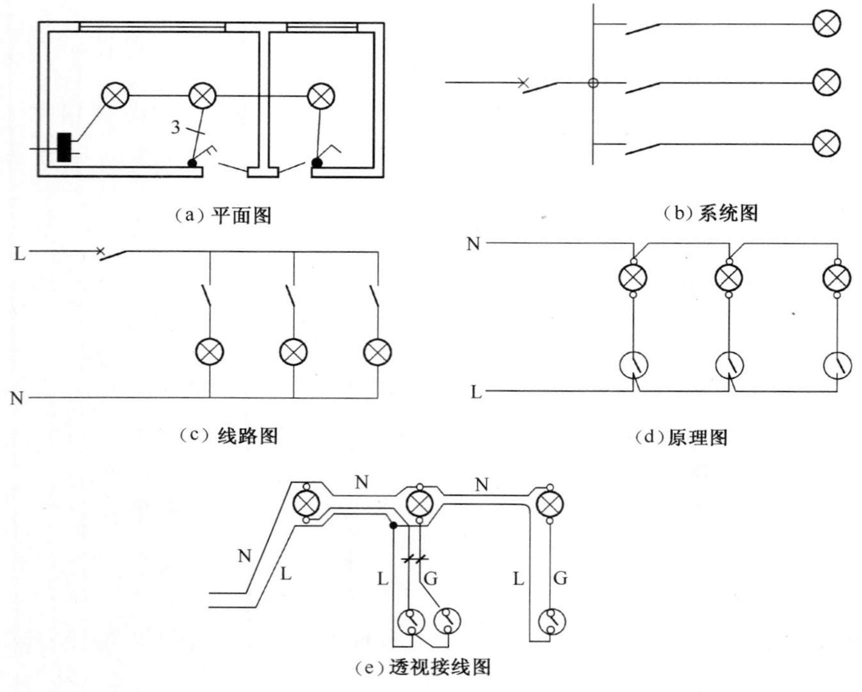


图 7－4 多个开关控制多盏灯

③两个开关控制一盏灯(图 7－5)。

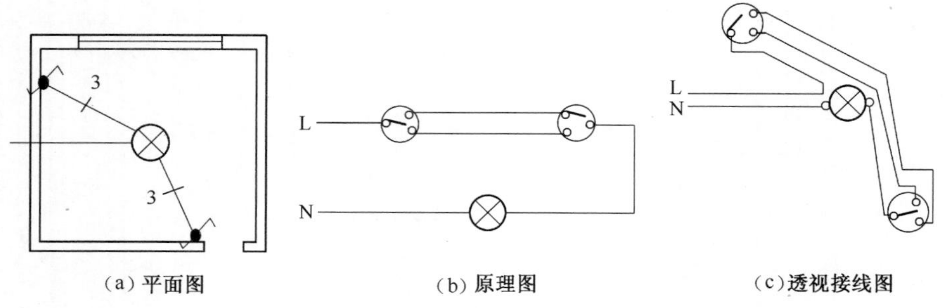


图 7－5 两个开关控制一盏灯

照明线路一般有两种接线方法：一种是直接接线法；另一种是共头

接线法。前者是开关、灯具、插座直接从电源干线上引接,导线中间允许有接头的安装接线方法,如瓷夹配线、瓷柱配线等;后者是线管内不准有接头,导线的分路接头只能在开关盒、灯头盒、接线盒中引出,如线管配线、塑料护套线配线。共头接线法比较可靠,工程中广泛应用。当灯具和开关的位置改变,进线方向改变,都会使导线根数变化。因此要真正地看懂照明平面图,就必须了解导线根数变化的规律,掌握照明线路的基本环节。

**2. 防雷及接地装置**

防雷接地装置由接闪器、引下线和接地体三个部分组成。接闪器通常有避雷针、避雷网、避雷带等形式;引下线一般由引下线、引下线支持卡子、断接卡子、引下线保护管等组成;接地体一般由接地母线、接地极组成。常用的接地极可以是钢管、角钢、扁钢等。

**3. 建筑弱电工程**

弱电是相对建筑所用动力与照明强电而言的,建筑弱电是建筑电气工程的重要组成部分。建筑弱电工程包括:共用天线电视系统(CATV)、建筑电话系统、有线广播音响系统、高层建筑电子联络系统、宾馆客房电控系统、自动消防报警灭火系统、保安与门禁、监控系统等。

1)室内电缆电视系统

电缆电视系统主要由接收天线、前端设备、传输分配网络以及用户终端组成。由于专业与行业关系,建筑安装队伍一般只作室内电缆电视系统,即线路的敷设及线路分配器、分支器、用户终端盒的安装。

有线电视线路在用户分配网络部分,多采用 SYKV—75 型同轴电缆。SYKV—75—9:表示纵孔聚乙烯绝缘,特性阻抗为 75Ω,结构序号为 9 的射频同轴电缆。

2)室内电话系统

由于专业与行业的关系,建筑安装队伍一般只作室内电话线的配管配线敷设及电话机插座盒及插座等的安装。电话及电话交换机安装和调试一般由电信工程安装队伍施工。

室内电话系统组成:电话组线箱、分线箱、电缆、导线、用户终端(电话出线口)。

HYA－100(2×0.5):表示铜芯实心聚烯烃绝缘,涂塑铝带粘接屏蔽,容量为 100 对,对绞式,线径为 0.5$mm^2$ 的市内通信全塑电缆。

## 7.2 建筑电气工程项目设置及工程量计算

### 1. 建筑电气照明工程

1)室内外电气线路分界

电源进户方式有低压架空进线和电缆埋地进线两种。架空进线以入户铁横担作为室内;电缆埋地进线或电缆沟,室内可包括电缆密封保护管、挖土方,而电缆及终端头算入室外工程。

2) 项目设置及工程量计算

(1)项目设置及套用子目依据。

①《建设工程工程量清单计价规范》(2008)。

②《江苏省建设工程工程量清单计价项目指引》。

③《江苏省安装工程计价表》(2004)(第二册 电气设备安装工程)。

(2)工程量计算步骤。

①列出清单项目,按项目特征要求描述项目名称,编制详细项目编码,根据工程量计算规则,计算清单工程量,统一计量单位。

②根据施工图确定清单实际工程内容,套用计价表中的组价子目。

③根据组价子目的工程量计算规则进行计价工程量计算,统一计量单位。

建筑照明工程常用清单项目设置与对应组价子目一览表如表 7 – 5 所列。

盘、箱、柜的外部进出线预留长度如表 7 – 6 所列。

导线进入开关、柜、箱、设备预留长度如表 7 – 7 所列。

灯泡(管)、灯具伞损耗率如表 7 – 8 所列。

(3)工程量计算案例。

配管工程量计算:计算程序是根据配管配线平面图和系统图,按进户线、总配电箱、沿管线向各照明分配电箱配线,经各照明分配电箱向灯具、用电电器配管配线的顺序逐项进行计算。一般宜按一定顺序自电源侧逐一向用电侧进行,列出简明的计算式,既防止漏项、重复,也便于复核。

从配电箱起按各个回路进行计算,或按建筑物自然层划分计算,或按建筑平面形状特点及系统图的组成特点分片划块计算,然后汇总。切忌“跳算”,防止混乱,影响工程量计算的正确性。

表7-5 建筑照明工程常用清单项目设置与对应组价定额一览表

| 序号 | 项目编码或定额编号 | 项目名称 | 项目特征 | 计量单位 | 工程量计算规则 | 工程内容 | 有关说明 |
|---|---|---|---|---|---|---|---|
| 1 | — | 进户装置 | | | | | |
| 2 | 030210002 | 导线架设 | 1. 型号(材质:铝线、铜导线)<br>2. 规格(导线截面) | km | 按实际图示尺寸以长度计算 | 1. 进户线架设<br>2. 进户横担安装 | 架空引入 |
| 3 | 2-825~828 | 进户线截面 | 35、95、150、240mm$^2$以内 | 100m/单线 | 按实际图示尺寸以长度计算 | 放线、紧线、瓷瓶绑扎、压接包头 | |
| 4 | 2-798~803 | 进户线横担 | 一端埋设式(二线、四线、六线);两端埋设式(二线、四线、六线) | 根 | 按设计图示数量计算 | 测位、划线、打眼、钻孔、横担安装、装瓷瓶及防水弯头 | 未计价材料为:横担、绝缘子、防水弯头、支撑铁件及螺栓 |
| 5 | 030208001 | 电力电缆 | 型号、规格、敷设方式 | m | 按设计图示长度计算 | 电缆保护管、电缆沟挖填 | 埋地电缆或电缆沟。电缆及终端头算入室外工程 |
| 6 | 2-521~524 | 电缆沟挖填 | 一般土沟、含建筑垃圾土、泥水土、冻土、石方 | m$^3$ | 土方量有注明的,按施工图计算,无施工图的一般按沟深0.9m,沟宽按保护管两侧边缘计算 | 测位、划线、挖电缆沟,回填土、夯实,开挖路面、清理现场 | |
| 7 | 2-536~539 | 电缆保护管敷设 | 混凝土管、石棉水泥管(管径100、200mm以下),铸铁管(管径150mm以下),钢管(管径100mm~150mm以下) | 10m | 按设计图示长度计算 | 测位、锯管、敷设、大喇叭口 | |

（续）

| 序号 | 项目编码或定额编号 | 项目名称 | 项目特征 | 计量单位 | 工程量计算规则 | 工程内容 | 有关说明 |
|---|---|---|---|---|---|---|---|
| 8 | 二 | 照明装置 | | | | | |
| 9 | 030204018 | 配电箱 | 1. 名称、型号<br>2. 规格 | 台 | 按设计图示数量计算 | 1. 基础型钢制作、安装<br>2. 箱体安装 | |
| 10 | 2－356～359 | 铁构件制作安装 | 一般铁构件制作、安装，轻型铁构件制作、安装 | 100kg | 按施工图设计尺寸计算 | 制作、平直、划线、下料、钻孔、组对、焊接、刷油（喷漆）、安装、补刷油 | 未计价材料：钢材 |
| 11 | 2－262～266 | 照明成套配电箱安装 | 落地式、悬挂嵌入式（半周长 m——0.5、1.0、1.5、2.5） | 台 | 按设计图示数量计算 | 开箱、检查、安装、查校线、接地 | 规格以半周长计，定额不包括支架制作、安装，焊压接线端子。非标准配电箱安装同此，制作另套子目。盘、箱、柜的外部进出线预留长度如表7－6所列。未计价材料为成套配电箱 |
| 12 | 030204019 | 控制开关 | 名称、型号、规格 | 个 | 按设计图示数量计算 | 安装、焊压端子 | 焊压端子有焊铜接线端子、压铜接线端子、压铝接线端子 |

(续)

| 序号 | 项目编码或定额编号 | 项目名称 | 项目特征 | 计量单位 | 工程量计算规则 | 工程内容 | 有关说明 |
|---|---|---|---|---|---|---|---|
| 13 | 2－267～282 | 控制开关安装 | 名称、型号、规格 | 个 | 按设计图示数量计算 | 开箱、检查、安装、接线、接地 | 未计价材料为控制开关 |
| 14 | 2－331～336 | 焊铜接线端子 | 导线截面(16、35、70、120、185、240)$mm^2$ | 10 个 | 按设计图示数量计算 | 削线头、套绝缘管、焊接头、包缠绝缘带 | |
| 15 | 030204020 | 低压熔断器 | 名称、型号、规格 | 个 | 按设计图示数量计算 | 安装、焊压端子 | 焊压端子有焊铜接线端子、压铜接线端子、压铝接线端子 |
| 16 | 2－283～285 | 熔断器安装 | 型号、规格 | 个 | 按设计图示数量计算 | 开箱、检查、安装、接线、接地 | 未计价材料为熔断器 |
| 17 | 2－331～336 | 焊铜接线端子 | 导线截面(16、35、70、120、185、240)$mm^2$ | 10 个 | 按设计图示数量计算 | 削线头、套绝缘管、焊接头、包缠绝缘带 | |
| 18 | 三 | 室内线路 | | | | | |
| 19 | 030212001 | 电气配管 | 名称、材质、规格、配置形式及部位 | m | 按设计图示尺寸以延长米计算，不扣除管路中间的接线箱(盒)、灯头盒、开关盒所占的长度 | 1. 电线管路敷设<br>2. 接线盒(箱)灯头盒、开关盒、插座盒安装<br>3. 防腐油漆<br>4. 接地 | |

（续）

| 序号 | 项目编码或定额编号 | 项目名称 | 项目特征 | 计量单位 | 工程量计算规则 | 工程内容 | 有关说明 |
|---|---|---|---|---|---|---|---|
| 20 | 2－975～1168 | 电线管路敷设 | 敷设方式、敷设位置、管材材质、规格 | 100m | 按设计图示尺寸以延长米计算，不扣除管路中间的接线箱（盒）、灯头盒、开关盒所占的长度 | 测位、划线、打眼、刨沟、锯管、套丝、煨弯、配管、接地、刷漆 | 钢索架设及拉紧装置安装、支架制作安装另套子目。防腐油漆、接地包含在电线管路敷设工作内容中，特殊要求除外。未计价材料：电线管、钢管、塑料管等 |
| 21 | 2－1373～1381 | 接线盒（箱）、灯头盒、开关盒、插座盒安装 | 接线箱明装、暗装（接线箱半周长 mm －700、1500），明装、暗装接线盒，钢索上接线盒，暗装开关盒 | 10 个 | 按设计图示数量计算 | 测位、打眼、埋螺栓、箱子开孔、刷漆、固定 | 未计价材料：接线箱、接线盒、开关盒 |
| 22 | 030212003 | 电气配线 | 1. 配线形式<br>2. 导线型号、材质<br>3. 敷设部位或线制 | m | 按设计图示尺寸以单线延长米计算 | 1. 支持体（夹板、绝缘子、槽板等）安装<br>2. 支架制作、安装<br>3. 钢索架设（拉紧装置安装）<br>4. 配线<br>5. 管内穿线 | |

（续）

| 序号 | 项目编码或定额编号 | 项目名称 | 项目特征 | 计量单位 | 工程量计算规则 | 工程内容 | 有关说明 |
|---|---|---|---|---|---|---|---|
| 23 | 2－1169～1340 | 管内穿线 | 线路性质、导线材料、导线截面 | 100m单线 | 以单线延长米计算<br>管内穿线长度＝（配管长度＋导线预留长度）×同截面导线根数（导线预留长度如表5－7所列） | | 线路分支接头线的长度已综合考虑在定额中，不另行计算。照明线路中的导线截面大于$6mm^2$时，应执行动力线路穿线的项目。线夹配线、绝缘子配线、槽板配线、塑料护套线明敷设、线槽配线等另套子目。未计价材料：导线 |
| 24 | 四 | 照明器具 | | | | | |
| 25 | 030213001 | 普通吸顶灯及其他灯具 | 1. 名称、型号<br>2. 规格 | 套 | 按设计图示数量计算 | 1. 支架制作、安装<br>2. 组装<br>3. 油漆 | 其他灯具的支架制作、安装另套子目 |

（续）

| 序号 | 项目编码或定额编号 | 项目名称 | 项目特征 | 计量单位 | 工程量计算规则 | 工程内容 | 有关说明 |
|---|---|---|---|---|---|---|---|
| 26 | 2－1382～1396 | 普通吸顶灯安装 | 灯具的种类、型号 | 10套 | 按设计图示数量计算 | 测位、划线、打眼，埋螺栓、上木台、灯具安装、接线，焊接包头 | 定额未包括灯头盒安装，需另套子目。<br>未计价材料：成套灯具；灯具未计价材料价值＝灯具套数×定额消耗量×灯具单价＋灯泡（管）未计价价值，灯泡（管）材料价值＝灯泡（管）数<br>×（1＋定额规定损耗率）×灯泡（管）单价，灯罩、灯伞材料价值＝灯具套数×（1＋定额规定损耗率）×灯罩或灯伞单价。灯泡（管）、灯具伞损耗率如表7－8所列。 |
| 27 | 030213004 | 荧光灯 | 名称、型号、规格、安装形式 | 10套 | 按设计图示数量计算 | 安装 | |

（续）

| 序号 | 项目编码或定额编号 | 项目名称 | 项目特征 | 计量单位 | 工程量计算规则 | 工程内容 | 有关说明 |
| --- | --- | --- | --- | --- | --- | --- | --- |
| 28 | 2－1581～1596 | 荧光灯安装 | 安装形式、灯具种类、灯管数量 | 10套 | 按设计图示数量计算 | 测位、划线、打眼、埋螺栓、上木台、吊链、吊管加工、灯具组装（安装）、接线、接焊包头 | 未计价材料：成套灯具；材料价计算同普通吸顶灯 |
| 29 | 030204031 | 小电器 | 名称、型号、规格 | 个（套） | 按设计图示数量计算 | 安装、焊压端子 | |
| 30 | 2－299～303 | 按钮、电笛、电铃安装 | 普通型、防爆型 | 个 | 按设计图示数量计算 | 开箱、检查、安装、接线、接地 | 按钮、电笛、电铃等主材费另计 |
| 31 | 2－331～351 | 焊压接线端子 | 焊铜接线端子、压铜接线端子、压铝接线端子 | 10个 | 按设计图示数量计算 | 削线头、套绝缘管、焊接头、包缠绝缘带 | |
| 32 | 2－1635～1651 | 开关、按钮安装 | 开关、按键安装形式、种类，开关极数以及单控与双控 | 10套 | 按设计图示数量计算 | 测位、划线、打眼、缠埋螺栓、清扫盒子、上木台、缠钢丝弹簧垫、装开关和按钮、接线、装盖 | 未计价材料：开关、按钮 |
| 33 | 2－1652～1690 | 插座安装 | 电源相数、额定电流、安装形式、插孔 | 10套 | 按设计图示数量计算 | 测位、划线、打眼、缠埋螺栓、清扫盒子、上木台、缠钢丝弹簧垫、装插座、接线、装盖 | 未计价材料：插座 |

（续）

| 序号 | 项目编码或定额编号 | 项目名称 | 项目特征 | 计量单位 | 工程量计算规则 | 工程内容 | 有关说明 |
|---|---|---|---|---|---|---|---|
| 34 | 2－1691～1693 | 安全变压器安装 | 变压器容量 | 台 | 按设计图示数量计算 | 开箱，清扫、检查、测位、划线，打眼、支架安装、固定变压器、接线、接地 | 未计价材料：安全变压器 |
| 35 | 2－1694～1699 | 电铃安装 | 电铃直径、电铃号牌箱 | 套 | 按设计图示数量计算 | 测位、划线、打眼、埋木砖，上木底板、安电铃，焊接包头 | 未计价材料：电铃 |
| 36 | 2－1700～1701 | 门铃安装 | 安装形式 | 个 | 按设计图示数量计算 | 测位、打眼、埋塑料胀管，上螺钉，接线、安装 | 未计价材料：门铃 |
| 37 | 2－1702～1704 | 风扇安装 | 风扇种类 | 台 | 按设计图示数量计算 | 测位、划线、打眼、固定吊钩、安装调速开关、焊接包头、接地 | 未计价材料：风扇 |
| 38 | 2－1705～1710 | 盘管风机三速开关、请勿打扰灯、须刨插座、钥匙取电器等 | 型号、规格 | 套 | 按设计图示数量计算 | 开箱、清点、测位、划线、打眼、安装、接地调试 | 未计价材料：盘管风机三速开关、请勿打扰灯、须刨插座、钥匙取电器等 |

表7-6　盘、箱、柜的外部进出线预留长度

| 序号 | 项　目 | 预留长度(m) | 说　明 |
|---|---|---|---|
| 1 | 各种箱、柜、盘、板、盒 | 高+宽 | 盘面尺寸 |
| 2 | 单独安装的铁壳开关、自动开关、刀开关、起动器、箱式电阻器、变阻器 | 0.5 | 从安装对象中心算起 |
| 3 | 继电器、控制开关、信号灯、按钮、熔断器等小电器 | 0.3 | 从安装对象中心算起 |
| 4 | 分支接头 | 0.2 | 分支线预留 |

表7-7　导线进入开关、柜、箱、设备预留长度表

| 序号 | 项　目 | 预留长度(m) | 说　明 |
|---|---|---|---|
| 1 | 各种箱、柜、盘、板、盒 | 高+宽 | 盘面尺寸 |
| 2 | 单独安装(无箱、盘)的铁壳开关、闸刀开头、起动器、母线槽进出线盒 | 0.3 | 从安装对象中心算起 |
| 3 | 由地面管子出口引至动力接线箱 | 1.0 | 从管口算起 |
| 4 | 由电源与管内导线连接(管内穿线与硬、软母线接头) | 1.5 | 从管口算起 |
| 5 | 出户线(或进户线) | 1.5 | 从管口算起 |

表7-8　灯泡(管)、灯具伞损耗率

| 材料名称 | 损耗率/% |
|---|---|
| 白炽灯 | 3.0 |
| 荧光灯、水银灯泡 | 1.5 |
| 玻璃灯伞罩 | 5.0 |

**【例7-1】**　图7-6是某工程局部照明平面图,计算配管和配线的清单工程量和计价工程量。

**解:**首先需要弄清楚该照明工程图的布管方式和导线的根数,如图7-7所示。配管与配线清单工程量和计价工程量计算如表7-9所列。

**2. 建筑防雷及接地工程**

(1)项目设置及套用子目依据同建筑电气照明工程。

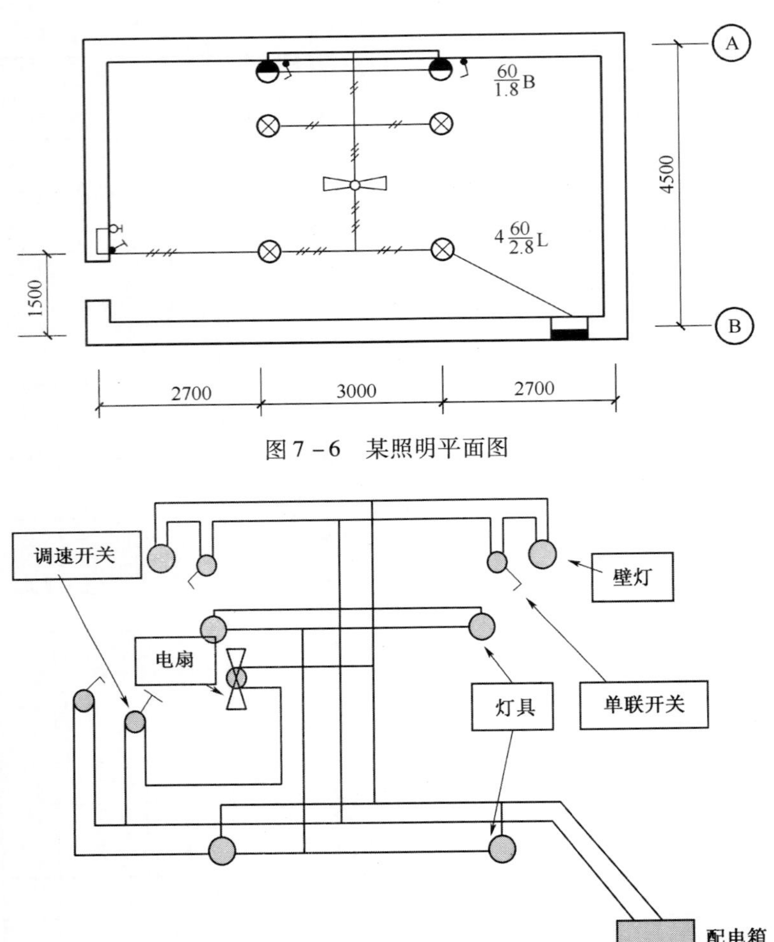


图7－6 某照明平面图



图7－7 某照明接线图

表7－9 配管配线工程量计算表

| 序号 | 项目编码或定额编号 | 项目名称 | 单位 | 数量 | 部位提要 | 计算式 |
|---|---|---|---|---|---|---|
| 1 | 030212001001 | 电气配管（PVC15，沿砖、混凝土结构暗配） | m | 31.4 | ①回 | 同下式 |

（续）

| 序号 | 项目编码或定额编号 | 项目名称 | 单位 | 数量 | 部位提要 | 计算式 |
|---|---|---|---|---|---|---|
| 2 | 2－1097 | PVC15，沿砖、混凝土结构暗配 | 100m | 0.314 | ①回 | (3.44－1.5－0.5)[配电箱引出、埋墙敷设两根线]＋(2.7－0.3＋1.5)[④轴至③轴两根线]＋(3÷2)[③轴至②轴穿三根导线]＋(3÷2)[③轴至②轴穿四根导线]＋2.7[②轴至①轴四根]＋1[至吊扇四根]＋1[吊扇至灯具三根]＋1[灯具至A轴两根]＋3×2[去花灯及壁灯两根]＋(3.44－1.8)×2[壁灯垂直方向两根]＋(3.44－1.5)×4[至吊扇、灯具、壁灯开关两根] |
| 3 | 2－1378 | 开关盒暗装 | 10个 | 0.4 | ①回 | 3个灯具开关各一个开关盒，吊扇调速开关暗装一个 |
| 4 | 2－1377 | 接线盒暗装（灯头盒） | 10个 | 0.7 | ①回 | 6个灯具、1个吊扇处各安装一个 |
| 5 | 2－1377 | 接线盒暗装 | 10个 | 0.4 | ①回 | 导线分支处 |
| 6 | 030212003001 | 电气配线（BV－2.5，管内穿线） | m | 74.0 | ①回 | 同下式 |
| 7 | 2－1172 | 管内穿线，照明线路BV－2.5 | 100m | 0.74 | ①回 | [(3.44－1.5－0.5＋0.5＋0.3)×2]＋[(2.7－0.3＋1.5)×2]＋[(3÷2)×3]＋[(3÷2)×4]＋(2.7×3)＋(1×4)＋(1×3)＋1×2＋[3×2×2]＋[3.44－1.8)×2×2]＋[(3.44－1.5)×4×2] |

(2)工程量计算步骤同建筑电气照明工程。

建筑防雷接地工程常用清单项目设置与对应组价子目一览表如表7－11所列。

(3)工程量计算案例。

**【例7－2】** 图7－8为某饲料厂主厂房，房顶的长和宽分别为30m和11m，层高4.5m，共五层，女儿墙高度0.6m，室内外高差0.45m。女儿墙顶敷设$\Phi$8镀锌圆钢避雷网，$\Phi$8镀锌圆钢引下线自两角引下，在距室外自然地平1.8m处断开，在距建筑物3m处，设三根2.5m长L50×5角钢接地极，打入地下 0.8m，顶部用 -40×4 镀锌扁钢连通，在引下线断接处和引下线连接。计算清单工程量和计价工程量。

**解：**依题意计算，工程量计算表如表 7-10 所列。

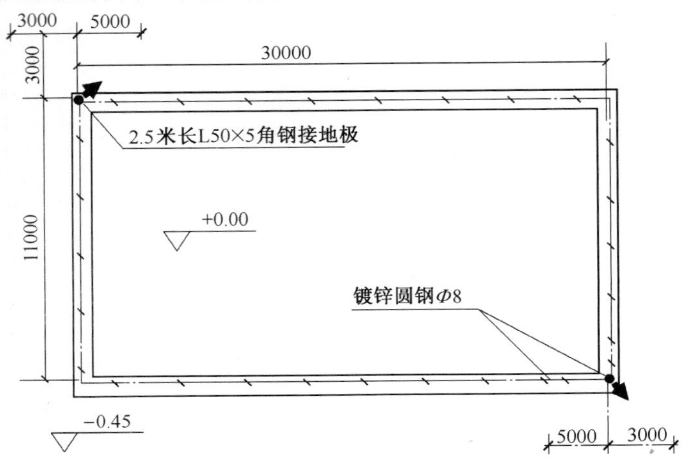


图 7-8 防雷接地平面图

表 7-10 工程量计算表

| 序号 | 项目编码或定额编号 | 项目名称 | 单位 | 数量 | 工程量计算式 |
|---|---|---|---|---|---|
| 1 | 030209002001 | 避雷装置 | 项 | 1 | |
| 2 | 2-749 | 避雷网敷设 | 10m | 8.52 | (30+11)×2×1.039 |
| 3 | 2-745 | 引下线敷设 | 10m | 4.52 | (4.5×5+0.6+0.45-1.8)×2×1.039 |
| 4 | 030209001001 | 接地装置 | 项 | 1 | |
| 5 | 2-696 | 接地母线 | 10m | 3.24 | (1.8+0.8+3+10)×2×1.039 |
| 6 | 2-690 | 接地极安装 | 根 | 6 | 2×3 |
| 7 | 2-747 | 断接卡制作 | 10套 | 0.2 | |
| 8 | 030211008001 | 接地装置调试（接地电阻测试） | 系统 | 1 | |
| 9 | 2-885 | 接地极测试 | 组 | 2 | |

防雷及接地装置常用清单项目设置与对应定额如表 7-11 所列。

**3. 建筑弱电工程**

(1)项目设置及套用子目依据同建筑电气照明工程。

(2)工程量计算步骤同建筑电气照明工程。

建筑弱电工程常用清单项目设置与对应组价子目一览表如表 7-12 所列。

表7－11 防雷及接地装置常用清单项目设置与对应组价定额一览表

| 序号 | 项目编码或定额编号 | 项目名称 | 项目特征 | 计量单位 | 工程量计算规则 | 工程内容 | 有关说明 |
|---|---|---|---|---|---|---|---|
| 1 | 030209001 | 接地装置 | 1. 接地母线材质、规格<br>2. 接地极材质、规格 | 项 | 按设计图示尺寸 | 1. 接地极（板）制作、安装<br>2. 接地母线敷设 | |
| 2 | 2－688～695 | 接地极板制作安装 | 钢管接地极、角钢接地极、圆钢接地极板 | 根 | 按设计长度计算 | 尖端及加固帽加工、接地极打入地下及埋设、下料、加工、焊接 | 设计无规定时，每根按2.5m计算，若设计有管帽时，管帽另按加工计算 |
| 3 | 2－696～698 | 接地母线敷设 | 户内接地母线敷设、户外接地母线敷设截面(200、600mm以内)、铜接地线线敷设截面（150、250mm以内） | 10mm | 按设计长度计算 | 挖地沟、接地线平直、下料、测位、打眼、埋卡子、煨弯、敷设、焊接、回填土夯实、刷漆 | 其长度按施工图设计的水平和垂直长度另加3.9%的附加长度，计算主材费时另加规定的损耗率 |
| 4 | 2－701～703 | 接地跨接线安装 | 接地跨接线（10处）、构架接地（处）、钢铝窗接地（10处） | 10处 | 按规程规定凡需作接地的工程内容，每跨接一处按一处计算 | 下料、钻孔、煨弯、挖填土、固定、刷漆 | |
| 5 | 030209002 | 避雷装置 | 受雷体名称、材质、规格、技术要求；引下线材质、规格、技术要求；接体极材质、规格、技术要求 | 项 | 按设计图示数量计算 | 避雷针（网）制作、安装；引下线敷设、断接卡子制作、安装；拉线制作、安装；接地极（板、桩）制作、安装 | |

（续）

| 序号 | 项目编码或定额编号 | 项目名称 | 项目特征 | 计量单位 | 工程量计算规则 | 工程内容 | 有关说明 |
|---|---|---|---|---|---|---|---|
| 6 | 2－744～746 | 避雷引下线敷设 | 敷设方式（利用金属构件引下；沿建筑、构筑物引下；利用建筑物主筋引下） | 10m | 根据施工图计算的长度另加3.9%的附加长度 | 平直、下料、测位、打眼、埋卡子、焊接、固定、刷漆 | 利用建筑物内主筋作接地引下线安装，每一柱子内按焊接两根主筋考虑，如果焊接主筋超过两根时可按比例调整，主要材料引下线 |
| 7 | 2－747 | 断接卡子制作安装 | 规格 | 10套 | 按设计规定装置的断接卡子数量计算 | 制作、安装 | 接地检查井内的断接卡子安装按每井一套计算，井的制作执行土建相应定额 |
| 8 | 2－748～752 | 避雷网安装 | 敷设方式（沿混凝土块敷设、沿折板支架敷设、均压环敷设（利用圈梁钢筋）、柱主筋与圈梁钢筋焊接（10处）） | 10m | 根据施工图计算的长度另加3.9%的附加长度 | 平直、下料、测位、打眼、埋卡子、焊接、固定、刷漆 | 圈梁钢筋焊接，按二根钢筋考虑 |
| 9 | 030211008 | 接地装置 | 类别 | 系统 | 按设计图示系统计算 | 接地电阻测试 | |
| 10 | 2－885～886 | 接地装置接地电阻测试 | 独立接地装置（6根接地极以内（组））、接地网（系统） | 组 | 按设计图示数量计算 | 接地电阻测试 | |

表7-12 建筑弱电工程常用清单项目设置与对应组价子目一览表

| 序号 | 项目编码或定额编号 | 项目名称 | 项目特征 | 计量单位 | 工程量计算规则 | 工程内容 | 有关说明 |
|---|---|---|---|---|---|---|---|
| 1 | — | 室内电缆电视系统 | | | | | |
| 2 | 030204018 | 前端放大箱 | 型号、规格 | 台 | 按设计图示数量计算 | 安装 | 同照明配电箱 |
| 3 | 12-5-1 | 电视设备箱安装 | 安装方式(明、暗装) | 台 | 按设计图示数量计算 | 安装 | 未计价材料:电视设备箱 |
| 4 | 030212001 | 电缆电视线路配管 | 名称、材质、规格、配置形式及部位 | m | 按设计图示尺寸以延长米计算,不扣除管路中间的接线盒、所占的长度 | 电线管路敷设、插座盒安装、防腐油漆、接地 | 同照明、动力线路的“配管、配线” |
| 5 | 2-975~1168 | 配管 | 规格、材质、建筑结构形式及敷设部位 | 10m | 按设计图示数量计算 | 测位、划线、打眼、刨沟,锯管、套丝、煨弯、配管、接地、刷漆 | |
| 6 | 12-5-99~100 | 用户终端盒安装 | 明装、暗装 | 10个 | 按设计图示数量计算 | 检查器件、安装固定、做接头、布线连接、清理暗盒、连线调试 | 未计价材料:用户终端盒 |
| 7 | 12-5-101~102 | 埋设暗盒 | 尺寸(86×86、75×100,200×150) | 10个 | 按设计图示数量计算 | 现场勘察设计、剔槽(孔、洞)、埋管、回敷、清理管道、埋设暗盒 | 未计价材料:用户暗盒 |

（续）

| 序号 | 项目编码或定额编号 | 项目名称 | 项目特征 | 计量单位 | 工程量计算规则 | 工程内容 | 有关说明 |
|---|---|---|---|---|---|---|---|
| 8 | 030212003 | 电视电缆配线 | 1. 配线形式<br>2. 导线型号、材质<br>3. 敷设部位或线制 | m | 按设计图示尺寸以单线延长米计算 | 管内穿线 | |
| 9 | 12－5－6～7 | 穿放射频传输电缆 | 敷设部位（管/暗槽内穿放）、规格（$\phi$9mm 以内或以外） | 100m | 按设计图示数量计算<br>工程量＝（管长＋预留），接箱体时预留 | 开箱、线缆检查、编号、安装（穿放）、断线、固定、临时封头、清理场地 | 未计价材料为同轴电缆 |
| 10 | 12－5－94～95 | 放大器安装 | 明装、暗装 | 10个 | 按设计图示数量计算 | 开箱检验、固定保护箱、装放大器、引入工作电源 | 未计价材料：放大器 |
| 11 | 12－5－96～97 | 用户分支器、分配器 | 明装、暗装 | 10个 | 按设计图示数量计算 | 检查器件、清理端口、清理暗盒、做接头、整理布线 | 未计价材料：用户分支器、分配器 |
| 12 | 12－5－112 | 调试用户终端 | | 户 | 按设计图示数量计算 | 测试用户终端、记录、整理、预置用户电视频道等 | 除天线调试外，以用户终端为准 |
| 13 | 二 | 室内电话系统 | | | | | |
| 14 | 030204018 | 电话组线箱 | 规格、型号 | 台 | 按设计图示数量计算 | 同照明配电箱 | 同照明配电箱 |

（续）

| 序号 | 项目编码或定额编号 | 项目名称 | 项目特征 | 计量单位 | 工程量计算规则 | 工程内容 | 有关说明 |
|---|---|---|---|---|---|---|---|
| 15 | 12－1－109～114 | 成套电话组线箱安装 | 明装、暗装（容量50、100、200对） | 台 | 按设计图示数量计算 | 组线箱安装、接地 | 未计价材料：成套电话组线箱 |
| 16 | 030212001 | 电话线配管 | 名称、材质、规格、配置形式及部位 | m | 按设计图示尺寸以延长米计算，不扣除管路中间的接线盒、插座盒所占的长度 | 电线管路敷设；<br>插座盒安装；<br>防腐油漆；<br>接地 | |
| 17 | 2－975～1168 | 电话线管路敷设 | 敷设方式、敷设位置、管材材质、规格 | 100m | 按设计图示尺寸以延长米计算，不扣除管路中间的接线箱（盒）、所占的长度 | 测位、划线、打眼、刨沟、锯管、套丝、煨弯、配管、接地、刷漆 | 钢索架设及拉紧装置安装、支架制作安装另套子目。防腐油漆、接地含在电线管路敷设工作内容中，特殊要求除外。未计价材料：电线管、钢管、塑料管等 |
| 18 | 12－1－115～118 | 电话出线口安装 | 型号（普通型、插座型（单联、双联）） | 个 | 按设计图示数量计算 | 面板安装、接线 | |
| 19 | 2－1377 | 插座盒安装 | 规格（钢制、塑料） | 10个 | 按设计图示数量计算 | 测位、1打眼、埋螺栓、箱子开孔、刷漆、固定 | 未计价材料：插座盒 |

（续）

| 序号 | 项目编码或定额编号 | 项目名称 | 项目特征 | 计量单位 | 工程量计算规则 | 工程内容 | 有关说明 |
|---|---|---|---|---|---|---|---|
| 20 | 12－1－119 | 电话中途箱安装 | 规格、型号 | 台 | 按设计图示数量计算 | 稳装箱、接地 | 箱盒为未计价材料 |
| 21 | 2－1377 | 分线盒安装 | 规格、型号 | 10个 | 按设计图示数量计算 | 安装 | 同接线盒安装 |
| 22 | 030212003 | 电话配线 | 1. 配线形式<br>2. 导线型号、材质<br>3. 敷设部位或线制 | m | 按设计图示尺寸以单线延长米计算 | 1. 支持体（夹板、绝缘子、槽板等）安装<br>2. 支架制作、安装<br>3. 钢索架设（拉紧装置安装）<br>4. 配线<br>5. 管内穿线 | 线夹配线、绝缘子配线、槽板配线、塑料护套线明敷设、线槽配线等另套子目 |
| 23 | 12－1－95 | 穿放户内电话线 | 容量（对数） | 100m | 以单线延长米计算<br>管内穿线长度＝（配管长度＋导线预留长度）（导线预留长度如表7－7所示） | 开箱、线缆检查、编号安装（穿放）、断线、固定、临时封头、清理场地 | 线路分支接头线的长度已综合考虑在定额中，不另行计算。未计价材料：电话线 |
| 24 | 12－1－96～101 | 管内穿放电话线 | 容量（10、20、30、50、100、200对） | 100m | 按设计图示数量计算（管长＋预留量（组线箱）） | 同上 | 从交接箱为界计算室内工程量 |
| 25 | 12－2－208 | 电话系统调试 | | 台 | 按设计图示数量计算 | 安装、连线、试验、开通 | |

(3)工程量计算案例。

**【例 7 - 3】**　某住宅平面图和系统图(图 7 - 9、图 7 - 10、图 7 - 11),该工程为 6 层砖混结构,砖墙、钢筋混凝土预应力空心板,层高 3.2m ,房间均有 0.3m 高吊顶。电话系统工程内容:进户前端箱 STO - 50 - 400 × 650 × 160 与市话电缆 HYQ - 50(2 × 0.5) - SC50 - FC 相接,箱安装距地面 0.5m。层分配箱(盒)安装距地 0.5m ,干管及到各户线管均为焊接钢管暗敷设。有线电视系统工程内容:前端箱安装在底层距地 0.5m 处,用 SYV - 75 - 5 - 1 同轴射频电缆、穿焊接钢管 SC20 暗敷设。电源接自每层配电箱。两系统工程施工图预算一律从进户各总箱起计算,总箱至室外的进户管线均未计算。计算清单工程量和计价工程量。

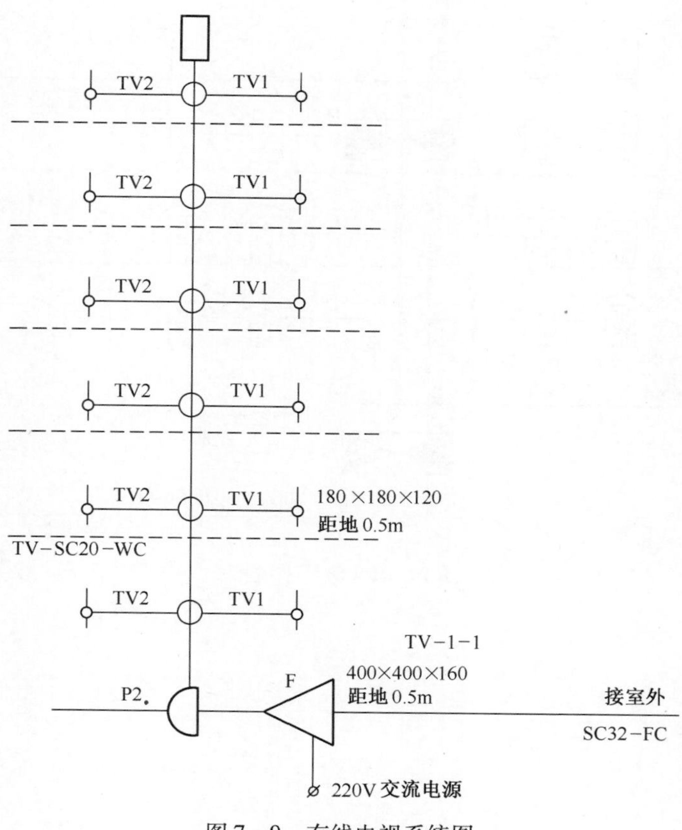


图 7 - 9　有线电视系统图

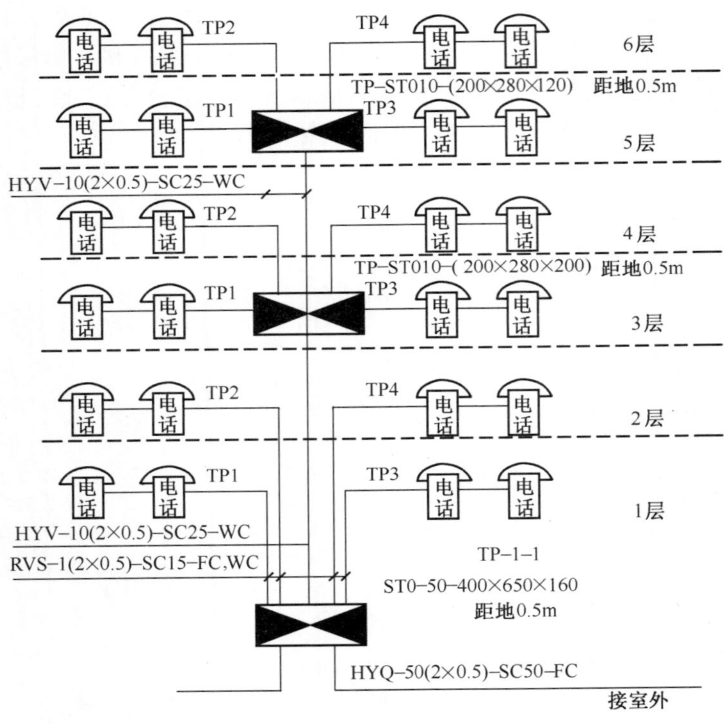
TP2
TP4
电话
6层
TP-ST010-(200×280×120) 距地0.5m
TP1
TP3
5层
HYV-10(2×0.5)-SC25-WC
TP2
TP4
4层
TP-ST010-( 200×280×200) 距地0.5m
TP1
TP3
3层
TP2
TP4
2层
TP1
TP3
1层
HYV-10(2×0.5)-SC25-WC
RVS-1(2×0.5)-SC15-FC,WC
TP-1-1
ST0-50-400×650×160
距地0.5m
HYQ-50(2×0.5)-SC50-FC
接室外

图 7－10 电话系统图

**解**:清单工程量和计价工程量计算如表7－13所列。

## 7.3　建筑电气工程量清单综合单价组价

### 1. 综合单价的确定方法

综合单价是采用地方定额或企业定额组价。本章以《江苏省安装工程计价表》(第二册)为例对相应子目进行组价。

根据施工图、计价表工程量计算规则,计算计价工程量;选套计价表子目;计算应计入分部分项工程综合单价内的有关费用,如主材费(未计价材料)、超高增加费、高层建筑增加费等;计算分部分项工程费用合计;由合计值除以清单工程量,即为该分部分项工程综合单价。

### 2. 综合单价组价案例

**【例7－4】**　计算【例7－1】题的对应的配管配线工程量清单综合单价。

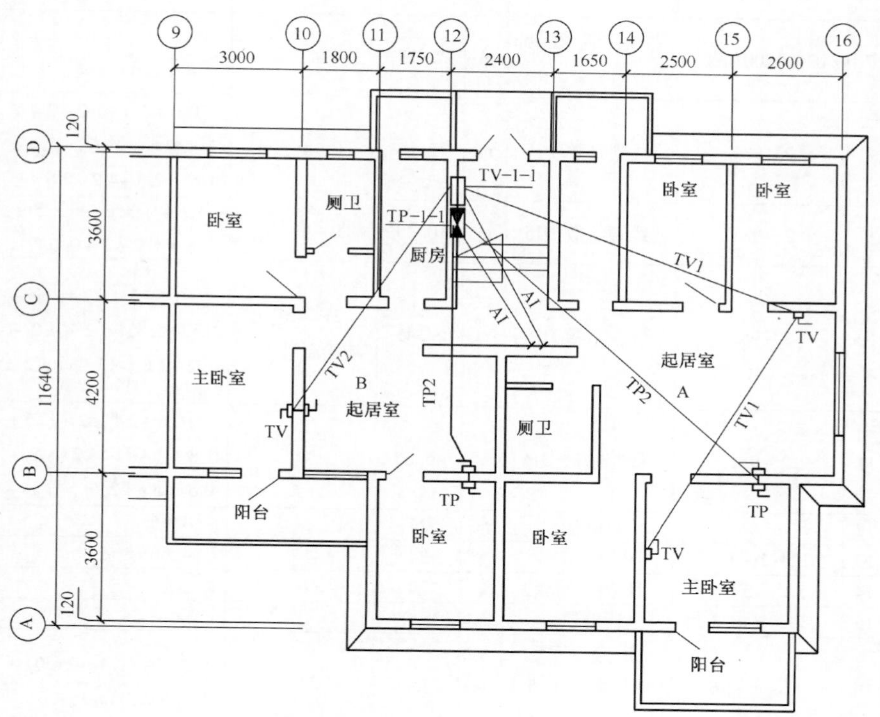


图7－11　电话、有线电视布面图

表 7－13　工程量计算表

| 序号 | 项目编码 | 项目名称 | 单位 | 数量 | 部位提要 | 计算式 |
|---|---|---|---|---|---|---|
| 1 | — | 电话系统 | | | | |
| 2 | 030204018001 | 电话交接箱 | 台 | 1 | | |
| 3 | 12－1－112 | 进户电话交接箱（50 对） | 个 | 1 | TP－1－1 | 尺寸 0.4m×0.65m×0.16m |
| 4 | 12－1－119 | 层端子箱暗装（电话中途箱） | 个 | 2 | TP－ST010 | 尺寸 0.2m×0.28m×0.12m |
| 5 | 030212001001 | 电话线配管 DN25 | m | 22.60 | | |
| 6 | 2－983 | 线管暗敷 DN25 | m | 22.60 | 立管 | 0.6+3.6+1.2+2.4÷2+5 ×3.2 |
| 7 | 030212001002 | 电话线配管 DN15 | m | 22.15 | | |
| 8 | 2－981 | 线管暗敷 D15 | m | 22.15 | TP－1－A1 | 0.6+3.6+1.2+2.4÷2+0.6+3.6+2.4+1.65+2.5+4.2+0.6 |
| 9 | 2－981 | 线管暗敷 D15 | m | 10.45 | TP－1－B1 | 0.6+3.6+1.75+1.8+4.2÷2+0.6 |
| 10 | 2－981 | 线管暗敷 D15 | m | 64.45 | 2F～6F 层端箱至 A 户 | (0.6+2.4÷2+1.65+2.5+2.85 ÷2+4.2－1.2+0.6 )×5+3×3.2 |
| 11 | 2－981 | 线管暗敷 D15 | m | 46.85 | 2F～6F 层端箱至 B 户 | [0.6+2.4 ÷2+1.75+1.8+(4.2－1.2)÷2+0.6]×5+3.2×3 |
| 12 | | 用户电话 | 部 | 24 | | 4×6 |
| 13 | 12－1－117 | TP 插座暗装 | 个 | 24 | | 4×6 |
| 14 | 2－1377 | TP 插座暗盒 | 个 | 24 | 4×6 | |
| 15 | 030208001001 | 电话电缆 | m | 25.09 | | |
| 16 | 12－1－96 | 管穿 HYV－10X（2×0.5）电话电缆 | m | 25.09 | | 22.6+(0.4+0.650)+(0.2+0.83)×3 |
| 17 | 030212003001 | 电话配线 | m | 302.32 | | |

（续）

| 序号 | 项目编码 | 项目名称 | 单位 | 数量 | 部位提要 | 计算式 |
|---|---|---|---|---|---|---|
| 18 | 12－1－95 | 管穿 RVS－2×0.5 软电话线 | m | 302.32 | | 143.12＋(0.4＋0.65)×4＋(0.2＋0.28)×8 |
| 19 | 2－329 | 端子板外接线 | 10个 | 10.4 | | 10×2×4＋2×14 |
| 20 | 12－2－218 | 电话系统调试 | 系统 | 1 | | |
| 21 | 二 | 电视系统 | | | | |
| 22 | 030204018001 | 前端放大箱 | 台 | 1 | | |
| 23 | 12－5－1 | 前端放大箱安装（电视设备箱） | 台 | 1 | TV－1－1 | 尺寸 0.4m×0.5m×0.16m |
| 24 | 030212001001 | 电缆电视线路配管 | m | 200.63 | | |
| 25 | 2－982 | TV 线管暗敷 D20 | m | 200.63 | | (0.6＋3.6＋1.2＋2.4÷2＋1.5)[TV－1－1 至 L1]＋(0.6＋3.6＋1.2＋2.4÷2＋0.6)[TV－1－1 至一层分支箱]＋(3.2×5)[一层分支箱至顶]＋(0.6＋3.6＋2.4＋1.65＋2.5＋2.85÷2＋0.6＋0.6＋4.2＋3.7＋3.6÷2＋0.6)[TV－1－1 至 A 户]＋(0.6＋3.6＋1.75＋1.8＋4.2÷2＋0.6)[TV－1－1 至 B 户]＋[(0.6＋1.2＋2.4÷2＋1.65＋2.5＋2.85÷2＋0.6＋0.6＋4.2＋3.6÷2＋0.6)×5][2F～6F，分支箱至 A 户]＋[(0.6＋2.4÷2＋1.75＋1.8＋4.2÷2＋0.6)×5][2F～6F，分支箱至 B 户]＝200.63 |
| 26 | | 二分支器 | 个 | 6 | | |
| 27 | 12－5－97 | 二分支器暗装 | 个 | 6 | | 尺寸 0.18m×0.18m×0.12m |
| 28 | 12－5－100 | TV 用户插座暗装 | 个 | 24 | | 4×6 |

（续）

| 序号 | 项目编码 | 项目名称 | 单位 | 数量 | 部位提要 | 计算式 |
|---|---|---|---|---|---|---|
| 29 | 12－5－102 | TV 插座暗盒安装 | 个 | 24 | | 4×6 |
| 30 | 030212003001 | 电气配线 SYV－75－5 | m | 201.71 | | |
| 31 | 12－5－6 | 管穿同轴电缆 SYV－75－5 | m | 201.71 | | 192.53 ＋（00.4 ＋0.5）＋2×0.18×23 |
| 32 | 030212003002 | 电气配线 BV－3×2.5 | m | 30 | | |
| 33 | 2－1172 | 管穿电源线 BV－3×2.5 | m | 30 | | ［8.1＋(0.4＋0.5)＋(0.5＋0.5)］×3 |
| 34 | 12－5－112 | 系统调试 | 户 | 12 | | 6×2 |

**解**：清单计价表如表 7－14 所列。

表 7－14 配管配线工程量清单综合单价组价表

| 序号 | 项目编码或定额编号 | 项目名称 | 计量单位 | 工程数量 | 综合单价（元） | 合价（元） |
|---|---|---|---|---|---|---|
| 1 | 030212001001 | 电气配管（PVC15，沿砖、混凝土结构暗配） | m | 31.4 | 8.72 | 273.95 |
| 2 | 2－1097 | PVC15，沿砖、混凝土结构暗配 | 100m | 0.314 | 200.67 | 63.01 |
| | | 塑料管 PVC15 | m | 31.4 | 1.0607×3.00 | 99.92 |
| 3 | 2－1378 | 开关盒暗装 | 10 个 | 0.4 | 20.64 | 8.26 |
| | | 开关盒 | 个 | 4 | 1.02×5.10 | 20.81 |
| 4 | 2－1377 | 接线盒暗装（灯头盒） | 10 个 | 0.7 | 22.48 | 15.74 |
| | | 灯头盒 | 个 | 7 | 1.02×5.10 | 36.41 |
| 5 | 2－1377 | 接线盒暗装 | 10 个 | 0.4 | 22.48 | 8.99 |
| | | 接线盒 | 个 | 4 | 1.02×5.10 | 20.81 |
| 6 | 030212003001 | 电气配线（BV－2.5，管内穿线） | m | 74.0 | 1.91 | 141.19 |
| 7 | 2－1172 | 管内穿线，照明线路 BV－2.5 | 100m | 0.74 | 51.59 | 38.18 |
| | | BV－2.5 绝缘导线 | m | 74 | 1.16×1.20 | 103.01 |

## 习　题

1. 简要说明建筑照明电气系统由哪几个部分组成,各部分的作用是什么?

2. 简要说明电气施工图中线路敷设和灯具的标注方式。

3. 简要说明电气工程中配管配线工程量一般应按什么样的顺序进行计算。

4. 电气配管敷设的方式有哪几种,施工时各有何要求?

5. 以一间教室为例,计算其照明电气配管配线、灯具、开关工程量。

# 第8章　建筑给排水、采暖工程计量与计价

**学习要求**

了解建筑给排水工程、建筑采暖工程的系统组成；熟悉建筑给排水及采暖工程施工图识读方法；熟悉建筑给排水及采暖工程清单项目设置及组价定额的应用；掌握按相应工程量计算规则进行清单工程量计算和计价表工程量计算，并确定清单综合单价。

## 8.1　建筑给排水、采暖工程基本知识

### 1. 建筑给排水工程

1)室内给排水系统的组成

室内给水系统由引入管、水表、管道、管道附件、储水设备、消防设备等组成。

室内排水系统由卫生器具或污水收集器、排水管道、通气装置、清通设备及某些特殊的设备组成。

2)给排水施工图识读

(1)常用图例符号。给排水工程图常用图例符号如表8-1所列。

(2)管道标注形式。

①标高。管道的标高符号一般标注在管道的起点或终点，标高的数字对于给水管道是指管道中心处的位置相对于±0.000的高度；对于排水管道则是指管子内底的相对标高。标高的单位是米。

②坡度。管道的坡度符号可标注在管子的上方或下方，其箭头所指的一端是管子较低一端，一般表示为i=×××。如i=0.005表明管道的坡度为千分之五。

③直径。管道直径一般用公称直径标注，一段管子的直径一般标注在该段管子的两端，而中间不再标注。

(3)管道上下拐弯在平面图上的表示(图8-1)。

表 8－1　给排水工程图常用图例符号

| 符号 | 名称 | 符名 | 名称 |
|---|---|---|---|
| | 给水管道 | | 闸阀 |
| | 排水管道 | | 止回阀 |
| | 热水/回水管道 | | 截止阀 |
| | 地漏 | | 室内消火栓 |
| | 清扫口 | | 压力表 |
| | 存水弯 | | 喷头 |
| | 伸缩节 | | 放水龙头 |
| | 检查口 | | 检查井、阀门井 |
| | 通气帽 | | 管堵 |
| | 盥洗槽 | | 蹲式大便器 |
| | 延时自闭冲洗阀 | | 污水池 |
| | 雨水口 | HC | 矩形化粪池 |
| | 水表井 | | 立式小便器 |

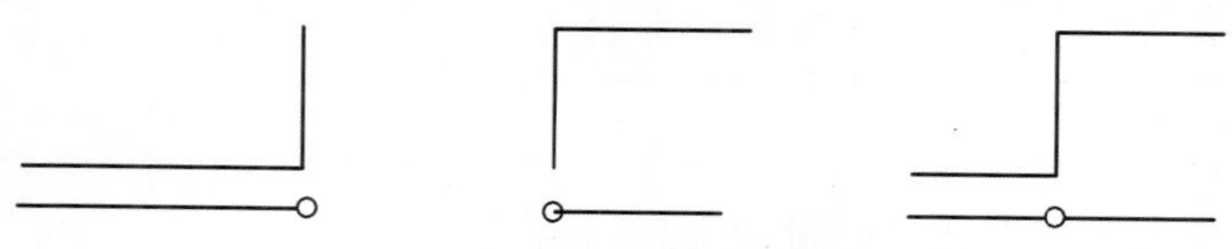

图 8－1　管道上下拐弯在平面图上的表示

**2. 建筑采暖工程**

1）建筑采暖系统的组成

室内采暖系统是由入口装置、室内管道、管道附件、散热器等组成的。

2）采暖工程施工图识读

（1）常用图例符号。

采暖工程图常用图例符号如表 8－2 所列。

表 8－2 采暖工程图常用图例符号

| 符号 | 名称 | 说明 | 符号 | 名称 | 说明 |
|---|---|---|---|---|---|
|  | 供水（汽）管 |  |  | 疏水器 | 也可用 |
|  | 回（凝结）水管 |  |  | 自动排气阀 |  |
|  | 绝热管 |  |  | 集气罐、排气装置 |  |
|  | 套管补偿器 |  |  | 固定支架 | 右为多管 |
|  | 方形补偿器 |  |  | 丝堵 | 也可表示为: |
|  | 波纹管补偿器 |  | $i$=0.003 或 $i$=0.003 | 坡度及坡向 |  |
|  | 弧形补偿器 |  | 或 | 温度计 | 左为圆盘式温度计<br>右为管式温度计 |
|  | 止回阀 | 左图为通用<br>右图为升降式止回阀 | 或 | 压力表 |  |
|  | 截止阀 |  |  | 水泵 | 流向：自三角形底边至顶点 |
|  | 闸阀 |  |  | 活接头 |  |
| 15 15 | 散热器及手动放气阀 | 左为平面图画法<br>右为系统图画法 |  | 可曲挠接头 |  |
| 15 15<br>15 15 | 散热器及控制器 | 左为平面图画法<br>右为系统图画法 |  | 除污器 | 左为立式除污器，<br>中为卧式除污器，<br>右为 Y 型过滤器 |

（2）管道标注形式同给排水工程。

（3）散热器标注形式。

①柱型、长翼型散热器只注数量（片数）。

②圆翼型散热器应注根数、排数，如 3×2（每排根数×排数）。

③光管散热器应注管径、长度、排数，如 D108×200×4［管径（mm）×管长（mm）×排数］。

④闭式散热器应注长度、排数，如 1.0×2［长度（m）×排数］。

（4）散热器与管道连接方式。平面图中散热器与管道连接如图 8－2

所列。

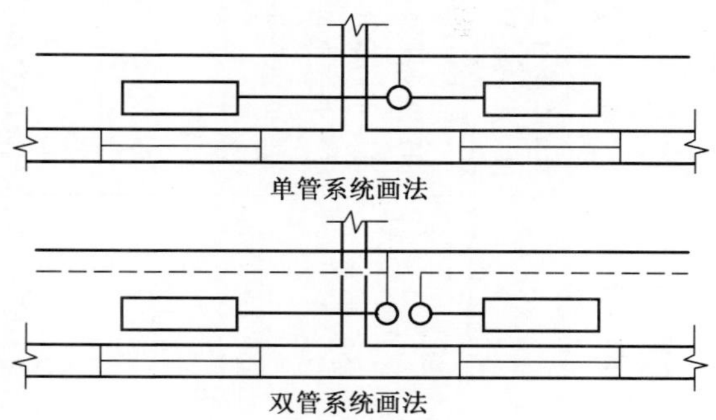


图 8－2　平面图中散热器与管道连接

## 8.2　建筑给排水、采暖工程项目设置及工程量计算

### 1. 建筑给排水工程

1）给排水管道界线划分

（1）给水管道。室内外给水管道界线的划分是以建筑外墙皮 1.5m 为界。入口处设阀门者以阀门为界。

（2）排水管道

室内外排水管道界线的划分，是以出户第一个排水检查井为界。

2）项目设置及工程量计算

（1）项目设置及套用子目依据。

①《建设工程工程量清单计价规范》（2008）。

②《江苏省建设工程工程量清单计价项目指引》。

③《江苏省安装工程计价表》（2004）（第八册 给排水、采暖、燃气工程）。

（2）工程量计算步骤。

①列出清单项目，按项目特征要求描述项目名称，编制详细项目编码，根据工程量计算规则，计算清单工程量，统一计量单位。

②根据施工图确定清单实际工程内容，套用计价表中的组价子目。

③根据组价子目的工程量计算规则进行计价工程量计算，统一计量单位。

建筑给排水工程常用清单项目设置与对应组价子目一览表如表 8－3 所列。

表8-3　室内给水排水工程清单项目设置与对应组价定额一览表

| 序号 | 项目编码或定额编号 | 项目名称 | 项目特征 | 计量单位 | 工程量计算规则 | 工程内容 | 有关说明 |
|---|---|---|---|---|---|---|---|
| 1 | — | 管道安装 | | | | | |
| 2 | 030801001 | 镀锌钢管 | 安装部位;输送介质;材质;型号、规格;连接方式;套管形式、材质、规格;接口材料;除锈、刷油、防腐、绝热及保护层设计要求 | m | 按设计图示管道中心线长度以延长米计算,不扣除阀门、管件及各种井类所占的长度;方形补偿器以其所占长度按管道安装工程量计算 | 1. 管道、管件及弯管的制作、安装<br>2. 管件安装<br>3. 套管制作、安装<br>4. 管道除锈、刷油、防腐<br>5. 管道绝热及保护层安装、除锈、刷油<br>6. 给水管道消毒、冲洗<br>7. 水压试验 | 给水工程常用管材还有PP-R、PP-C、PE塑料管、塑料复合管、铜管等,根据管道材质不同套用相应子目。也可作为热水供应工程管材 |
| 3 | 8-87~97 | 镀锌钢管(螺纹连接) | 公称直径 | 10m | 按设计图示管道中心线长度以延长米计算,不扣除阀门、管件及各种井类所占的长度 | 打堵洞眼、切管、套丝、上零件、调直、栽钩卡及管件安装、水压试验 | 包含DN32以下的管道支架制作安装。未计价材料:镀锌钢管 |

（续）

| 序号 | 项目编码或定额编号 | 项目名称 | 项目特征 | 计量单位 | 工程量计算规则 | 工程内容 | 有关说明 |
|---|---|---|---|---|---|---|---|
| 4 | 030801003 | 承插铸铁管 | 安装部位；输送介质；材质；型号、规格；连接方式；套管形式、材质、规格；接口材料；除锈、刷油、防腐、绝热及保护层设计要求 | m | 按设计图示管道中心线长度以延长米计算，不扣除阀门、管件及各种井类所占的长度；方形补偿器以其所占长度按管道安装工程量计算 | 1. 管道、管件及弯管的制作、安装<br>2. 管件安装<br>3. 套管制作、安装<br>4. 管道除锈、刷油、防腐<br>5. 管道绝热及保护层安装、除锈、刷油<br>6. 给水管道消毒、冲洗<br>7. 水压试验 | 排水工程常用管材还有UPVC塑料管、塑料复合管、钢管等，根据管道材质不同套用相应子目 |
| 5 | 8－138～140 | 承插铸铁排水管（石棉水泥接口） | 公称直径 | 10m | 按设计图示管道中心线长度以延长米计算，不扣除阀门、管件及各种井类所占的长度 | 切管、管道及管件安装、调制接口材料、接口养护、水压试验 | 承插铸铁排水管为未计价材料 |
| 6 | 8－169～177 | 镀锌铁皮套管制作 | 公称直径 | 10m | | 下料、卷制、咬口 | |
| 7 | 030802001 | 管道支架制作安装 | 形式；除锈标准、刷油设计要求 | kg | 按设计图示质量计算 | 制作、安装；除锈、刷油 | |

（续）

| 序号 | 项目编码或定额编号 | 项目名称 | 项目特征 | 计量单位 | 工程量计算规则 | 工程内容 | 有关说明 |
|---|---|---|---|---|---|---|---|
| 8 | 8－178 | 管道支架制作安装 | 一般管架 | 100kg | 公称直径 DN32 以上的，按支架钢材图示几何尺寸计算，不扣除切肢开孔重量，不包括电焊条和螺栓、螺母、垫片的重量 |  | 未计价材料：型钢（综合） |
| 9 | 11－1～50 | 除锈、刷油 |  |  |  |  | 套第十一册相关子目 |
| 10 | 三 | 管道附件制作安装 |  |  |  |  |  |
| 11 | 030803001 | 螺纹阀门 | 类型；材质；型号、规格 | 个 | 按设计图示数量计算 | 安装 | 根据连接方式不同，有螺纹法兰阀等，可套用对应的计价表子目 |
| 12 | 8－241～249 | 螺纹阀 | 公称直径 | 个 | 按设计图示数量计算 | 切管、套丝、制垫、加垫、上阀门、水压试验 | 未计价材料：阀门 |
| 13 | 030803009 | 法兰 | 材质；型号、规格、连接方式 | 副 | 按设计图示数量计算 | 安装 | 分为铸铁法兰（螺纹连接）和碳钢法兰（焊接），法兰为未计价材料。碳钢法兰（焊接）定额基价中已包括螺栓、螺帽，不得另行计算 |

（续）

| 序号 | 项目编码或定额编号 | 项目名称 | 项目特征 | 计量单位 | 工程量计算规则 | 工程内容 | 有关说明 |
|---|---|---|---|---|---|---|---|
| 14 | 8－179～188 | 铸铁法兰(螺纹连接) | 公称直径 | 副 | 按设计图示数量计算 | 切管、套丝、制垫、加垫、上法兰、组对、紧螺丝、水压试验 | 制作垫片的材料是按石棉板考虑的，如采用其他材料，不作调整 |
| 15 | 030803010 | 水表 | 材质；型号、规格；连接方式 | 组 | 按设计图示数量计算 | 安装 | 分螺纹水表、焊接法兰水表，水表为未计价材料。如定额中的阀门和止回阀与设计规定不同，按设计规定的调整 |
| 16 | 8－357～366 | 螺纹水表 | 公称直径 | 组 | 按设计图示数量计算 | 切管、套丝、制垫、安装、水压试验 | |
| 17 | 030803013 | 伸缩器 | 类型；材质；型号、规格；连接方式 | 个 | 按设计图示数量计算，方形伸缩器的两臂，按臂长的 2 倍合并在管道安装长度内计算 | 安装 | 分法兰式套筒伸缩器(分螺纹连接和焊接)和方形伸缩器制作安装。方形伸缩器制作安装中的主材费已包括在管道延长米中，不另行计算 |

（续）

| 序号 | 项目编码或定额编号 | 项目名称 | 项目特征 | 计量单位 | 工程量计算规则 | 工程内容 | 有关说明 |
|---|---|---|---|---|---|---|---|
| 18 | 8－203～206 | 螺纹连接法兰式套筒伸缩器安装 | 公称直径（DN25～DN50） | 个 | 按设计图示数量计算 | 切管、套丝、检修盘根、制垫、加垫、安装、水压试验 | 螺纹套筒伸缩器为未计价材料 |
| 19 | 8－207～216 | 焊接法兰式套筒伸缩器安装 | 公称直径（DN50～DN500） | 个 | 按设计图示数量计算 | 切管、检修盘根、对口、焊接法兰、制垫、加垫、安装、水压试验 | 计价表中已包括法兰螺栓、螺帽、垫片，不另行计算 |
| 20 | 四 | 卫生器具制作安装 | | | | | |
| 21 | 030804001 | 浴盆 | 材质；组装形式；型号；开关 | 组 | 按设计图示数量计算，浴盆的支架及四周侧面砌砖、粘贴的瓷砖，按土建定额计算 | 器具、附件安装，安装范围分界点：给水（冷、热）水平管与支管交接处；排水管在存水弯处 | 有搪瓷浴盆、玻璃钢浴盆、塑料浴盆3种类型各种型号，分冷水、冷热水、冷热水带喷头等几种形式，未计价材料包括：浴盆、冷热水嘴或冷热水嘴带喷头、排水配件 |
| 22 | 8－374～376 | 搪瓷浴盆 | 组装形式；型号；开关 | 10组 | 按设计图示数量计算 | 栽木砖、切管、套丝、盆及附件安装、上下水管连接、试水 | 分为冷水、冷热水、冷热水带喷头 |

（续）

| 序号 | 项目编码或定额编号 | 项目名称 | 项目特征 | 计量单位 | 工程量计算规则 | 工程内容 | 有关说明 |
|---|---|---|---|---|---|---|---|
| 23 | 030804003 | 洗脸盆 | 材质；组装形式；型号；开关 | 组 | 按设计图示数量计算 | 器具、附件安装，安装范围分界点：给水水平管与支管交接处；排水管垂直方向计算到地面 | 分为钢管组成式、铜管冷热水、立式冷热水、理发用冷热水、肘式开关、脚踏开关等洗脸盆。未计价材料包括洗脸盆、水嘴或肘式开关阀门、脚踏开关阀门 |
| 24 | 8－382～389 | 洗脸盆安装 | 材质；组装形式；型号；开关 | 10组 | 按设计图示数量计算 | 栽木砖、切管、套丝、上附件、盆及托架安装、上下水管连接、试水 | 计价表中已包括存水弯、角阀、截止阀、洗脸盆下水口、托架钢管等的材料价格，如设计材料品种不同时，可以换算 |
| 25 | 030804005 | 洗涤盆（洗菜盆） | 材质、组装形式、型号、开关 | 组 | 按设计图示数量计算 | 器具、附件安装，安装范围分界点同洗脸盆安装，排水平面计算排水中心，垂直方向计算到地面 | 分为单嘴、双嘴、肘式开关、脚踏开关、回转龙头、回转混合龙头等，未计价材料为洗涤盆、水嘴或回转龙头、肘式开关、脚踏开关 |

（续）

| 序号 | 项目编码或定额编号 | 项目名称 | 项目特征 | 计量单位 | 工程量计算规则 | 工程内容 | 有关说明 |
|---|---|---|---|---|---|---|---|
| 26 | 8－391～397 | 洗涤盆 | 材质、组装形式、型号、开关 | 10组 | 按设计图示数量计算 | 栽螺栓、切管、套丝、上零件、器具安装、托架安装、上下水管连接、试水 | |
| 27 | 030804007 | 淋浴器 | 材质；组装形式；型号、规格 | 组 | 按设计图示数量计算 | 器具、附件安装，安装分界点为支管与水平管交接处 | 分钢管组成（分冷水、冷热水）、铜管制品（分冷水、冷热水），未计价材料为莲蓬喷头和成品淋浴器 |
| 28 | 8－403～406 | 淋浴器组成、安装 | 材质；组装形式；型号、规格 | 10组 | 按设计图示数量计算 | 栽木砖、切管、套丝、淋浴器组成与安装、试水 | |
| 29 | 030804012 | 大便器 | 材质；组装形式；型号、规格 | 套 | 按设计图示数量计算 | 器具、附件安装。安装分界点：排水平面计算排水中心，垂直方向计算到地面 | 分蹲式（瓷高水箱、瓷低水箱、普通阀冲洗、手押阀冲洗、脚踏阀冲洗、自闭式冲洗）和坐式（低水箱、带水箱、连体水箱、自闭冲洗阀）。未计价材料为大便器、水箱配件或手押阀、脚踏阀 |

(续)

| 序号 | 项目编码或定额编号 | 项目名称 | 项目特征 | 计量单位 | 工程量计算规则 | 工程内容 | 有关说明 |
|---|---|---|---|---|---|---|---|
| 30 | 8－414～417 | 坐式大便器安装 | 冲洗方式、接管种类 | 10组 | 按设计图示数量计算 | 留堵洞眼、栽木砖、切管、套丝、大便器与水箱及附件安装、上下水管连接、试水 | 角阀已包括在低水箱的全部铜活内，如未包括则另计 |
| 31 | 030804013 | 小便器 | 材质；组装形式；型号、规格 | 套 | 按设计图示数量计算 | 小便器、附件安装。安装分界点：挂斗式安装排水平面计算到排水中心，垂直方向计算到地面；立式安装排水平面计算到排水中心，垂直方向计算到铸铁排水管平面 | 分挂斗式（普通式、自动冲洗）、立式（普通、自动冲洗）。未计价材料：小便器、瓷高水箱、自动平便配件 |
| 32 | 8－418～421 | 挂斗式小便器安装 | 冲洗方式 | 10组 | 按设计图示数量计算 | 栽木砖、切管、套丝、小便器安装、上下水管连接、试水 | |
| 33 | 030804014 | 水箱制作安装 | 材质；类型；型号、规格 | 套 | 按设计图示数量计算 | 制作；安装；支架制作、安装及除锈、刷油；除锈、刷油 | 水箱不是成品另行套用水箱制作子目；铁制水箱的制作可套用"小型容器制作"钢板水箱制作子目 |

（续）

| 序号 | 项目编码或定额编号 | 项目名称 | 项目特征 | 计量单位 | 工程量计算规则 | 工程内容 | 有关说明 |
|---|---|---|---|---|---|---|---|
| 34 | 8－426～432 | 大便槽自动冲洗水箱安装 | 容量 | 10套 | 按设计图示数量计算 | 留堵洞眼、栽托架、切管、套丝、水箱安装、试水 | 若计价表中已包括便槽水箱托架、自动冲洗阀、冲洗管、进水嘴等，不另行计算。未计价材料为自动冲洗水箱 |
| 35 | 8－433～437 | 小便槽自动冲洗水箱安装 | 容量 | 10套 | 按设计图示数量计算 | 留堵洞眼、栽托架、切管、套丝、水箱安装、试水 | 计价表中已包括便槽水箱托架、自动冲洗阀、冲洗管、进水嘴等，不另行计算。未计价材料为自动冲洗水箱 |
| 36 | 030804016 | 水龙头 | 材质；型号、规格 | 个 | 按设计图示数量计算 | 安装 | |
| 37 | 8－438～440 | 水龙头安装 | 公称直径 | 10个 | 按设计图示数量计算 | 上水嘴、试水 | 未计价材料为水嘴，按施工图说明中的材质计算 |

（续）

| 序号 | 项目编码或定额编号 | 项目名称 | 项目特征 | 计量单位 | 工程量计算规则 | 工程内容 | 有关说明 |
|---|---|---|---|---|---|---|---|
| 38 | 030804015 | 排水栓 | 带（或不带）存水弯；材质；型号、规格 | 组 | 按设计图示数量计算 | 安装 | 分带存水弯和不带存水弯两种形式 |
| 39 | 8－441～446 | 排水栓安装 | 公称直径 | 10 组 | 按设计图示数量计算 | 切管、套丝、上零件、安装、与下水管连接、试水 | 未计价材料为排水栓（带链堵） |
| 40 | 030804017 | 地漏 | 材质；型号、规格 | 个 | 按设计图示数量计算 | 安装 | |
| 41 | 8－447～450 | 地漏安装 | 公称直径 | 10 个 | 按设计图示数量计算 | 切管、套丝、安装、与下水管道连接 | 分为铸铁水封地漏、花板地漏（带存水弯），未计价材料为地漏，主材费按设计型号计算。计价表中已综合考虑每个地漏 0.1m 的焊接管，实际有出入也不得调整 |

（续）

| 序号 | 项目编码或定额编号 | 项目名称 | 项目特征 | 计量单位 | 工程量计算规则 | 工程内容 | 有关说明 |
|---|---|---|---|---|---|---|---|
| 42 | 030804018 | 地面扫除口 | 材质；型号、规格 | 个 | 按设计图示数量计算 | 安装 | |
| 43 | 8－451～453 | 地面扫除口安装 | 公称直径 | 10 个 | 按设计图示数量计算 | 安装、与下水管连接、试水 | 未计价材料为地漏扫除口 |
| 44 | 030804019 | 小便槽冲洗管制作安装 | 材质；型号、规格 | m | 按设计图示数量计算 | 安装 | |
| 45 | 8－456～458 | 小便槽冲洗管制作安装 | 公称直径 | 10m | 按设计图示数量计算 | 切管、套丝、钻眼、上零件、栽管卡、试水 | 计价表中未包括冲洗阀门和镀铬球面落水的安装，应另套阀门安装和地漏安装相应子目 |

(3)工程量计算案例。

给水管道长度的确定:水平敷设管道,以施工平面图所示管道中心线尺寸计算;垂直安装管道,按立面图、剖面图、系统轴测图与标高尺寸配合计算。

给水管道安装工程量计算的一般顺序为:从入口处算起,先入户管,再干管,后支管。

**【例 8-1】** 图 8-3 所示为某工程的局部给水平面图及系统图,给水管采用镀锌钢管。计算给水管道的清单工程量和计价工程量。

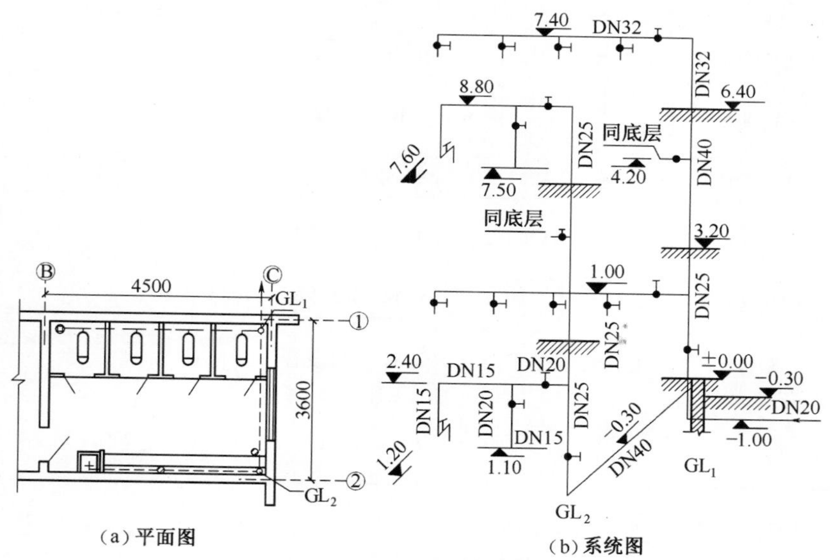


图 8-3　某工程局部给水工程图

**解**:给水管道工程量计算如表 8-4 所列(设定管道中心距墙的安装距离为 65mm,墙厚为 240mm,抹灰层为 20mm)。

表 8-4　给水管道工程量计算表

| 序号 | 项目编码或定额编号 | 项目名称 | 单位 | 数量 | 部位提要 | 计算式 |
|---|---|---|---|---|---|---|
| 1 | 030801001001 | 镀锌钢管 DN50 | m | 3.85 | GL1 | 同下式 |
| 2 | 8-92 | 镀锌钢管(螺纹连接)DN50 | m | 3.85 | GL1 | 进户管(1.5+0.345+1)+1(GL1)=3.85 |
| 3 | 030801001002 | 镀锌钢管 DN40 | m | 6.39 | GL1 | 同下式 |

（续）

| 序号 | 项目编码或定额编号 | 项目名称 | 单位 | 数量 | 部位提要 | 计 算 式 |
|---|---|---|---|---|---|---|
| 4 | 8－91 | 镀锌钢管（螺纹连接）DN40 | m | 6.39 | GL1 | （4.2－1）＋（3.6－0.28－0.065×2）＝6.39 |
| 5 | 030801001003 | 镀锌钢管 DN32 | m | 14.17 | GL1 | 同下式 |
| 6 | 8－90 | 镀锌钢管（螺纹连接）DN32 | m | 14.17 | GL1 | （7.4－4.2）＋（4.5－0.345－0.5）×3 层＝14.17 |
| 7 | 030801001004 | 镀锌钢管 DN25 |  | 9.10 | GL2 | 同下式 |
| 8 | 8－89 | 镀锌钢管（螺纹连接）DN25 | m | 9.10 | GL2 | （8.8＋0.3）＝9.10 |
| 9 | 030801001005 | 镀锌钢管 DN20 |  | 8.63 | GL2 支管 | 同下式 |
| 10 | 8－88 | 镀锌钢管 DN20 | m | 8.63 | GL2 支管 | （4.5－0.345－1）÷2×3 层＋（2.4－1.1）×3 层＝8.63 |
| 11 | 030801001006 | 镀锌钢管 DN15 |  | 8.33 | GL2 支管 | 同下式 |
| 12 | 8－87 | 镀锌钢管 DN15 | m | 8.33 | GL2 支管 | （4.5－0.345－1）÷2×3 层＋（2.4－1.2）×3 层＝8.33 |
| 13 | 8－456 | 镀锌钢管 DN15 小便槽冲洗管 | m | 8.10 | GL2 | （3－0.15×2）×3 层＝8.10 |

**【例 8－2】** 如图 8－4 所示，计算排水管道清单工程量和计价工程量。管材采用铸铁排水管，水泥接口。

**解**：排水管道工程量计算如表 8－5 所列。（设定管道中心距墙的安装距离为 130mm，墙厚为 240mm，抹灰层为 20mm）。

**2. 建筑采暖工程**

1）室内外采暖工程分界线

以入口处阀门或建筑物外墙皮外 1.5m 为界。

2）项目设置及工程量计算

（1）项目设置及套用子目依据同建筑给排水工程。

（2）工程量计算步骤同建筑给排水工程。

建筑采暖工程常用清单项目设置与对应组价子目一览表如表 8－6 所列。

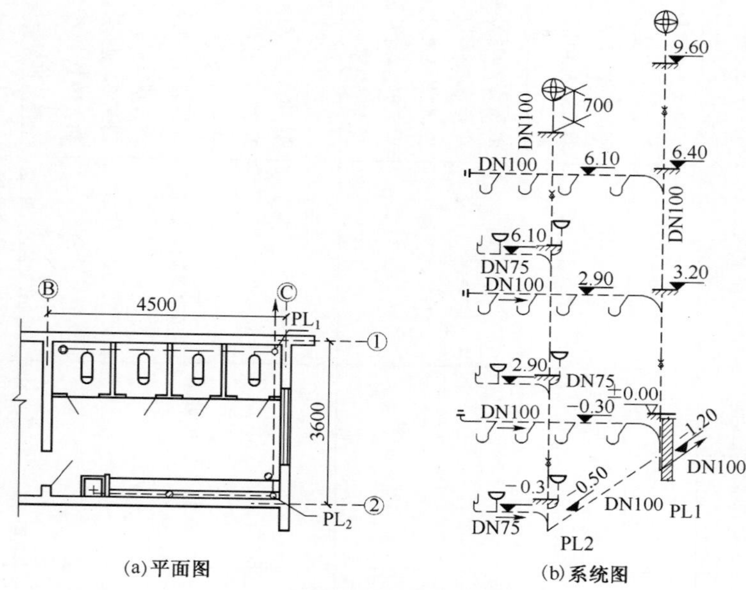

(a) 平面图 (b) 系统图

图 8－4 某工程局部排水工程图

表 8－5 排水管道工程量计算表

| 序号 | 项目编码或定额编号 | 项目名称 | 单位 | 数量 | 部位提要 | 计 算 式 |
|---|---|---|---|---|---|---|
| | 030801003001 | 承插铸铁管(排水)DN100 | m | 42.97 | PL1、PL2 | 同下式 |
| | 8－146 | 排水铸铁管DN100(水泥接口) | 10m | 4.297 | PL1、PL2 | 出户管 PL12.5 +0.28 +0.13 +1.2 +(9.6 +0.7) +(4.5 − 0.28 − 0.13 − 0.2 +0.3)底层 +(4.5 −0.28 −0.13 −0.2) × 2 +0.25 ×4 ×3(大便器横支管与大便器连接处) + PL2(3.6 −0.28 −0.13 ×2) +9.6 +0.5 +0.7 =42.97 |
| | 030801003002 | 承插铸铁管(排水)DN75 | m | 13.77 | PL2 | 同下式 |
| | 8－145 | 排水铸铁管 DN75(水泥接口) | 10m | 1.377 | PL2 | (4.5 −0.28 −0.13 −1) ×3 层 +(0.6 +0.3 +0.3 +0.3) × 3 层 =13.77 |

表 8-6 建筑采暖工程常用清单项目设置与对应组价定额一览表

| 序号 | 项目编码或定额编号 | 项目名称 | 项目特征 | 计量单位 | 工程量计算规则 | 工程内容 | 有关说明 |
|---|---|---|---|---|---|---|---|
| 1 | 一 | 管道安装 | | | | | 同给排水工程 |
| 2 | 二 | 散热器安装 | | | | | 分为铸铁、钢制、光排管散热器。钢制（闭式、板式、柱式、壁式）散热器的型号标注是高度乘以长度，对宽度尺寸未做要求，未计价材料为散热器 |
| 3 | 030805001 | 铸铁散热器 | 型号、规格；除锈、刷油设计要求 | 片 | 按设计图示数量计算 | 安装；除锈、刷油 | 有翼型（分长翼型和圆翼型）、M132 型、柱型等，柱型散热器可单片拆装，柱型散热器为挂装时，可套用 M132 型安装定额。铸铁散热器为未计价材料 |
| 4 | 8-488~491 | 铸铁散热器组成安装 | 型号 | 10 片 | 按设计图示数量计算 | 制垫、加垫、组成、栽沟、稳固、水压试验 | |

（续）

| 序号 | 项目编码或定额编号 | 项目名称 | 项目特征 | 计量单位 | 工程量计算规则 | 工程内容 | 有关说明 |
|---|---|---|---|---|---|---|---|
| 5 | 030805004 | 光排管散热器制作安装 | 型号、规格；管径；除锈、刷油设计要求 | m | 按设计图示数量计算 | 制作、安装；除锈、刷油 | |
| 6 | 8－492～515 | 光排管散热器制作安装 | 结构连接、输送介质；公称直径 | 10m | 按设计图示数量计算 | 切管、焊接、组成、打眼栽钩、稳固、水压试验 | 每10m指光排管长度，联管材料已列入定额，不重复计算，焊接钢管为未计价材料 |
| 7 | 三 | 管路附件组成安装 | | | | | |
| 8 | 030803008 | 疏水器 | 材质，型号、规格，连接方式 | 组 | 按设计图示数量计算 | 安装 | |
| 9 | 8－344～356 | 疏水器（螺纹连接） | 公称直径 | 组 | 按设计图示数量计算 | 切管、套丝、上零件、制垫、加垫、组成、安装、水压试验 | 按N108《采暖通风国家标准图集》编制的，如实际组成与此不同时，阀门和压力表数量可按实调整，其余不变。如果是单体安装，按阀门部分项目套用子目，未计价材料为疏水器 |

（续）

| 序号 | 项目编码或定额编号 | 项目名称 | 项目特征 | 计量单位 | 工程量计算规则 | 工程内容 | 有关说明 |
|---|---|---|---|---|---|---|---|
| 10 | 030803007 | 减压器 | 材质，型号、规格，连接方式 | 组 | 按设计图示数量计算 | 安装 | |
| 11 | 8－328～335 | 减压器（螺纹连接） | 公称直径 | 组 | 按设计图示数量计算 | 切管、套丝、上零件、组对、制垫、加垫、找平、找正、安装、水压试验 | 减压器的计量说明同疏水器。未计价材料为减压阀 |
| 12 | 030617004 | 集气罐制作安装 | 规格，集气罐及支架除锈、刷油 | 个 | 按设计图示数量计算。若集气罐安装为成品安装，则不综合集气罐制作 | 制作、安装，支架制作、安装，集汽缸及支架除锈及刷油 | 套用“第六册工业管道工程”与“第十一册刷油、防腐蚀、绝热工程”相应子目 |
| 13 | 030803005 | 自动排气阀 | 类型，材质，型号、规格 | 个 | 按设计图示数量计算 | 安装 | |
| 14 | 8－299～301 | 自动排气阀安装 | 公称直径 | 个 | 按设计图示数量计算 | 支架制作安装、套丝、丝堵攻丝、安装、水压试验 | |
| 15 | 四 | 管道伸缩器安装 | | | | | 同给排水工程 |
| 16 | 五 | 管道支架制作安装 | | | | | 同给排水工程 |
| 17 | 六 | 套管制作安装 | | | | | 同给排水工程 |
| 18 | 七 | 管道消毒冲洗 | | | | | 同给排水工程 |
| 19 | 030807001 | 采暖工程系统调整 | 系统 | 系统 | 按设计图示数量计算 | 系统调整 | |

(3)工程量计算案例。

采暖立、支管上如有缩墙、躲管的灯叉弯、半圆弯时(图 8－5),其增加的工程量应计入管道工程量中。增加长度可参照表 8－7 中的数值计取。

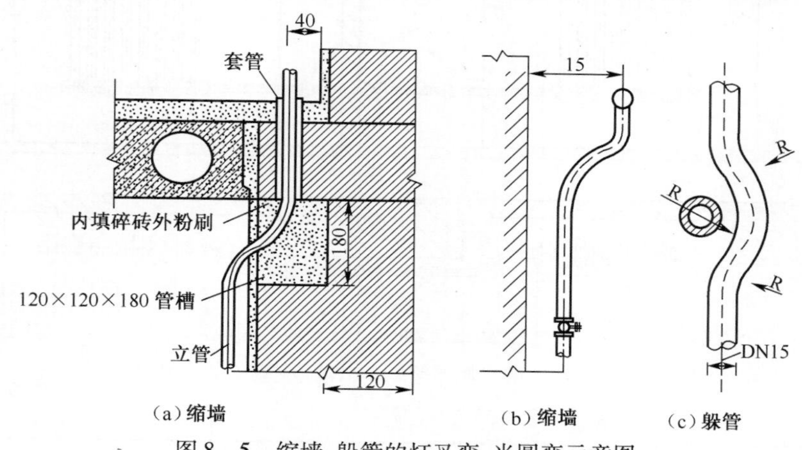


图 8－5　缩墙、躲管的灯叉弯、半圆弯示意图

表 8－7　灯叉弯、半圆弯增加长度表　单位:mm

| 管别 | 灯叉弯 | 半圆弯 |
| --- | --- | --- |
| 支管 | 35 | 50 |
| 立管 | 60 | 60 |

①立管工程量计算示例。

采暖系统立管应按管道系统图中的立管标高以及立管的布置形式(单管式、双管式)计算工程量。在施工图中,立管中间变径时,分别计算工程量。供水管变径点在散热器的进口处,回水管变径点在散热器的出口处。

单管顺流。图 8－6 是单管顺流式立、支管安装示意图。计算示例如表 8－8 所列(立管与干管有一段距离)。

双管式。图 8－7 是双管式立、支管安装示意图。计算示例如表 8－9 所列。

②支管工程量计算示例。

连接立管与散热器进、出口的水平管段称为采暖管道系统中的水平支管。水平支管的计算是比较复杂的,在采暖系统中,由于各房间散热器的大小不同、立管和散热器的安装位置不同,水平支管的计算就不同。为了

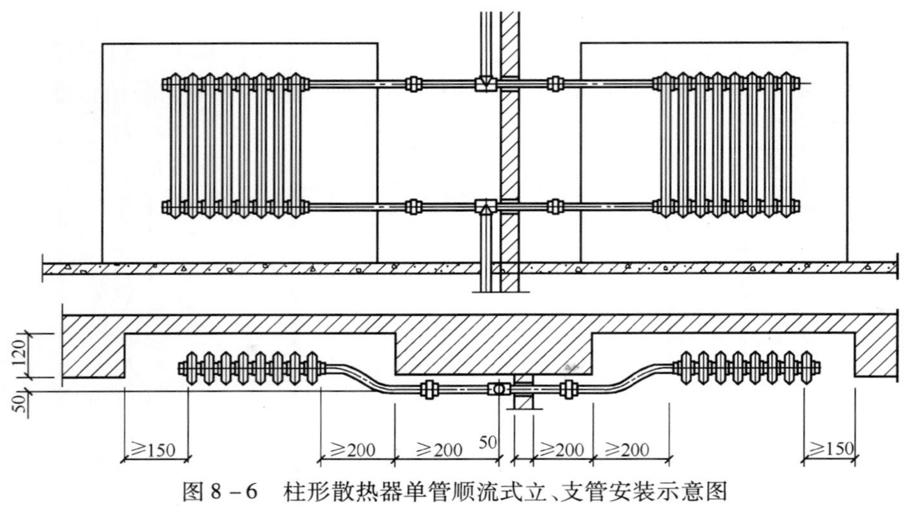


图 8－6　柱形散热器单管顺流式立、支管安装示意图

表 8－8　单管顺流式立管长度计算

<table>
<tr><th>图　示</th><th>计　算</th></tr>
<tr><td>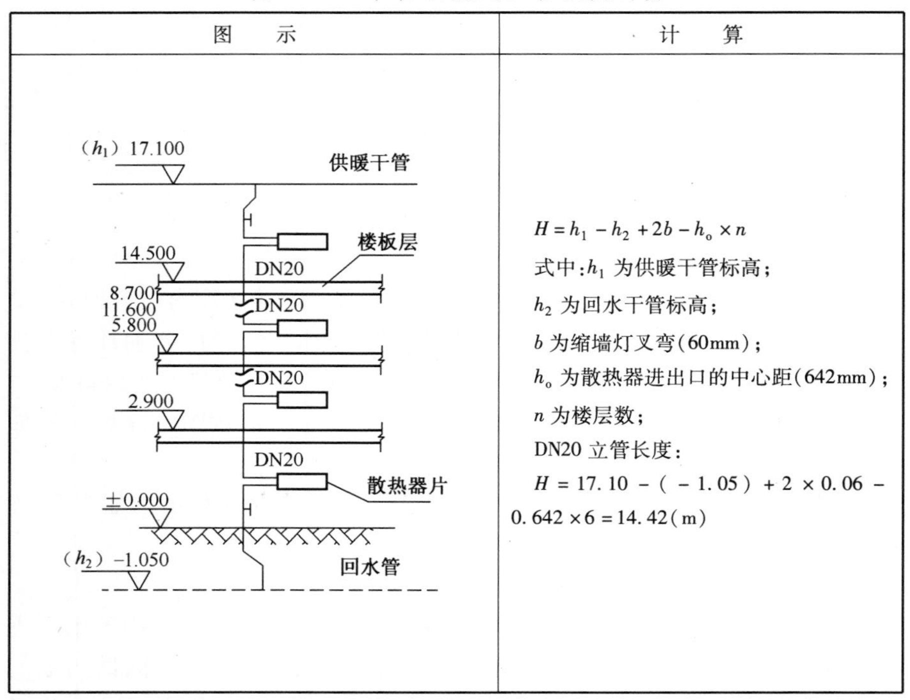
</td><td>$H = h_1 - h_2 + 2b - h_o \times n$<br>式中：$h_1$ 为供暖干管标高；<br>$h_2$ 为回水干管标高；<br>$b$ 为缩墙灯叉弯(60mm)；<br>$h_o$ 为散热器进出口的中心距(642mm)；<br>$n$ 为楼层数；<br>DN20 立管长度：<br>$H = 17.10 - (-1.05) + 2 \times 0.06 - 0.642 \times 6 = 14.42$(m)</td></tr>
</table>

使计算长度尽可能接近实际安装长度，水平支管的计算一般应按建筑平面

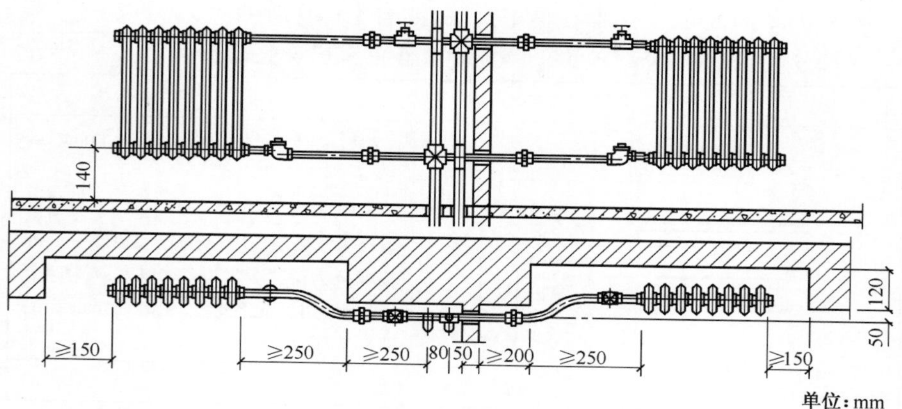


图 8－7　柱形散热器双管式立、支管安装示意图

表 8－9　双管式立管长度计算

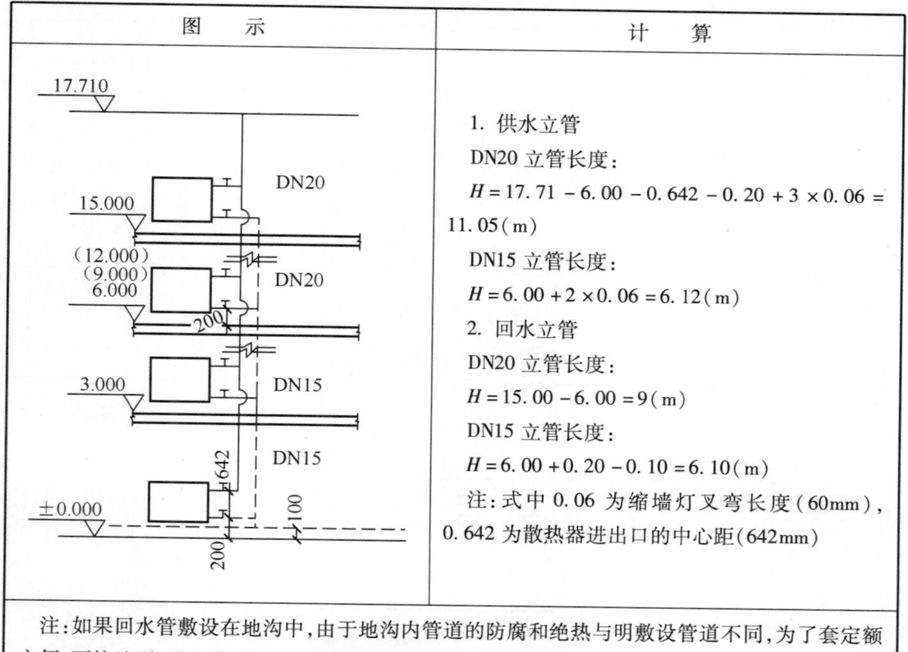


| 图　示 | 计　算 |
|---|---|
| （见图） | 1. 供水立管<br>DN20 立管长度：<br>$H = 17.71 - 6.00 - 0.642 - 0.20 + 3 \times 0.06 = 11.05(m)$<br>DN15 立管长度：<br>$H = 6.00 + 2 \times 0.06 = 6.12(m)$<br>2. 回水立管<br>DN20 立管长度：<br>$H = 15.00 - 6.00 = 9(m)$<br>DN15 立管长度：<br>$H = 6.00 + 0.20 - 0.10 = 6.10(m)$<br>注：式中 0.06 为缩墙灯叉弯长度(60mm)，0.642 为散热器进出口的中心距(642mm) |
| 注：如果回水管敷设在地沟中，由于地沟内管道的防腐和绝热与明敷设管道不同，为了套定额方便，可按地下、地上分别列项，工程量计算时应以 ±0.000 为界 | |

图上各房间的细部尺寸，结合立管及散热器的安装位置分别进行。下面就双立管式中几种常见的布置形式计算支管工程量。

Ⅰ立管在墙角,散热器在窗中安装,如表 8－10 所列。

表 8－10 立管在墙角散热器在窗中安装的支管

| 图示 | 计算 |
| --- | --- |
| 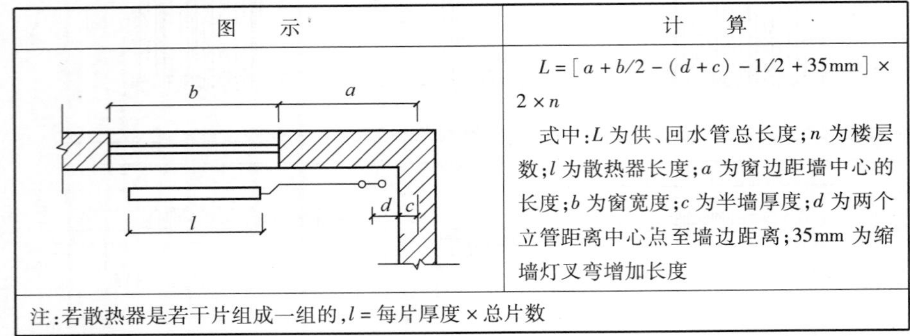 | $L=[a+b/2-(d+c)-l/2+35\text{mm}]\times 2\times n$<br>式中:$L$ 为供、回水管总长度;$n$ 为楼层数;$l$ 为散热器长度;$a$ 为窗边距墙中心的长度;$b$ 为窗宽度;$c$ 为半墙厚度;$d$ 为两个立管距离中心点至墙边距离;35mm 为缩墙灯叉弯增加长度 |
| 注:若散热器是若干片组成一组的,$l$ = 每片厚度 × 总片数 | |

Ⅱ立管在墙角,散热器在窗边安装,如表 8－11 所列。

表 8－11 立管在墙角散热器在窗边安装的支管

| 图示 | 计算 |
| --- | --- |
| 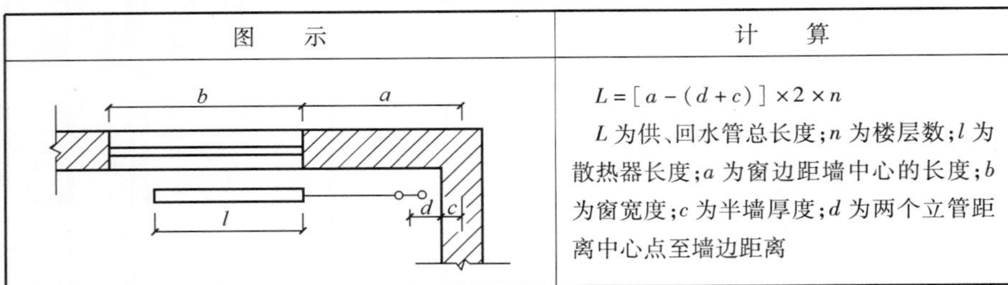 | $L=[a-(d+c)]\times 2\times n$<br>$L$ 为供、回水管总长度;$n$ 为楼层数;$l$ 为散热器长度;$a$ 为窗边距墙中心的长度;$b$ 为窗宽度;$c$ 为半墙厚度;$d$ 为两个立管距离中心点至墙边距离 |

Ⅲ立管在墙角,两边带散热器窗中安装(表 8－12)。

表 8－12 立管在墙角两边带散热器在窗中安装的支管

| 图示 | 计算 |
| --- | --- |
| 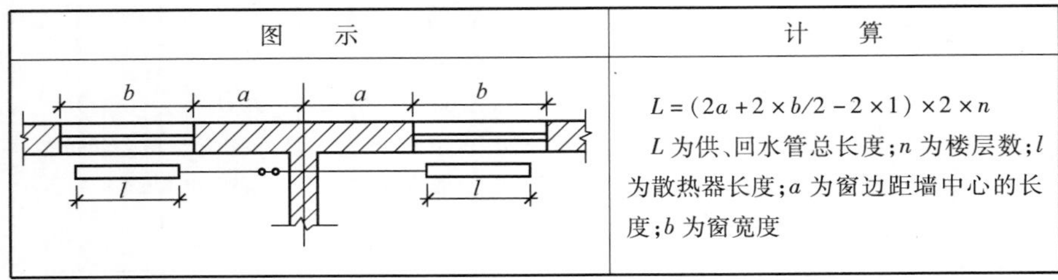 | $L=(2a+2\times b/2-2\times l)\times 2\times n$<br>$L$ 为供、回水管总长度;$n$ 为楼层数;$l$ 为散热器长度;$a$ 为窗边距墙中心的长度;$b$ 为窗宽度 |

## 8.3 建筑给排水、采暖工程量清单综合单价组价

### 1. 综合单价的确定方法

综合单价是采用地方定额或企业定额组价。本章以《江苏省安装工程

计价表》(第八册)为例对相应子目进行组价。

根据施工图、计价表工程量计算规则,计算计价工程量;选套计价表子目;计算应计入分部分项工程综合单价内的有关费用,如主材费(未计价材料)、超高增加费、高层建筑增加费等;计算分部分项工程费用合计;由合计值除以清单工程量,即为该分部分项工程综合单价。

**2. 综合单价组价案例**

**【例 8-3】** 计算【例 8-2】题的对应的排水管道(DN100)工程量清单综合单价。

**解**:排水管道工程量清单综合单价组价表如表 8-13 所列。

表 8-13　排水管道工程量清单综合单价组价表

| 序号 | 项目编码或定额编号 | 项目名称 | 单位 | 数量 | 综合单价(元) | 合价(元) |
|---|---|---|---|---|---|---|
| 1 | 030801003001 | 承插铸铁管(排水)DN100 | m | 42.97 | 79.36 | 3410.3 |
| 2 | 8-146 | 排水铸铁管 DN100(水泥接口)安装 | 10m | 4.297 | 402.11 | 1727.87 |
| | | 排水铸铁管 DN100 | m | 42.97 | 0.89×40 | 1529.73 |
| 3 | 11-198 | 刷红丹第一遍 | $10m^2$ | 1.781 | 13.72 | 24.44 |
| | | 醇酸防锈漆 | kg | | 1.05×10 | 18.70 |
| 4 | 11-200 | 刷银粉第一遍 | $10m^2$ | 1.781 | 18.38 | 32.73 |
| | | 酚醛清漆 | kg | | 0.45×12 | 9.62 |
| 5 | 11-201 | 刷银粉第二遍 | $10m^2$ | 1.781 | 16.62 | 29.60 |
| | | 酚醛清漆 | kg | | 0.41×12 | 8.76 |
| 6 | 11-1 | 手工除锈 | $10m^2$ | 1.781 | 16.2 | 28.85 |

## 习　　题

1. 简要说明室内给水系统与排水系统由哪几个部分组成的,各部分的作用是什么?
2. 建筑给排水系统管道工程量计算分界点是什么?
3. 简述管道安装的工程量的计算方法。
4. 室内采暖系统的组成内容有哪些?
5. 简述散热器工程量计算方法。

# 第9章　建筑通风与空调工程计量与计价

**学习要求**

了解建筑通风与空调工程的系统组成；熟悉建筑通风与空调工程施工图识读方法；熟悉建筑通风与空调工程清单项目设置及组价定额的应用；掌握按相应工程量计算规则进行清单工程量计算和计价表工程量计算，并确定清单综合单价。

## 9.1　建筑通风与空调工程基本知识

**1. 建筑通风与空调工程的组成**

1）建筑通风系统

建筑通风系统由送风系统和排风系统两个部分组成。

（1）送风系统组成。送风系统包括新风口、空气处理室、通风机、送风管、回风管、送（出）风口、吸（回、排）风口、管道配件、管道部件等。

（2）排风系统组成。排风系统包括排风口、排风管、排风机、风帽、除尘器及其他管件和部件等。

2）空调系统

空调系统多为定型设备，一般组成部分有：百叶窗、保温阀、空气过滤器、一次加热器、调节阀门、淋水室（喷淋室）、二次加热器。

**2. 建筑通风与空调工程图识读**

1）常用图例符号及风道代号

（1）常用图例符号。通风与空调工程图常用图例符号如表9－1所列。

（2）风道代号。通风与空调工程图风道代号如表9－2所示。

2）风系统、水系统组成

风系统与水系统所组成的环路具有相对独立性与完整性。冷媒管道系统图如图9－1所示。风管系统图如图9－2所示。

表 9-1　通风与空调工程图常用图例符号

| 名　称 | 图　形 | 名　称 | 图　形 |
|---|---|---|---|
| 带导流叶片弯头 | 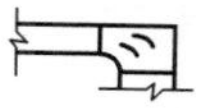 | 消声弯头 |  |
| 伞形风帽 |  | 送风口 | 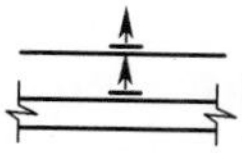 |
| 回风口 | 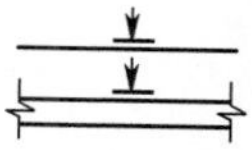 | 圆形散流器 |  |
| 方形散流器 |  | 插板阀 | 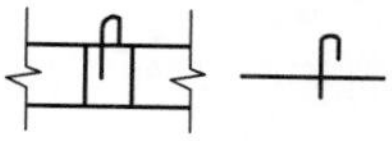 |
| 蝶阀 | 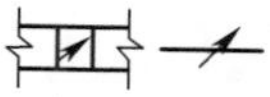 | 对开式多叶调节阀 | 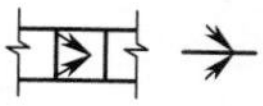 |
| 光圈式起动调节阀 | 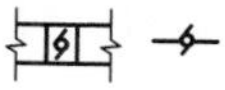 | 风管止回阀 | 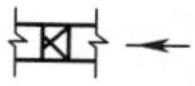 |
| 防火阀 | 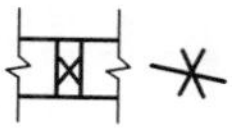 | 三通调节阀 | 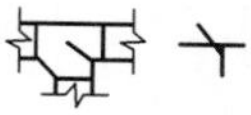 |

表 9-2　通风与空调工程图风道代号

| 代号 | 风道名称 | 代号 | 风道名称 |
|---|---|---|---|
| K | 空调风管 | H | 回风管 |
| S | 送风管 | P | 排风管 |
| X | 新风管 | PY | 排烟管或排烟排风共用管 |

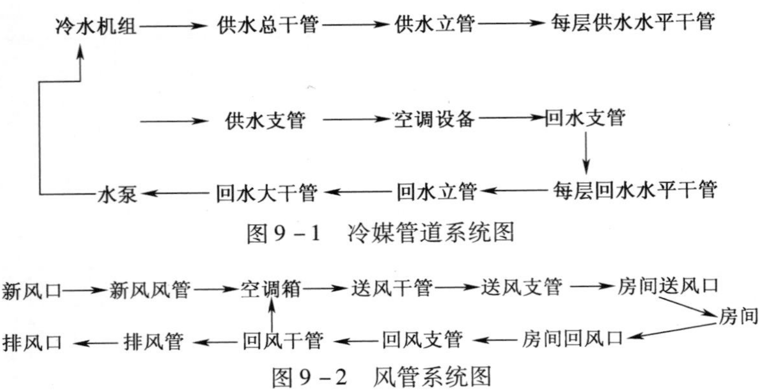


图 9－1　冷媒管道系统图

图 9－2　风管系统图

3）风道主管与支管的连接方式

风道主管与支管的连接方式有斜三通、正三通和三通管弯头。通风管道主管与支管从其中心线交点处划分，以确定中心线长度。其主管及支管展开面积公式如下所示。

斜三通，正三通——主管展开面积为 $S_1=\pi D_1L_1$，（$D_1$ 为主管直径，$L_1$ 为主管中心线长度），支管展开面积为$S_2=\pi D_2L_2$（$D_2$ 为支管直径，$L_2$ 为支管中心线长度）。

三通管弯头——主管展开面积为 $S_1=\pi D_1L_1$，支管 1 展开面积为 $S_2=\pi D_2L_2$，支管 2 展开面积为 $S_3=\pi D_3(L_{31}+L_{32}+r\theta)$。（$D_3$ 为支管 2 直径，$L_{31}$为支管 2 水平中心线长度，$L_{32}$为支管 2 垂直中心线长度，$r$ 为三通管弯头半径，$\theta$ 为其圆心角。）

## 9.2　建筑通风与空调工程项目设置及工程量计算

**1. 项目设置及套用子目依据**

（1）《建设工程工程量清单计价规范》（2008）。

（2）《江苏省建设工程工程量清单计价项目指引》。

（3）《江苏省安装工程计价表》（2004）（第九册 通风空调工程）。

**2. 工程量计算步骤**

（1）列出清单项目，按项目特征要求描述项目名称，编制详细项目编码，根据工程量计算规则，计算清单工程量，统一计量单位。

（2）根据施工图确定清单实际工程内容，套用计价表中的组价子目。

(3)根据组价子目的工程量计算规则进行计价工程量计算,统一计量单位。

建筑通风与空调工程常用清单项目设置与对应组价子目一览表如表9-3所列。

通风管道主管与支管从其中心线交点处划分,以确定中心线长度。

**3. 工程量计算案例**

**【例9-1】** 已知风管安装高度为5.5m,材质为厚度为0.5mm的普通镀锌薄钢板圆形风管,采用咬口连接,风管尺寸如图9-3所示,弯头的弯曲半径$R=300\text{mm}$,弯曲度数为60°、90°两种。试计算风管的清单工程量和计价工程量。

**解**:根据镀锌钢板圆形风管薄钢板($\delta=1.2\text{mm}$以内、咬口)的定额项目,可知本题需划分两项计算风管面积。直径200mm以内(含200mm)的套定额子目9-1;直径500mm以下套定额子目9-2。工程量计算时,风管的长度应按管道中心线展开长度计算(弯头处的中心线长度应根据弯曲半径$r$和圆心角度数$\theta$来计算,即$L_3=L_{31}+L_{32}+r\theta$)。渐缩管应按平均直径计算。

(1)工程量计算:

$\Phi200$: $F=\pi DL=3.14\times0.2\text{m}\times[1.3\text{m}+L_3(\text{a})]$
$=3.14\times0.2\text{m}\times1.771\text{m}$
$=1.11\text{m}^2$

$\Phi300\times200$渐缩管: $F=\pi DL=3.14\times0.25\text{m}\times[0.6\text{m}+0.58\text{m}+L_3(\text{b})]$
$=3.14\times0.25\text{m}\times1.494\text{m}$
$=1.17\text{m}^2$

$\Phi300$: $F=\pi DL=3.14\times0.3\text{m}\times0.88\text{m}=0.83\text{m}^2$

$\Phi400\times300$渐缩管: $F=\pi DL=3.14\times0.3\text{mm}\times[0.7\text{m}+0.68\text{m}+L_3(\text{c})]$
$=3.14\times0.35\text{m}\times1.69\text{m}$
$=1.86\text{m}^2$

(2)工程量合计:直径200mm以内项目工程量为$1.11\text{m}^2$;直径500mm以内项目工程量为$3.86\text{m}^2$。

风管工程量计算表如表9-4所列。

表9-3 建筑通风与空调工程常用清单项目设置与对应组价定额一览表

| 序号 | 项目编码或定额编号 | 项目名称 | 项目特征 | 计量单位 | 工程量计算规则 | 工程内容 | 有关说明 |
|---|---|---|---|---|---|---|---|
| 1 | 一 | 通风、空调管道与部件的制作与安装 | | | | | |
| 2 | 030902001 | 碳钢通风管道制作安装 | 材质;形状;周长或直径;板材厚度;接口形式;风管附件、支架设计要求;除锈、刷油、防腐、绝热及保护层设计要求 | $m^2$ | 按设计图示以展开面积计算,不扣除检查孔、测定孔、送风口、吸风口等所占面积;风管长度一律以设计图示中心线长度为准(主管与支管以中心线交点划分),包括弯头、三通、变径管、天圆地方等管件的长度,不包括部件所占的长度。风管展开面积不包括风管、管口重叠部分面积。直径和周长按图示尺寸为准展开<br>渐缩管:圆形风管按平均直径,矩形风管按平均周长 | 风管、管件、法兰、零件、支吊架制作、安装弯头导流叶片制作、安装风管检查孔制作温度、风量测定孔制作 | 有镀锌薄钢板圆形风管、矩形风管,薄钢板圆形风管、矩形风管、柔性软风管 |

（续）

| 序号 | 项目编码或定额编号 | 项目名称 | 项目特征 | 计量单位 | 工程量计算规则 | 工程内容 | 有关说明 |
|---|---|---|---|---|---|---|---|
| 3 | 9-5~8 | 镀锌薄钢板矩形风管制作安装 | 规格（$\delta = 1.2$mm以内咬口）周长（mm），（800以下，2000以下，4000以下，4000以上） | $10m^2$ | 风管制作安装按图示不同规格以展开面积计算。不扣除检查孔、测定孔、送风口、吸风口等所占面积，渐缩管：圆形风管按平均直径，矩形风管按平均周长计算 | 风管制作，风管安装 | 如不用镀锌薄钢板时，板材可以换算，其他不变。未计价材料为镀锌薄钢板 |
| 4 | 9-40 | 弯头导流叶片 | 规格、型号 | $m^2$ | 按图示叶片面积计算 | | 不分单叶片和香蕉形双叶片，执行同一子目 |
| 5 | 9-42 | 风管检查孔T | 型号（614） | 100kg | 按计价表附录2“国际通风部件标准重量表”计算 | | |
| 6 | 9-43 | 温度、风量测定孔 | 型号（T615） | 个 | 按其型号以“个”为单位计算 | | |
| 7 | 二 | 调节阀、消声器制作安装 | | | | | |
| 8 | 9-44~65 | 调节阀的制作 | 规格、型号、重量 | 100kg | 均按成品重量以“kg”为单位计算 | 放样、下料、制作短管、阀板、法兰、零件、钻孔、铆焊、组合成型 | 调节阀的制作分标准设计和非标准设计 |

（续）

| 序号 | 项目编码或定额编号 | 项目名称 | 项目特征 | 计量单位 | 工程量计算规则 | 工程内容 | 有关说明 |
|---|---|---|---|---|---|---|---|
| 9 | 9－66～91 | 调节阀安装 | 规格、型号、直径、周长 | 个 | 图示规格尺寸(周长或直径)以“个”为单位计量 | 号孔、钻孔、对口、校正,制垫、垫垫、上螺栓、紧固、试动 | 余压阀安装套用止回阀定额子目 |
| 10 | 9－165～200 | 消声器制作与安装 | 规格、型号 | 100kg | 按成品重量计算 | 制作:放样、下料、钻孔,制作内外套管、木框架、法兰、铆焊、粘贴,填充消声材料、组合。安装:组对、安装、找正、找平,制垫、垫垫、上螺栓、固定 | 通常有阻性和抗性、共振性、宽频带复合式消声器 |
| 11 | 三 | 风口、风帽、罩类制作安装 | | | | | |
| 12 | 9－92～132 | 风口制作 | 规格、型号、重量 | 100kg | 钢百叶窗及活动金属百叶风口的制作 | 放样、下料、开孔、制作零件、外框、叶片、网框、调节板、拉杆、导风板、弯管、天圆地方、扩散管、法兰、钻孔、铆焊、组合成型 | |

（续）

| 序号 | 项目编码或定额编号 | 项目名称 | 项目特征 | 计量单位 | 工程量计算规则 | 工程内容 | 有关说明 |
|---|---|---|---|---|---|---|---|
| 13 | 9－133～165 | 风口安装 | 规格、型号、尺寸 | 个 | 按规格尺寸计算 | 对口、上螺栓、制垫、垫垫、找正、找平、固定、试动、调整 | |
| 14 | 9－166～176 | 风帽的制作安装 | 规格、型号、重量 | 100kg | 不同形状以“kg”为单位计算 | 制作:放样、下料、咬口、制作法兰、零件、钻孔、铆焊、组装;<br>安装:安装、找正、制垫、垫垫、上螺栓、固定 | |
| 15 | 9－177 | 风帽筝绳（牵引绳）制作安装 | 规格、型号 | 100kg | 按图所示规格、长度以“kg”为单位计算 | 制作、安装 | |
| 16 | 9－178 | 风帽泛水 | 规格、型号 | $m^2$ | 按设计图示数量计算 | | |
| 17 | 9－179～194 | 罩类制作与安装 | 规格、型号 | 100kg | 根据规格、型号按质量以“kg”为单位计算 | 制作:放样、下料、卷圆，制作罩体、来回弯、零件、法兰，钻孔、铆焊、组合成型 | |
| 18 | 二 | 通风空调设备安装 | | | | | |
| 19 | 030901002 | 通风机 | 形式、规格；支架材质、规格； | 台 | 按设计图示数量计算 | 安装；减振台座制作、安装；设备支架制作、安装；软管接口制作、安装 | |

（续）

| 序号 | 项目编码或定额编号 | 项目名称 | 项目特征 | 计量单位 | 工程量计算规则 | 工程内容 | 有关说明 |
|---|---|---|---|---|---|---|---|
| 20 | 9－216～229 | 通风机安装 | 型号、规格 | 台 | 按设计图示数量计算 | 1. 开箱检查设备、附件、底座螺栓<br>2. 吊装、找平、找正、垫垫、灌浆、螺栓固定、装梯子 | 按其作用和构造原理，可分为离心式通风机和轴流式通风机两种 |
| 21 | 030901003 | 除尘设备 | 规格；质量；支架材质、规格 | 台 | 按设计图示数量计算 | 安装；设备支架制作、安装 | |
| 22 | 9－231～234 | 除尘设备安装 | 规格（100kg以下、500kg以下，1000kg以下、3000kg以下） | 台 | 按不同重量以“台”计算 | 安装 | 定额中不包括除尘器制作，其制作应另行计算；亦不包括支架制作与安装 |
| 23 | 030901004 | 空调器 | 形式、质量、安装位置 | 台 | 按设计图示数量计算 | 安装；软管接口制作、安装 | |
| 24 | 9－235～247 | 空调器安装 | 1. 形式（吊顶式、落地式）<br>2. 重量 | 台 | 按设计图示数量计算 | 安装 | 风机盘管空调器，装配式空调器、整体式空调器、窗式空调器等 |
| 25 | 030901001 | 空气加热器（冷却器） | 1. 规格<br>2. 质量<br>3. 支架材质、规格<br>4. 除锈、刷油设计要求 | 台 | 按设计图示数量计算 | 安装、设备支架制作安装等 | |
| 26 | 9－213～215 | 空气加热器（冷却器）安装 | 重量（100kg以下、200kg以下、400kg以下） | 台 | 按不同型号，以“台”为单位计算 | 安装 | 加热及冷却器安装 |

（续）

| 序号 | 项目编码或定额编号 | 项目名称 | 项目特征 | 计量单位 | 工程量计算规则 | 工程内容 | 有关说明 |
|---|---|---|---|---|---|---|---|
| 27 | 四 | 空调部件及设备支架制作安装 | | | | | |
| 28 | 9－210 | 金属空调器壳体 | 重量 | 100kg | 按成品重量以“kg”为单位计算 | 制作、安装 | |
| 29 | 9－207 | 滤水器 | 规格、型号 | 100kg | 按成品重量以“kg”为单位计算 | 同上 | |
| 30 | 9－208 | 溢水盘 | 规格、型号 | 100kg | 按成品重量以“kg”为单位计算 | 同上 | |
| 31 | 9－203～206 | 挡水板制作安装 | 规格、型号 | $m^2$ | 按空调器断面以“$m^2$”为单位计算 | 同上 | |
| 32 | 9－201～202 | 钢板密闭门制作安装 | 规格、型号 | 个 | 按其规格尺寸以“个”为计量单位 | 同上 | 区分带不带视孔 |
| 33 | 9－211～212 | 设备支架制作安装 | 规格、型号 | 100kg | 按图标尺寸以“kg”为单位计算 | 同上 | |
| 34 | 9－209 | 电加热器外壳制作安装 | 规格、型号 | 100kg | 按图示尺寸以“kg”为单位计算 | 同上 | |
| 35 | 五 | 通风空调管道、设备刷油及绝热工程 | | | | | 套用计价表第十一册刷油、防腐蚀、绝热工程的相关子目 |
| 36 | 六 | 设备筒体、管道及部件的绝热 | | | | | 套用计价表第十一册刷油、防腐蚀、绝热工程的相关子目 |
| 37 | 03090411 | 通风工程检测、调试 | 系统 | 系统 | 按通风设备、管道及部件等组成的通风系统计算 | 1. 管道漏充试验<br>2. 漏风系统<br>3. 通风管道风量测量<br>4. 风压、温度测定 | 系统调整费按系统工程人工费的13%计算，其中工资占25% |

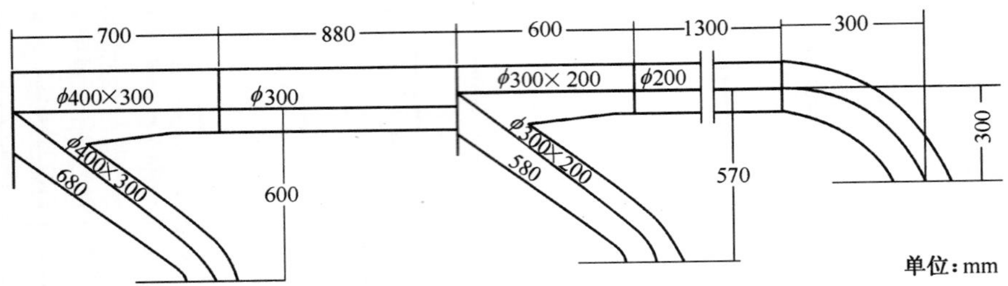


图9-3 风管示意图

表9-4 风管工程量计算表

| 序号 | 项目编码或定额编号 | 项目名称 | 单位 | 数量 |
|---|---|---|---|---|
| 1 | 030902001001 | 碳钢通风管道制作安装(δ=1.2mm以内、咬口)直径200以下 | $m^2$ | 1.11 |
| 2 | 9-1 | 镀锌簿钢板圆形风管(δ=1.2mm以内、咬口)直径200以下 | $10m^2$ | 0.11 |
| 3 | 030902001002 | 碳钢通风管道制作安装(δ=1.2mm以内、咬口)直径500mm以下 | $m^2$ | 3.86 |
| 4 | 9-2 | 镀锌薄钢板圆形风管(δ=1.2mm以内、咬口)直径500mm以下 | $10m^2$ | 0.386 |

## 9.3 建筑通风与空调工程量清单综合单价组价

### 1. 综合单价的确定方法

综合单价是采用地方定额或企业定额组价。本章以《江苏省安装工程计价表》(第九册)为例对相应子目进行组价。

根据施工图、计价表工程量计算规则,计算计价工程量;选套计价表子目;计算应计入分部分项工程综合单价内的有关费用,如主材费(未计价材料)、超高增加费、高层建筑增加费等;计算分部分项工程费用合计;由合计值除以清单工程量,即为该分部分项工程综合单价。

**2. 综合单价案例**

**【例 9-2】** 计算【例 9-1】风管工程量清单综合单价,($\delta$=1.2mm 以内、咬口)直径 500mm 以下。

**解**:风管工程量清单综合单价组价表如表 9-5 所列。

表 9-5　风管工程量清单综合单价组价表

| 序号 | 项目编码或定额编号 | 项目名称 | 计量单位 | 工程数量 | 综合单价(元) | 合价(元) |
|---|---|---|---|---|---|---|
| 1 | 030902001001 | 碳钢通风管道制作安装($\delta$ = 1.2mm 以内、咬口)直径 500 以下 | $m^2$ | 3.86 | 133.78 | 516.38 |
| 2 | 9-2 | 镀锌薄钢板圆形风管($\delta$=1.2mm 以内、咬口,直径 500 以下)制作安装 | $10m^2$ | 0.386 | 517.8 | 199.87 |
| | | 管材 | $m^2$ | 3.86 | 1.138×52 | 228.42 |
| 3 | 11-1 | 风管除锈 | $10m^2$ | 0.386×2.2 | 16.2 | 13.76 |
| 4 | 11-51 | 防锈漆第一遍 | $10m^2$ | 0.386×2.2 | 11.58 | 9.83 |
| | | 红丹防锈漆 | | | 1.47×13.98 | 17.45 |
| 5 | 11-52 | 防锈漆第二遍 | $10m^2$ | 0.386×2.2 | 11.43 | 9.71 |
| | | 红丹防锈漆 | | | 1.30×13.98 | 15.43 |
| 6 | 11-60 | 灰色调和漆第一遍 | $10m^2$ | 0.386×1.2 | 10.96 | 5.08 |
| | | 灰色调和漆 | | | 1.05×13.00 | 6.32 |
| 7 | 11-61 | 灰色调和漆第二遍 | $10m^2$ | 0.386×1.2 | 10.59 | 4.91 |
| | | 灰色调和漆 | | | 0.93×13.00 | 5.60 |

## 习　题

1. 简要说明空调系统的组成。
2. 圆形风管和矩形风管工程量计算公式是什么?
3. 渐缩管工程量如何计算?
4. 简述薄钢板通风管道工程量的计算规则。
5. 通风空调预算定额如何划分制作与安装?

# 第四篇　工程价款的结算与决算

## 第10章　工程价款的结算与决算

**学习要求**

通过学习工程结算与决算章节内容,掌握工程结算的概念、工程结算的方式和内容;掌握工程预付款的概念、拨付方式、支付时间及规定和工程预付款的扣还方法;掌握工程进度款结算方法;掌握工程价款的动态结算;了解工程变更的分类、处理程序及工程变更价款的确定方法,了解工程索赔处理原则、程序;掌握工程竣工结算的概念、作用、编制依据、编制内容;熟悉工程竣工结算的支付流程和争议的处理方法。

### 10.1　工程结算概述

工程结算即工程价款结算,是承包商在工程实施过程中,依据承包合同中关于付款条款和已经完成的工程量,按规定的程序向建设单位收取工程价款的一项经济活动。

工程结算在项目施工中通常需要发生多次,一直到整个项目全部竣工验收,还需要进行最终建筑产品的工程竣工结算。从而完成最终建筑产品的工程造价的确定和控制工作。工程结算按价款的性质不同可分为工程备料款结算、进度款结算、索赔款结算、竣工结算。

**1. 工程结算资料的收集**

工程结算时,应按照规定准备结算资料。为了保证结算工作顺利开展,现场资料员和施工员应重视结算资料的日常收集、整理工作。资料员应承担起结算资料编制的责任,认真负责,善于总结,对于结算所需资料应独立于施工验收资料,单独编制,一定要系统条理、精心收集。

应搜集的工程结算资料如下所示。

(1)招标文件、投标答疑、投标文件。

(2)施工合同、有关协议(如优良奖、提前工期奖)及相关证明。

(3)甲方批准的施工组织设计。

(4)图纸会审和设计变更。

(5)有关的隐蔽记录,包括土方隐蔽记录、无设计变更而变更的钢筋隐蔽记录、楼地面、吊顶、屋面做法的隐蔽记录。

(6)施工过程中的有关经济签证。

(7)施工用水、电的单价和数量。

(8)甲方供材明细(包括规格、数量、单价、使用部位等)。

(9)乙方购材价格签证单。

(10)主要乙方购材的规格、用量明细。

(11)外包项目的合同或协议。

(12)甲方外包项目说明。

(13)施工甩项说明。

(14)若图纸变更太大,应结合图纸会审、设计变更等内容重新绘制竣工图。

(15)工程竣工验收证明。

**2. 工程进度款的支付方式**

工程款(进度款)结算方式有按月结算、竣工后一次结算、分段结算等。

(1)按月结算。工程进度款的支付方式,一般按当月实际完成工程量进行结算,工程竣工后办理竣工结算。这种结算办法实行旬末或月中预支,月末结算,竣工后清算的办法。跨年度施工的工程,在年终进行工程盘点,办理年度结算。

(2)竣工后一次结算。建设项目或单项工程全部建筑安装工程建设期较短或施工合同价较低的,可以实行在施工过程中分几次预支,竣工后一次结算的方法。

(3)分段结算。即双方约定按单项工程或单位工程形象进度,划分不同阶段进行结算。如一般工业民用建筑可以划分为基础、结构、装饰、设备安装几个阶段。每阶段工程完工后,进行结算。

实行竣工后一次结算和分段结算的工程,当年结算的工程应与年度完成工程量一致,年终不另清算。

(4)其他结算方式。结算双方约定的其他结算方式。

发包人和承包人可以结合具体工程的建设规模、工期长短、合同价款多少选择工程进度款的支付方式和相应的结算时间。

**3. 工程竣工结算的作用**

工程结算是工程项目承包中的一项十分重要的工作，主要表现为以下几个方面。

(1)工程结算是反映工程进度的主要指标。在施工过程中，工程结算的依据之一就是按照已完的工程进行结算，根据累计已结算的工程价款占合同总价款的比例，能够近似反映出工程的进度情况。

(2)工程结算是加速资金周转的重要环节。施工单位尽快尽早地结算工程款，有利于偿还债务和资金回笼，降低内部运营成本。通过加速资金周转，提高资金的使用效率。

(3)工程结算是考核经济效益的重要指标。对于施工单位来说，工程款如数地结清意味着避免了经营风险，这样才能获得相应的利润，进而达到良好的经济效益。

## 10.2 工程预付款结算

**1. 工程预付款的概念**

工程预付款又称材料备料款或材料预付款。它是发包人为了帮助承包人解决工程施工前期资金紧张的困难而提前给付的一笔款项。预付款是发包人为解决承包人在施工准备阶段资金周转问题提供的协助，是施工企业为该承包工程项目储备主要材料、结构件所需的流动资金。工程是否支付预付款，取决于发承包双方在合同条款中的约定。预付款的有关事项，如数量、支付时间和方式、支付条件、偿还(扣还)方式等，应在施工合同条款中明确约定。

预付款与建筑材料供应方式有关，有3种情况。

(1)包工包全部材料工程：预付备料款数额确定后，建设单位把备料款一次或分次付给施工企业。

(2)包工包地方材料工程：需要确定供料范围和备料比重，拨付适量备料款，双方及时结算。

(3)包工不包料的工程：建设单位不需预付备料款。

**2. 工程预付款的拨付**

决定工程预付款数额大小的因素有材料储备期、主要材料占工程造价比重、施工工期。工程预付款的数额一般由合同约定或公式测定。

(1)合同约定。发包人根据工程的特点,招标时在合同条件中约定工程预付款的额度(百分比)。

即

预付备料款=合同价款×预付备料款额度

工程预付款仅用于承包方支付施工开始时与本工程有关的动员费用。如承包方滥用此款,发包方有权立即收回。

(2)公式计算法。

工程预付款=全年施工工作量×主材所占比重÷年施工日历天数×材料储备天数

$$工程预付款=\frac{年度承包工程总值\times主要材料所占比重}{年底施工工日天数}\times材料储备天数$$

**【例10-1】**　某工程合同总额350万元,主要材料、构件所占比重为60%,年度施工天数为200天,材料储备天数90天,则

$$预付备料款=\frac{350\times60\%}{200}\times90=94.5\ 万元$$

**3. 工程预付款的扣还**

发包人拨付给承包商的备料款属于预支的性质。工程实施后,随着工程所需材料储备的逐步减少,应以抵充工程款的方式陆续扣回。起扣时间、比例和方式必须在合同中约定。开始扣回的时间称为起扣点,起扣点计算方法有3种。

1)公式计算法

确定起扣点的原则是当未完工程和未施工工程所需材料的价值相当于备料款数额时起扣。每次结算工程价款时,按材料比重扣抵工程价款,竣工前全部扣清。工程预付款起扣点可按下式计算:

$$T=P-M/N$$

式中:$T$为起扣点,即工程预付款开始扣回的累计完成工程金额;$P$为承包工程合同总额;$M$为工程预付款数额;$N$为主要材料,构件所占比重。

**【例10-2】**　某工程合同总额500万元,工程预付款为42万元,主要材料、构件所占比重为65%,问:起扣点为多少万元?

**解:**　$T=P-M/N=500-42/65\%=435.38$ 万元

2)在合同中约定

承发包双方也可在专用条款中约定不同的扣回方法,在承包方完成金额累计达到合同总价一定比例(双方合同约定)后,由发包方从每次应付给承包方的工程款中扣回工程预付款,在合同规定的完工期前将预付款收回。

例如:合同中规定工程进度达到65%时,开始抵扣备料款,扣回比例是按每月完成工程进度15%的25%计算,直至收回预付款。则扣款额度是当月完成工程价款乘以15%后再乘以25%。如果工程竣工时不能收回预付款,则从工程竣工前一个月工程款中抵扣。

3)依据法律文件规定

如果合同没有约定,可依据建设部《招标文件范本》中的规定扣还。在乙方完成金额累计达到合同总价的10%后,由乙方开始向甲方还款。甲方从每次应付给的金额中,扣回工程预付款,甲方至少在合同规定的完工期前三个月将工程预付款的总计金额按逐次分摊的办法扣回,当甲方一次付给乙方的余额少于规定扣回的金额时,其差额应转入下一次支付中作为债务结转。甲方不按规定支付工程预付款,乙方按《建设工程施工合同文本》第21条享有权利。

## 10.3 工程进度款结算

承包单位在项目建设过程中,按逐月完成的分部分项工程量计算各项费用,在月末提出工程价款结算账单和已完工程月报表,向发包单位办理中间结算,收取当月的工程价款。当工程价款拨付累计额达到该项目工程造价的一定额度时,停止支付,作为尾款和保修期用,在办理竣工决算时一并清算。

**1. 工程进度款的支付程序**

工程进度款的支付程序主要有计量、认证和支付3个过程。

(1)计量。承包人按相关规定及依据计算已完工程的工程量及应付工程款。按专用条款约定的时间,向工程师提交已完工程量的报告。

(2)认证。对承包人已完成工程量的核实确认,是发包人支付工程款的前提。通常发包人会指定专人审核承包人提交的工程量报告等资料。

工程师接到报告后7天内按设计图纸核实已完工程量(以下称计量),并在计量前24小时内通知承包人,承包人为计量提供便利条件并派人参加。如果承包人不参加计量,发包人自行进行,计量结果有效,作为工程价款支付的依据。若有疑问时，可要求承包商共同复核工程量。

工程师收到承包人报告后 7 天内未进行计量的，从第 8 天起，承包人报告中开列的工程量即视为已被确认，作为工程价款支付的依据。工程师不按约定时间通知承包人，使承包人不能参加计量，计量结果无效。工程师对承包人超出设计图纸范围和（或）因承包人自身原因造成返工的工程量，不予计量。

工程师可以不签发证书或扣减承包商报表中部分金额的情况如下所示。

①合同内约定有工程师签证的最小金额时，本月应签发的金额小于签证的最小金额，工程师不出具月进度款的支付证书。本月应付款接转下月，超过最小签证金额后一并支付。

②承包商提供的货物或施工的工程不符合合同要求，可扣发相应的费用，直至修整或重置工作完成后再支付。

③承包商未能按合同规定进行工作或履行义务，并且工程师已经通知了承包商，则工程师可以扣留该工作或义务的价值，直至工作或义务履行为止。

工程进度款支付证书属于临时支付证书，工程师有权对以前签发过的证书中的错算、漏算或重复计算金额提出更改或修正，承包商也有权提出更改或修正，经双方复核同意后，将增加或扣减的金额纳入本次签证中。

（3）支付。承包商的报表经过工程师认可并签发工程进度款的支付证书后，业主应在接到证书后及时给承包商付款。业主应当在合同或法律规定的时间内付款，如果逾期支付将承担延期付款的违约责任。

**2. 工程进度款的计算**

工程进度款的计算主要涉及两个方面，一是工程量的核实确认，二是单价的计算方法。

（1）工程量的核实确认，应由承包人按协议条款约定的时间，向发包人代表提交已完工程量清单或报告。《建设工程施工合同（示范文本）》约定：发包人代表接到工程量清单或报告后 7 天内按设计图纸核实已完工程数量，经确认的计量结果，作为工程价款的依据。发包人代表收到已完工程量清单或报告后 7 天内未进行计量，从第 8 天起，承包人报告中开列的工程量即视为确认，可作为工程价款支付的依据。

（2）工程进度款单价的计算方法，由发包人和承包人事先约定或事后约定的计价方法计算。可调工料单价法和固定综合单价法是常用的工程进度款的计算方法。

(3)工程进度款的确定。按月结算的工程进度款计算步骤如下所示。

①根据每月所完成的工程量依照合同约定计算工程款。

②计算累计工程款。若累计工程款没有超过起扣点,则根据当月工程量计算出的工程款即为该月应支付的工程款;若累计工程款已超过起扣点,则应支付工程款的计算公式分别为:

累计工程款超过起扣点的当月应支付工程款

= 当月完成工作量 -(截止当月累计工程款 - 起扣点)×

主要材料所占比重

累计工程款超过起扣点的以后各月应支付的工程款 =

当月完成的工作量 ×(1 - 主要材料所占比重)

分段结算的工程进度款计算步骤与按月结算的步骤相同,但是要将月工作量调整为核定的阶段工作量,单价采用核定的分阶段单价。

**【例 10-3】** 某工程工期 5 个月。发包人与某施工单位 C 公司签订合同,在施工合同中约定:①工程造价 690 万元,建筑主材的比重为 60%,开工前发包人应向 C 公司支付合同价 20% 的预付款;②发包人根据 C 公司完成的工程量(经工程师签认后)按月支付工程款,保留金额为合同价的 3%。竣工结算月一次扣除,各月完成工程价款如表 10-1 所列。

问题:

①工程价款结算的方式有哪几种?

②该工程的工程预付款、起扣点为多少?

③工程师在 4 月 ~8 月按月分别给 C 公司实际签发的付款凭证金额是多少?

表 10-1 各月完成工程价款 单位:万元

| 月份 | 4 | 5 | 6 | 7 | 8 |
|---|---|---|---|---|---|
| 完成产值 | 60 | 120 | 165 | 220 | 120 |

**解:**工程价款结算的方式有按月结算、竣工后一次结算、分段结算等。

预付款:690 ×20% =138 万元

起扣点:690 - 138 ÷60% =460 万元

4 月:工程款 65 万元,实际签发的付款凭证金额为 65 万元,累计工程款 65 万元。

5 月：工程款 120 万元，实际签发的付款凭证金额为 120 万元，累计工程款 185 万元。

6 月：工程款 165 万元，实际签发的付款凭证金额为 165 万元，累计工程款 350 万元。

7 月：工程款 220 万元，350 + 220 = 570 > 460，实际签发的付款凭证金额为

220 − (570 − 460) × 60% = 154 万元，累计工程款 504 万元。

8 月：工程款 120 万元，实际签发的付款凭证金额为

120 − 120 × 60% − 690 × 3% = 27.3 万元

或

690 − 504 − 138 − 690 × 3% = 27.3 万元。

**【例 10 − 4】**　某工程项目由 A、B、C 三个分项工程组成，采用工程量清单招标确定中标人，合同工期 5 个月。各月计划完成工程量及综合单价如表 10-2 所列，承包合同规定：①开工前发包方向承包方支付分部分项工程费的 15% 作为材料预付款。预付款从工程开工后的第 2 个月开始分 3 个月均摊抵扣；②工程进度款按月结算，发包方每月支付承包方应得工程款的 90%；③措施项目工程款在开工前和开工后第 1 个月末分两次平均支付；④分项工程累计实际完成工程量超过计划完成工程量的 10% 时，该分项工程超出部分的工程量的综合单价调整系数为 0.95；⑤措施项目费以分部分项工程费用的 2% 计取，其他项目费 20.86 万元，规费综合费率 3.5%（以分部分项工程费、措施项目费、其他项目费之和为基数），税金率 3.35%。

表 10 − 2　各月计划完成工程量及综合单价表

| 工程名称 | 第 1 月 | 第 2 月 | 第 3 月 | 第 4 月 | 第 5 月 | 综合单价 /(元/$m^3$) |
|---|---|---|---|---|---|---|
| 分项工程名称 A | 500 (630) | 600 (600) | | | | 180 |
| 分项工程名称 B | | 750 (750) | 800 (1000) | | | 480 |
| 分项工程名称 C | | | 950 (950) | 1100 | 1000 | 375 |

问题：

①工程合同价为多少万元？

②列式计算材料预付款、开工前承包商应得措施项目工程款。

③根据表 10－2 计算第 1、2、3、4、5 月造价工程师应确认的工程进度款各为多少元？

**解:**①工程合同价 = (分项 + 措施 + 其他) × (1 + 规率%) × (1 + 税%)

$= [(1100 \times 180 + 1550 \times 480 + 3050 \times 375) \times (1 + 2\%) + 208600] \times (1 + 3.5\%) \times (1 + 3.35\%)$

$= (2085750.00 + 41715.00 + 208600) \times 1.0696725$

$= 2498824.49$(元)

②材料预付款:$2085750.00 \times 15\% = 312862.50$(元)

开工前措施款:$41715.00 \times 1.0696725 \times 50\% \times 90\% = 20079.62$(元)

③1、2 月份工程进度款计算。

第 1 月份

$(630 \times 180 + 41715.00 \times 50\%) \times 1.0696725 \times 90\% = 129250.40$(元)

第 2 月份

A 分项

$630 + 600 = 1230\text{m}^3 > (500 + 600) \times (1 + 10\%) = 1210\text{m}^3$

则

$(580 \times 180 + 20 \times 180 \times 0.95) \times 1.0696725 = 115332.09$(元)

B 分项

$750 \times 480 \times 1.0696725 = 385082.10$(元)

A 与 B 分项小计

$115332.09 + 385082.10 = 500414.19$(元)

进度款

$500414.19 \times 90\% - 312862.50/3 = 346085.27$(元)

第 3 月份

B 分项:$750 + 1000 = 1750 > (750 + 800) \times (1 + 10\%) = 1705$

$(955 \times 480 + 45 \times 480 \times 0.95) \times 1.0696725 = 512287.55$(元)

C 分项:$950 \times 375 \times 1.0696725 = 381070.83$

进度款小计:$512287.55 + 381070.83 = 893358.38$(元)

进度款:$893358.38 \times 90\% - 312862.50/3 = 699735.04$(元)

## 10.4　工程变更和工程索赔

### 1. 工程变更

工程变更是在工程建设过程中，按照合同约定的程序对部分或全部工程在材料、工艺、功能、构造、尺寸、技术指标、工程数量及施工方法等方面做出的改变。变更是指承包人根据工程师签发设计文件及工程师变更指令进行的各种类型的变更，包括合同工作内容的增减、合同工程量的变化、因地质原因引起的设计更改、根据实际情况引起的结构物尺寸、标高的更改等。

1）工程变更的诱因

（1）业主原因：工程规模、使用功能、工艺流程、质量标准的变化，以及工期改变等合同内容的调整。

（2）设计原因：设计错漏、设计调整，或因自然因素及其他因素而进行的设计改变等。

（3）施工原因：因施工质量或安全需要变更施工方法、作业顺序和施工工艺等。

（4）工程师原因：监理工程师出于工程协调和对工程目标控制有利的考虑，而提出的施工工艺、施工顺序的变更。

（5）合同原因：原订合同部分条款因客观条件变化，需要结合实际修正和补充。

（6）环境原因：不可预见自然因素和工程外部环境变化导致工程变更。

2）工程变更的表现形式

（1）增加或减少合同中约定的工程量。

（2）增减合同中约定的工程内容。

（3）改变合同中的任何工作的质量、性质或种类。

（4）更改工程有关部分的标高、基线、位置和尺寸。

（5）改变本工程所必需的任何种类的附加工作。

（6）改变本工程任何分项工程规定的施工顺序或时间安排。

3）工程变更的处理程序

因工程变更提出方的不同，工程变更的处理程序也不相同。

（1）发包人方提出变更。发包人一般可通过工程师提出工程变更，涉及施工方面的事件工程师需要与承包人协商，变更指令一般通过工程师发出。如果涉及设计修改的发包人应该与设计单位协商，最终发包人委托工程师向承包人下达设计变更通知单。

(2)工程师提出变更。工程师根据工地现场工程进展的具体情况，认为确有必要时，可提出工程变更，并发出变更指令。

工程师发出工程变更权力的权限，一般会在合同专用条件中明确约定。若合同对工程师提出工程变更的权力做了具体限制，而约定其余均由发包人批准，则当工程师超出其权限范围发出工程变更指令时，应附上发包人的书面批准文件，否则承包商可拒绝执行。但在紧急情况下不应限制工程师向承包商发布其认为必要的此类变更指令，工程师应在发布指令后，尽快将情况通知发包人。尽管此类指令没有得到发包人的批准，承包商也应立即遵照工程师的任何此类变更指令。

(3)承包人提出变更。承包人在提出工程变更时，一种情况是工程遇到不能预见的地质条件或地下障碍；另一种情况是承包商为了节约工程成本或加快工程施工进度，提出工程变更，交工程师审批。工程师在审批工程变更时，应与发包人和承包商进行适当协商，在发包人授权范围内由监理单位审查批准；属发包人授权范围外的，由监理单位组织审查，发包人单位批准。

4)工程变更价款的确定

发承包双方可在合同条款中约定工程变更价款的确定方法。如果没有约定，可按《建设工程施工合同(示范文本)》第31条规定确定。

承包人在工程变更确定后14天内，提出变更工程价款的报告，经工程师确认后调整合同价款。

承包人在双方确定变更后14天内不向工程师提出变更工程价款报告时，视为该项变更不涉及合同价款的变更。

工程师应在收到变更工程价款报告之日起14天内予以确认，工程师无正当理由不确认时，自变更工程价款报告送达之日起14天后视为变更工程价款报告已被确认。

变更合同价款按下列方法进行。

(1)合同中已有适用于变更工程的价格，按合同已有的价格变更合同价款。

(2)合同中只有类似于变更工程的价格，可以参照类似价格变更合同价款。

(3)合同中没有适用或类似于变更工程的价格,由承包人提出适当的变更价格,经工程师确认后执行。

**2. 工程索赔**

建设工程索赔通常是指在工程合同履行过程中,合同当事人一方因对方不履行或未能正确履行合同或者由于其他非自身因素而受到经济损失或权利损害,通过合同规定的程序向对方提出经济或时间补偿要求的行为。

1)工程索赔产生的原因

(1)当事人违约。常常表现为没有按照合同约定履行自己的义务。发包人违约常常表现为没有为承包人提供合同约定的施工条件、未按照合同约定的期限和数额付款等。工程师未能按照合同约定完成工作,如未能及时发出图纸、指令等,也视为发包人违约。承包人违约的情况则主要是没有按照合同约定的质量、期限完成施工,或者由于不当行为给发包人造成其他损害。

(2)不可抗力。是指合同订立时不能预见、不能避免并不能克服的客观情况。自然事件主要是不利的自然条件和客观障碍。如在施工过程中遇到了经现场调查无法发现、发包人提供的资料中也未提到的、无法预料的情况,如地下水、地质断层等。社会事件是由社会原因引起的,如战争、动乱、政府干预、罢工等。

(3)合同缺陷。表现为合同条件规定不严谨甚至矛盾、合同中的遗漏或错误等。在这种情况下,工程师应当给予解释,如果这种解释将导致成本增加或工期延长,发包人应当给予补偿。

(4)合同变更。表现为设计变更、施工方法变更、追加或者取消某些工作、合同规定的其他变更等。

(5)工程师指令。有时也会产生索赔,如工程师指令承包人加速施工、更换某些材料、采取某些措施等。

(6)其他第三方原因常常表现为与工程有关的第三方的问题而引起的对工程的不利影响。

2)工程索赔的分类

(1)按索赔的法律依据分类

索赔的目的是得到费用损失补偿和工期延长。按索赔的法律依据可以将工程索赔分为合同内索赔、合同外索赔和道义索赔。

①合同内索赔。可以直接从合同条款中找到有关索赔的明文规定。如工程延误、工程变更、工程师给出错误数据导致放线的差错、发包人不按合同规定支付进度款等。

②合同外索赔。一般是难于直接从合同的某条款中找到依据,但可以从对合同条件的合理推断或同其他有关条款联系起来论证该索赔是否属于合同规定的索赔。合同外的索赔需要承包商非常熟悉合同和相关法律,并有比较丰富的索赔经验。

③道义索赔。这种索赔无合同和法律依据,承包商认为自己在施工中确实遭到很大的损失,要向发包人寻求优惠性质的额外付款。当承包商提出索赔要求时,发包人可出自善意,给予承包商一定的经济补偿。

(2)按索赔目的分类

按索赔目的可以将工程索赔分为工期索赔和费用索赔。

①工期索赔。由于非承包人责任的原因导致的施工进程延误,要求批准顺延合同工期的索赔,称为工期索赔。工期索赔形式上是对权利的要求,以避免在原定合同竣工日不能完工时,被发包人追究违约责任。实际上,一旦获得批准合同工期顺延后,承包人不仅免除了承担拖期违约赔偿费的严重风险,而且可能提前工期得到奖励,最终仍反映在经济收益上。

②费用索赔。费用索赔的目的是要求经济补偿。当施工的客观条件改变等因素导致承包人增加开支时,承包人会要求经济补偿,以挽回不应由他承担的经济损失。

3)工程索赔的处理原则

(1)索赔必须以合同为依据。遇到索赔事件时,工程参与方应以完全独立的身份,站在客观公正的立场上审查索赔要求的正当性。必须对合同条件、协议条款等有详细的了解,以合同为依据来公平处理合同双方的利益纠纷。

(2)及时、合理地处理索赔。索赔事件发生后,索赔的提出应当及时,索赔的处理也应当及时。索赔处理得不及时,对双方都会产生不利的影响。如承包人的索赔长期得不到合理解决,索赔积累的结果会导致其资金困难,同时会影响工程进度,给双方都带来不利的影响。处理索赔还必须坚持合理性原则,既要考虑国家的有关规定,也应当考虑工程的实际情况。

(3)加强主动控制,减少工程索赔。对于工程索赔应当加强主动控制,尽量减少索赔。这就要求在工程管理过程中,应当尽量将工作做在前面,减少索赔事件的发生。这样能够使工程更顺利地进行，降低工程投资、缩短施工工期。

4）索赔的依据

（1）招标文件、施工合同文本及附件，其他双方签字认可的文件（如备忘录、修正案等），经认可的工程实施计划、各种工程图纸、技术规范等。这些索赔的依据可在索赔报告中直接引用。

（2）双方的往来信件及各种会谈纪要。在合同履行过程中，发包人、监理工程师和承包人定期或不定期的会谈所做出的决议或决定，是合同的补充，应作为合同的组成部分，但会谈纪要只有经过各方签署后才可作为索赔的依据。

（3）进度计划、现场签证记录等有关文件。这是施工现场变更索赔的重要证据。

（4）气象资料、工程检查验收报告和各种技术鉴定报告，工程中送停电、送停水、道路开通和封闭的记录和证明。

（5）国家有关法律、法令、政策文件，官方的物价指数、工资指数，各种会计核算资料，材料的采购、订货、运输、进场、使用方面的凭据。

5）索赔程序

（1）提出索赔——索赔意向通知。当出现索赔事件时，承包人应先在现场与工程师磋商，如果不能达成妥协方案则应审慎地检查自己索赔的合理性，然后提出索赔要求。按照一般惯例，当索赔事件发生后的 28 天之内，应当先向工程师提出书面的索赔意向通知书，并抄送发包人。当索赔事件是持续发生的事件，那么承包人应该在事件发生之日起 28 天内，提出索赔意向通知书，并在其后每隔一段时间向工程师汇报一次直至事件的结束。

（2）正式提出索赔——提交索赔报告。在索赔通知书发出的 28 天内，或经工程师同意的合理时间内，应提出索赔的正式书面报告，并同时提交各种证据资料。资料应尽可能完备、准确，符合合同条款的约定以及有关法律法规的规定。

索赔报告要一事一报，不要将不同性质的索赔混在一起。索赔不是交易行为，索赔的内容、目的要清晰，索赔的金额、工期应该计算准确，有说服力。

（3）工程师答复——认可、补充或拒绝。根据惯例，工程师在收到承包人送交的索赔报告和有关资料后，应该于28天内给予答复。要么认可承包人的索赔、要么要求承包人补充材料、要么拒绝。如果工程师在收到承包人送交的索赔报告和有关资料后28天内未予答复或未对承包人作进一步要求，视为该项索赔已经被认可。

（4）协调与裁决。如果索赔报告没有获批，合同双方直接谈判没能达成解决问题的一致意见时，可以邀请中间人进行调解，也可以依靠法律程序解决。

## 10.5 工程价款的动态结算

工程建设项目周期长，在整个建设期内工程造价会受到多种因素的影响。工程价款结算时要充分考虑动态因素，把多种因素纳入结算过程，使工程价款结算能反映工程项目的实际消耗费用。

**1. 工程价款动态结算的方法**

工程价款动态结算的主要内容是工程价款价差调整。工程价款价差调整的主要方法有以下几种。

（1）按实际价格结算法。工程承包人可凭发票按实报销。这种方法方便，但由于是实报实销，因而承包商对降低成本不感兴趣，合同文件中应规定建设单位或监理工程师有权要求承包商选择同质价廉的材料、设备，同时约定材料、设备市场价的确定方法。

（2）按主材计算价差。发包人在招标文件中列出需要调整价差的主要材料表及其基期价格（一般采用当时当地工程价格管理机构公布的信息价或结算价），工程竣工结算时按竣工当时当地工程价格管理机构公布的材料信息价或结算价，与招标文件中列出的基期价比较计算材料差价。

（3）主料按抽料计算价差。主要材料按施工图预算计算的用量和竣工当月当地工程价格管理机构公布的材料结算价或信息价与基价对比计算差价。其他材料按当地工程价格管理机构公布的竣工调价系数计算方法计算差价。

（4）竣工调价系数法。按工程价格管理机构公布的竣工调价系数及调价计算方法计算差价。

（5）调值公式法（又称动态结算—公式法）。根据国际惯例，对建设工程已完成投资费用的结算，一般采用此方法。发承包双方可在签订的合同中明确规定调值公式。

### 2. 工程价款调整的程序

工程价款调整报告应由受益方在合同约定时间内向合同的另一方提出,经对方确认后调整合同价款。受益方未在合同约定时间内提出工程价款调整报告的,视为不涉及合同价款的调整。当合同未作约定时,可按下列规定办理。

(1)调整因素确定后 14 天内,由受益方向对方递交调整工程价款报告。受益方在 14 天内未递交调整工程价款报告的,视为不调整工程价款。

(2)收到调整工程价款报告的一方应在收到之日起 14 天内予以确认或提出协商意见,如在 14 天内未作确认也未提出协商意见时,视为调整工程价款报告已被确认。

经发承包双方确定调整的工程价款,作为追加(减)合同价款,与工程进度款同期支付。

## 10.6　工程竣工结算的编制

### 1. 工程竣工结算概念

工程竣工结算是指施工企业按照合同规定的内容全部完成所承包的工程,经验收质量合格,并符合合同要求之后,承包人与发包人间进行的最终工程款结算。

工程竣工结算分为单位工程竣工结算、单项工程竣工结算、建设项目竣工结算。其中单位工程竣工结算和单项工程竣工结算也可看作是分阶段结算。单位工程竣工结算由承包人编制,发包人审查;实行总承包的工程,由具体承包人编制,在总承包人审查的基础上,发包人审查。单项工程竣工结算或建设项目竣工总结算由总包人编制,发包人审查,也可以委托具有相应资质的工程造价咨询机构进行审查。政府投资项目,由同级财政部门审查。单项工程竣工结算或建设项目竣工总结算经发承包人签字盖章后生效。

### 2. 工程竣工结算的编制依据

(1)国家有关法律、法规、规章制度和相关的司法解释。

(2)建设工程工程量清单计价规范。

(3)施工承发包合同、专业分包合同及补充合同,有关材料、设备采购合同。

(4)招标投标文件,包括招标答疑文件、招标承诺、中标报价书及其组成内容。

(5)工程竣工图或施工图、施工图会审记录、经批准的施工组织设计，以及设计变更、工程洽商和相关会议纪要。

(6)经批准的开、竣工报告或停、复工报告。

(7)双方确认的工程量。

(8)双方确认追加(减)的工程价款。

(9)双方确认的索赔、现场签证事项及价款。

(10)其他依据。

**3. 工程竣工结算的编制内容**

(1)工程量增减调整也是工程量差的调整，它是工程竣工结算的主要内容之一。工程量差是指施工图预算工程数量与实际完成工程数量之间的差异。这项差异是竣工结算调整的主要部分。工程量差主要由以下原因造成。

①设计修改和设计漏项。这部分需要增减的工程量，根据设计修改通知单进行调整。

②现场施工更改。如施工中施工方法改变等原因造成的工程量及单价的改变。这部分应根据现场签证记录，按合同或协议约定进行调整。

③施工图预算错误。在编制竣工结算前，应结合工程的验收和实际完成工程量情况，对施工图预算中存在的错误予以纠正。

(2)材料价差调整的原因有以下几种。

①材料代用。是指材料因供应缺口或其他原因而发生的以大代小，以优代劣等情况。

②材料价差。是指建筑材料的预算价格和实际价格的差额。

由建设单位供应的材料按预算价格转给施工企业的，在工程结算时不调整材料价差，其材料价差由建设单位在编制竣工财务决算时摊入工程成本。由施工企业采购的材料，应根据合同的约定、法律法规的相关规定办理，允许调整则调整，不允许调整的则不得调整。

(3)费用的调整一般有以下两种情况。

①工程量的增减变化

工程量的调整必然引起费用发生变化，应根据合同的约定、法律法规的相关规定调整相关费用。以清单报价的工程，需要调整的费用包括分部分项工程费、措施项目费、规费和税金等。

②属于其他费用，如因意外事故等造成停、返工。应根据有关规定，分

清原因具体处理。

**4. 工程竣工结算支付流程**

1）承包人递交竣工结算书

承包人应在合同规定的时间内编制完成竣工结算书，并在提交竣工验收报告的同时递交给发包人。承包人未能在合同约定时间内递交竣工结算书，经发包人催促后 14 天内仍未提供或没有明确答复的，发包人可以根据已有资料办理结算，责任由承包人自负，且若发包人要求交付竣工工程的，承包人应当交付。

2）发包人核对竣工结算书

发包人在收到承包人递交的竣工结算书后，应按合同约定时间核对。同一工程竣工结算核对完成，发、承包双方签字确认后，禁止发包人又要求承包人与另一个或多个工程造价咨询人重复核对竣工结算。在合同约定时间内，不核对竣工结算或未提出核对意见的，视为承包人递交的竣工结算书已经认可，发包人应向承包人支付工程结算价款。承包人在接到发包人提出的核对意见后，在合同约定时间内，不确认也未提出异议的，视为发包人提出的核对意见已经被认可，竣工结算办理完毕。

3）工程竣工结算价款的支付

竣工结算办理完毕，发包人应根据确认的竣工结算书在合同约定时间内向承包人支付工程竣工结算价款。发包人未在合同约定时间内向承包人支付工程结算价款的，承包人可催告发包人支付结算价款。如达成延期支付协议的，发包人应按同期银行同类贷款利率支付拖欠工程价款的利息。如未达成延期支付协议，承包人可以与发包人协商将该工程折价，或申请人民法院将该工程依法拍卖，承包人就该工程折价或者拍卖的价款优先受偿。

**5. 工程竣工结算争议的处理**

发包人以对工程质量有异议，拒绝办理工程竣工结算的，已竣工验收或已竣工未验收但实际投入使用的工程，其质量异议应按该工程保修合同执行，竣工结算按合同约定办理；已竣工未验收且未实际投入使用的工程以及停工、停建工程的质量争议，双方应就有争议的部分委托有资质的检测鉴定机构进行检测。根据检测结果确定解决方案，或按工程质量监督机构的处理决定执行后办理竣工结算，无争议部分的竣工结算按合同约定办理。

**6. 工程竣工结算的作用**

(1)工程竣工结算可作为考核发包人投资效果,核定新增固定资产价值的依据。

(2)工程竣工结算亦可作为双方统计部门确定建安工作量和实物量完成情况的依据。

(3)工程竣工结算还可作为造价部门经建设银行终审定案,确定工程最终造价,实现双方合同约定的责任依据。

(4)工程竣工结算可作为承包商确定最终收入,进行经济核算,考核工程成本的依据。

## 10.7 竣 工 决 算

**1. 建设项目竣工决算的概念**

建设项目竣工决算是指在竣工验收交付使用阶段,由建设单位编制的从建设项目筹建到竣工投产或使用全过程的全部实际支出费用的经济文件。

竣工决算是以实物数量和货币指标为计量单位,综合反映竣工项目从筹建开始到项目竣工交付使用为止的全部建设费用、投资效果和财务情况的总结性文件,是竣工验收报告的重要组成部分。

**2. 建设项目竣工决算内容**

建设项目竣工决算应包括从筹集到竣工投产全过程的全部实际费用,即包括建筑工程费、安装工程费、设备工器具购置费用及预备费等费用。竣工决算的内容包括竣工财务决算说明书、竣工财务决算报表、工程竣工图和工程造价对比分析 4 个部分。其中竣工财务决算说明书和竣工财务决算报表又合称为竣工财务决算,它是竣工决算的核心内容。

1)竣工财务决算说明书

竣工财务决算说明书主要反映竣工工程建设成果和经验,是对竣工决算报表进行分析和补充说明的文件,是全面考核分析工程投资与造价的书面总结,其内容主要包括以下几个方面。

(1)基本建设项目概况。

(2)会计账务的处理、财产物资清理及债权债务的清偿情况。

(3)基建结余资金等分配情况。

(4)主要技术经济指标的分析、计算情况。

(5)基本建设项目管理及决算中存在的问题、建议。

(6)决算与概算的差异和原因分析。

(7)需说明的其他事项。

2)竣工财务决算报表

建设项目竣工财务决算报表是根据大、中型建设项目和小型建设项目分别制订的。

大、中型建设项目竣工决算报表包括:建设项目竣工财务决算审批表;大、中型建设项目概况表;大、中型建设项目竣工财务决算表;大、中型建设项目交付使用资产总表;建设项目交付使用资产明细表。

小型建设项目竣工财务决算报表包括建设项目竣工财务决算审批表、竣工财务决算总表、建设项目交付使用资产明细表等。

3)建设工程竣工图

建设工程竣工图是真实地记录各种地上、地下建筑物、构筑物等情况的技术文件,是工程进行交工验收、维护、改建和扩建的依据,是国家的重要技术档案。全国各建设、设计、施工单位和各主管部门都要认真做好竣工图的编制工作。国家规定:各项新建、扩建、改建的基本建设工程,特别是基础、地下建筑、管线、结构、井巷、桥梁、隧道、港口、水坝以及设备安装等隐蔽部位,都要编制竣工图。为确保竣工图质量,必须在施工过程中(不能在竣工后)及时做好隐蔽工程检查记录,整理好设计变更文件。编制竣工图的形式和深度,应根据不同情况区别对待,其具体要求包括以下几个方面。

(1)凡按图竣工没有变动的,由承包人(包括总包和分包承包人,下同)在原施工图上加盖"竣工图"标志后,即作为竣工图。

(2)凡在施工过程中,虽有一般性设计变更,但能将原施工图加以修改补充作为竣工图的,可不重新绘制,由承包人负责在原施工图(必须是新蓝图)上注明修改的部分,并附以设计变更通知单和施工说明,加盖"竣工图"标志后,作为竣工图。

(3)凡结构形式改变、施工工艺改变、平面布置改变、项目改变以及有其他重大改变,不宜再在原施工图上修改、补充时,应重新绘制改变后的竣工图。由原设计原因造成的,由设计单位负责重新绘制;由施工原因造成的,由承包人负责重新绘图;由其他原因造成的,由建设单位自行绘制或委托设计单位绘制。承包人负责在新图上加盖"竣工图"标志,并附以有关记录和说明,作为竣工图。

4)工程造价对比分析

在实际工作中,应主要分析以下内容。

(1)主要实物工程量。对于实物工程量出入比较大的情况,必须查明原因。

(2)主要材料消耗量,考核主要材料消耗量,要按照竣工决算表中所列明的三大材料实际超概算的消耗量,查明是在工程的哪个环节超出量最大,再进一步查明超耗的原因。

(3)考核建设单位管理费、措施费等费用的取费标准。建设单位管理费、措施费等费用取费标准要按照国家和各地的有关规定,根据竣工决算报表中所列的建设单位管理费与概预算所列的建设单位管理费数额进行比较,依据规定查明多列或少列的费用项目,确定其节约超支的数额,并查明原因。

**3. 竣工决算的编制**

1)工程竣工决算的编制依据

(1)经批准的可行性研究报告及其投资估算书。

(2)经批准的初步设计或扩大初步设计及其概算或修正概算书。

(3)经批准的施工图设计及其施工图预算书。

(4)设计交底或图纸会审会议纪要。

(5)招投标的标底、承包合同、工程结算资料。

(6)施工记录或施工签证单及其他施工过程中发生的费用记录如索赔报告与记录、停工报告等。

(7)竣工图及各种竣工验收记录。

(8)历年基建资料、历年财务决算与文件。

(9)设备、材料调价文件调价记录。

(10)有关财务核算制度、办法及其他相关资料、文件等。

2)工程竣工决算的编制步骤

(1)收集、整理、分析原始资料。从工程开始就按编制依据的要求,收集、整理、分析有关资料,做好建设项目档案资料的归集整理和财务处理;对各种设备、材料、工具、器具等要逐项盘点核实并填列清单,妥善保管。

(2)核对工程量及工程造价。将竣工资料与原设计图纸进行查对、核实,必要时可实地测量,确认实际变动情况。根据以审定的施工单位竣工结算等原始资料,按照有关规定对原概(预)进行增减调整,重新核定工程造价。

(3)核定其他各项投资费用。

(4)编制竣工财务决算说明书。按上述要求编制,力求内容全面、简明扼要、文字流畅、说明问题。

(5)填报竣工财务决算报表。建设项目投资支出各项费用在归类后分别计入各报表内。计入固定资产价值内的费用有建筑工程费、安装工程费、设备及工器具购置费(单位价值在规定标准以上,使用期超过一年的)及待摊投资支出;计入无形资产的费用有土地费用(以出让方式取得土地使用权)、国内外的专有技术和专利及商标使用费及技术保密费等;计入递延资产的费用有样品样机购置费、生产职工培训费等。

(6)做好工程造价对比分析工作。

(7)清理、装订竣工图。

(8)按国家规定上报审批、存档。

**4. 工程竣工结算与竣工决算的关系**

(1)编制人和审查人不同。竣工结算是由施工单位编制的,竣工决算是由建设单位编制的。单位工程竣工结算由承包人编制,发包人审查;实行总承包的工程,由具体承包人编制,在总承包人审查的基础上,发包人审查。单项工程竣工结算或建设项目竣工总结算由总(承)包人编制,发包人可直接审查,也可以委托具有相应资质的工程造价咨询机构进行审查。

(2)编制范围不同。竣工结算主要是针对单位工程编制的,单位工程竣工后便可以进行编制,而竣工决算是针对建设项目编制的,必须在整个建设项目全部竣工后才可以进行编制。

(3)编制作用不同。竣工结算是建设单位与施工单位结算工程价款的依据,是核实施工企业生产成果、考核工程成本的依据,是施工企业确定经营活动最终收入的依据,是建设单位编制建设项目竣工决算的依据。而竣工决算是建设单位考核基本建设基本效果的依据,是正确确定固定资产价值和正确计算固定资产折旧费的依据,同时,也是建设项目竣工验收委员会或验收小组对建设项目进行验收交付使用的依据。

## 习　　题

1. 工程结算、工程结算有哪些方式？
2. 工程变更的处理程序是什么？
3. 工程价款动态结算的方法是什么？
4. 简述工程索赔及工程索赔的处理程序。
5. 工程竣工结算的支付流程是什么？

# 附录　建设工程计量与计价案例

## 附录1　建筑与装饰工程计量与计价案例

### 附录1.1　设计说明节选

本工程室内外高差为450mm，建筑总高度11.55m，本工程六度抗震设计，框架结构，主体三层，建筑耐火等级为二级，材料耐火等级为一级，本土尺寸除标高以米计算外，其余尺寸均以毫米计算。门窗表如表A1－1所列。一层平面图如图A1－1所示。二层平面图如图A1－2所示，屋顶平面图如图A1－3所示，此立面图如图A1－4所示，南立面图如图A1－5所示，Ⅰ—Ⅰ剖面图如图A1－6所示。

表A1－1　门窗表

| 门窗名称 | 洞口尺寸 | 门窗数量 | 图集名称 | 备　注 |
|---|---|---|---|---|
| C1518 | 1500×1800 | 11 | 06J607－1图集 | |
| C1212 | 1200×1200 | 6 | 06J607－1图集 | |
| C1818 | 1800×1800 | 9 | 06J607－1图集 | |
| C2018 | 2000×1800 | 6 | 06J607－1图集 | |
| M1527 | 1500×2700 | 1 | xxJ7－01 DLM－1527 | |
| M0921 | 900×2100 | 3 | xxJ2－93－16M0921 | |
| M1021 | 1000×2100 | 15 | xxJ9－93－16M1021 | |

本设计所用材料规格，施工要求等除注明外，均按现行建筑安装工程施工及验收规格执行。

土建施工中的水、电预留洞，预埋件，预埋管道等，由各设备专业与土建施工专业单位配合进行预埋管道，密切配合施工。

(1)屋面工程：自上而下做法为刚性防水砂浆屋面有分格缝厚25mm，实际厚度40mm，石灰砂浆隔离层3mm，单层SBS改性沥青防水卷材，水泥

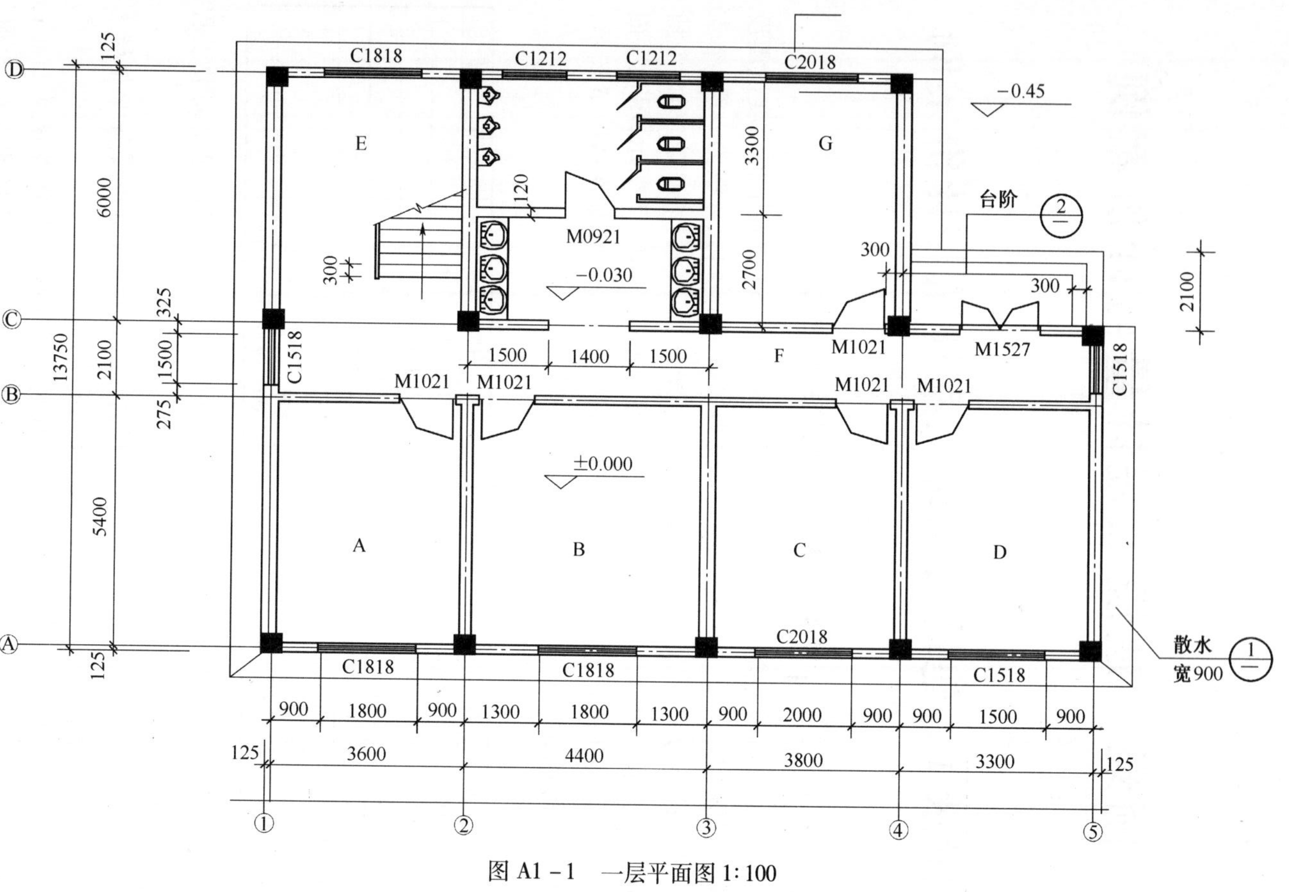


图 A1－1　一层平面图 1:100

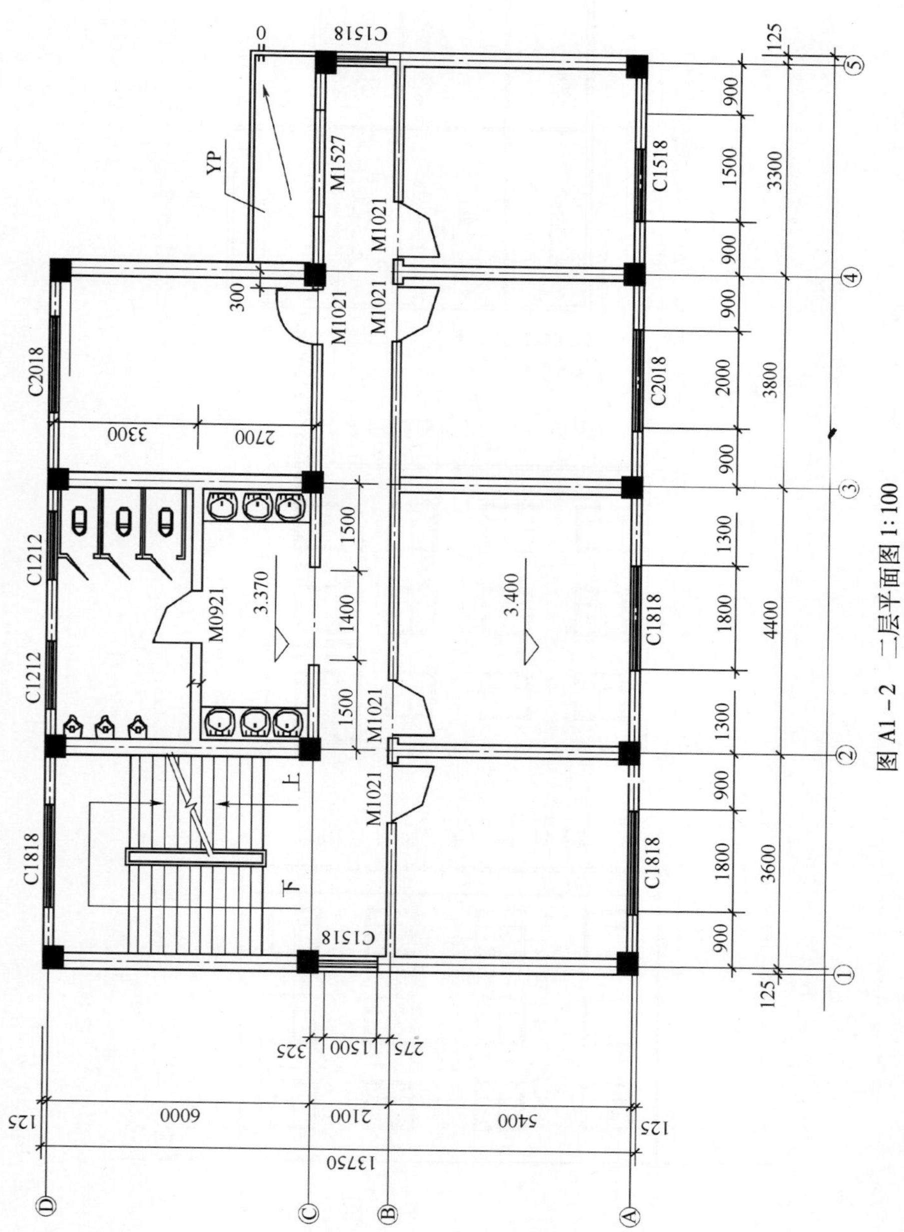


图 A1-2　二层平面图 1:100

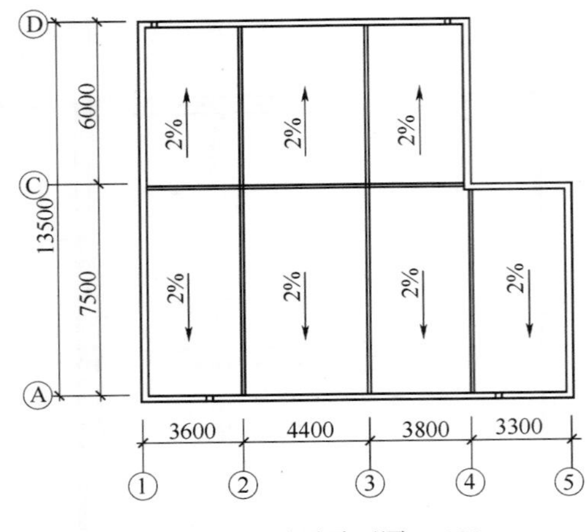


图 A1－3 屋顶平面图 1:100

图 A1－4 北立面图 1:100

图 A1－5 南立面图 1:100

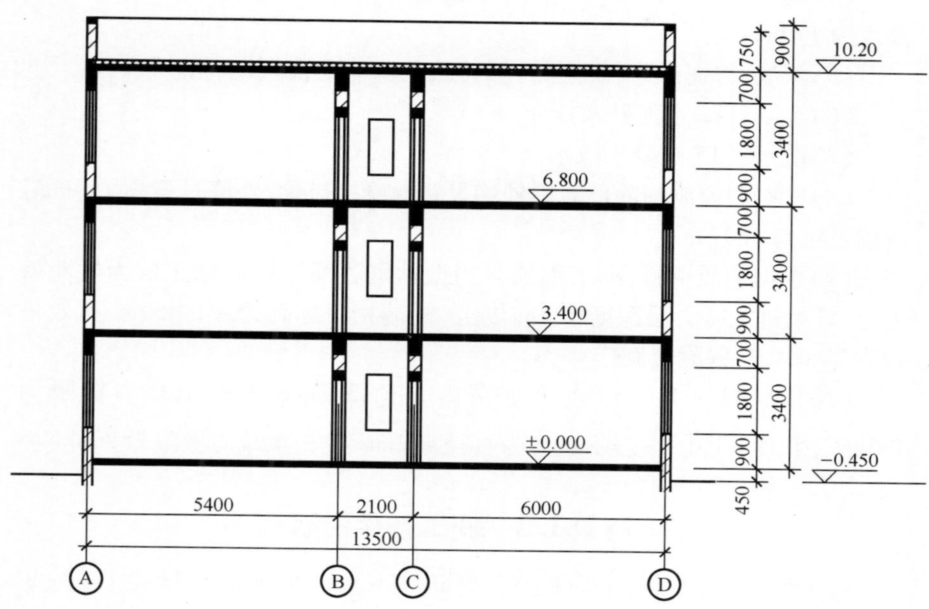


图 A1-6　Ⅰ-Ⅰ剖面图1∶100

砂浆找平层，屋面铺水泥珍珠岩块保温隔热，水泥砂浆找平层。PVCΦ100 水落管屋面排水。

（2）楼地面工程。

地面：卫生间为 300×300 地砖，水泥砂浆粘贴。自上而下做法为：20 厚 1∶3 水泥砂浆找平层，150 厚 C15 混凝土垫层，30 厚碎石垫层，防水砂浆防水（立面做 1500mm）。

其余地面自上而下做法为：水磨石地面，20 厚 1∶3 水泥砂浆找平层，150 厚 C15 混凝土垫层，30 厚碎石垫层。

（3）砌筑工程。

外墙：自内而外做法为 20 厚水泥砂浆找平，30 厚聚苯乙烯泡沫板，附墙铺贴，20 厚水泥砂浆抹平。

内墙：卫生间用 152×152 瓷砖，砂浆粘贴。

其余内墙均为 20 厚 1∶2 水泥砂浆抹平。

砖基础、女儿墙、卫生间半砖墙使用标准粘土砖，其他墙体使用 250mm 加气混凝土砌块。

(4)踢脚:卫生间为 150mm 高黑色缸砖。其余内墙均用水磨石踢脚,高度为 150mm。

(5)板底:水泥砂浆(加老粉)掺建筑胶水抹平,刷素水泥砂浆两道。

(6)台阶:1∶2 水泥砂浆抹面。

(7)散水:C15 混凝土散水。

(8)所有门窗洞顶除已有梁外均设置混凝土过梁,外墙过梁高 130mm,内墙过梁高 100mm。

(9)根据地质资料,本工程桩采用振动沉管灌注桩以粘土层为撞断持力层,桩端进入持力层深度 1.5m 以上,桩端相对标高为 -1.450m,有效桩长为 20m,C30 混凝土制作。

(10)图 A1-1 中○表示桩型为直径 377mm 单桩承载力极限为 550kN,图 A1-1 中⊘表示桩型为直径 477mm 单桩承载力极限为 700kN。

## 附录 1.2 施工条件说明

(1)施工地形平坦,土质较好。常年地下水位在地面 1.5m 以下,施工时可考虑为三类干土。

(2)施工土方采用人工开挖,人力车运土,卷扬机井架垂直运输。

## 附录 1.3 预算编制说明

(1)本工程预算按包工包料承包方式。

(2)本工程的模板按含模量,钢筋按设计图纸计算。

(3)编制依据:《建设工程工程量清单计价规范》(GB 50500—2008)和《江苏省建筑与装饰工程计价表》(2004)。

(4)本报预算中材料均按《江苏省建筑与装饰工程计价表》(2004)中的预算价格计价。

(5)一层平面图中 A、B、C、D、E、F、G 是为方便读者阅读楼地面工程与内墙面装饰工程的计算过程而给房间、楼梯间(E)和走廊(F)起的识别名称,以墙中心线为分界线。

(6)为方便读者对量,计算时通常没有进行数据的四舍五入,合价汇总和不影响对量的情况下部分数据进行了四舍五入。1∶50 的一层平面图及二层平面图分别如图 A1-7、图 A1-8 所示。1∶20 的Ⅰ-Ⅰ剖面图如图

A1－9 所示。

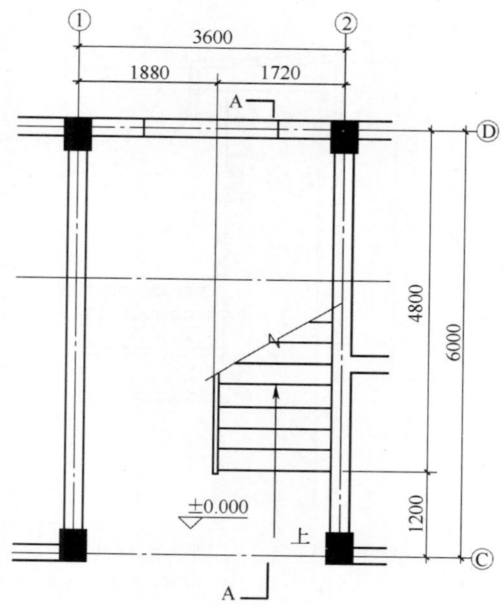


图 A1－7　一层平面图 1∶50

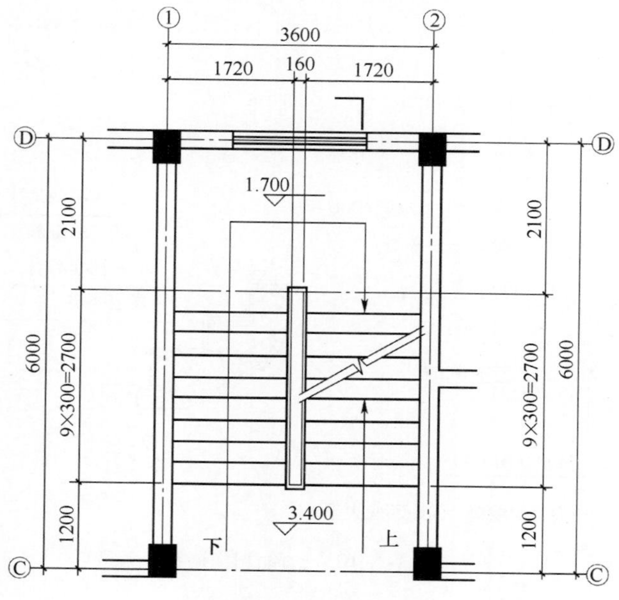


图 A1－8　二层平面图 1∶50

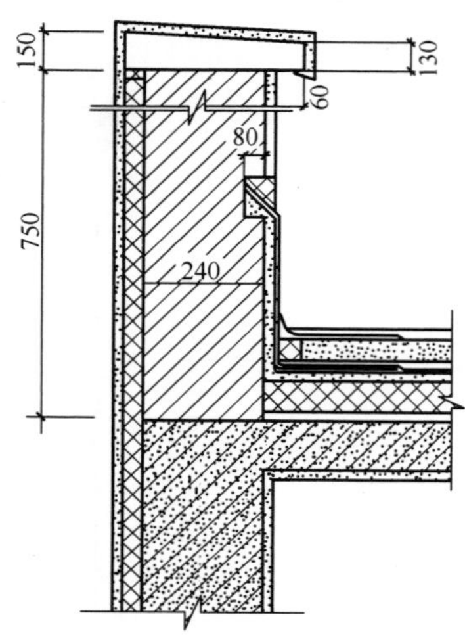


图 A1－9 Ⅰ－Ⅰ剖面图 1∶20

其中台阶详图如图 A1－10 所示；平面配筋图如图 A1－11 所示；桩身详图如图 A1－12 所示；柱中详图如图 A1－13 所示；基础平面图如图 A1－14所示；砖基顶详图如图 A1－15 所示；二层梁配筋平面图如图A1－16 所示。

计价表工程量计算表如表 A1－2 所列。

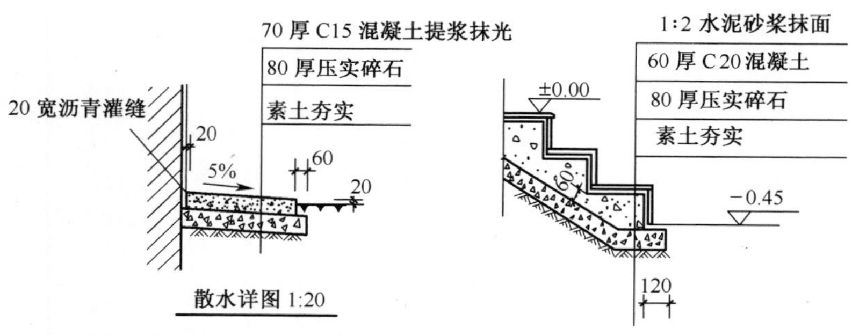


图 A1－10 台阶详图 1∶20

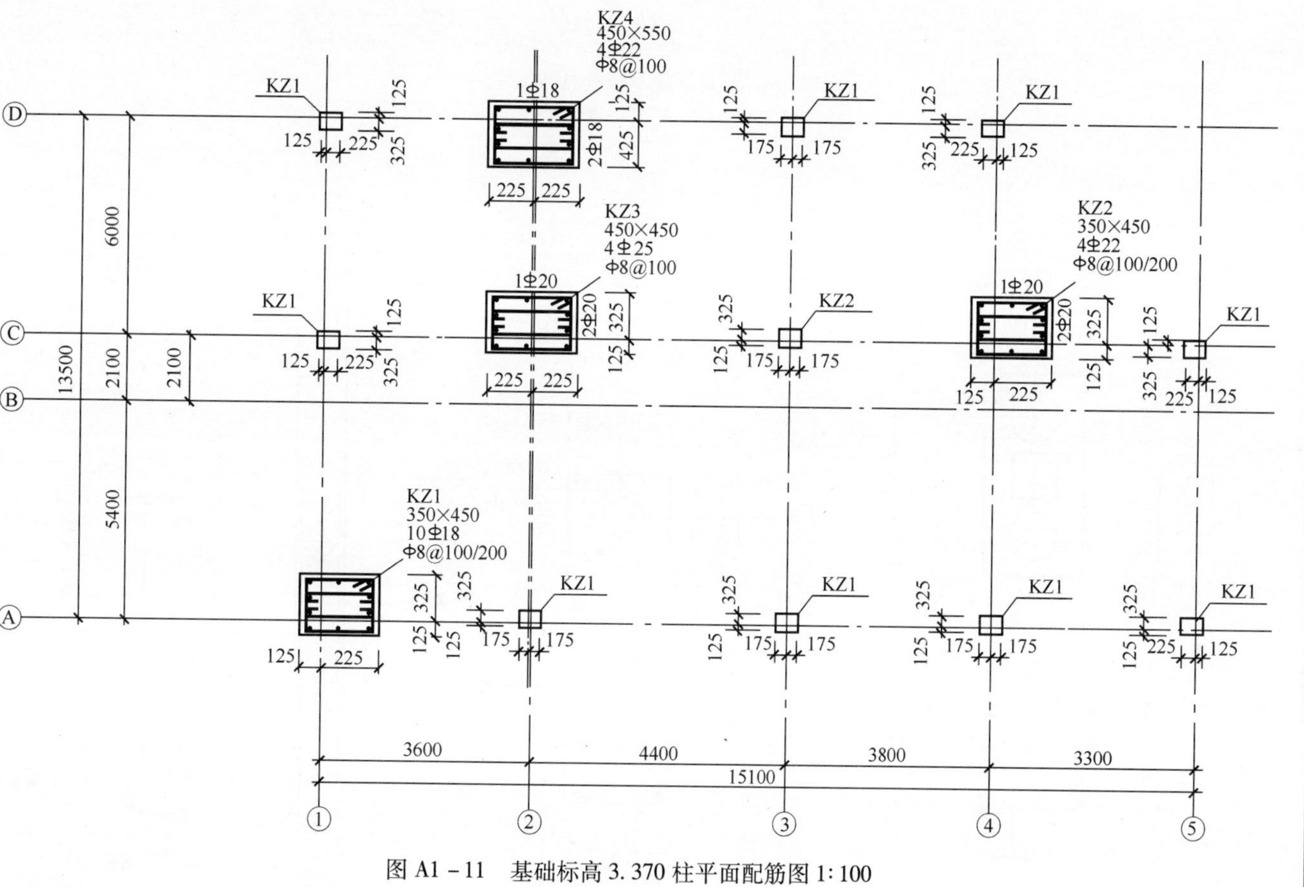


图 A1-11 基础标高 3.370 柱平面配筋图 1:100

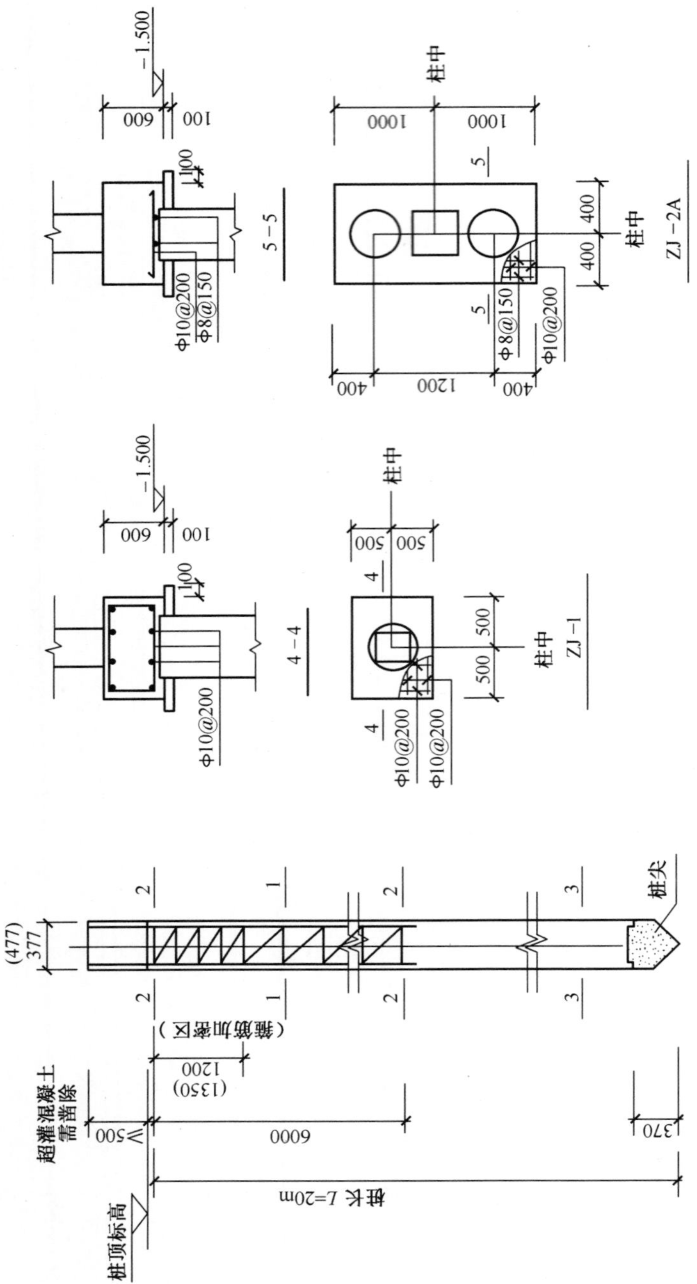
-1.500
600
100
Φ10@200
Φ8@150
5－5
柱中
1000
1000
400
400
1200
ZJ－2A
4－4
500
500
ZJ－1
Φ10@200
(477)
377
桩尖
超灌混凝土
需凿除
桩顶标高
≥500
6000
1200
(1350)
(箍筋加密区)
桩长 L=20m
370

图 A1－12 桩身详图

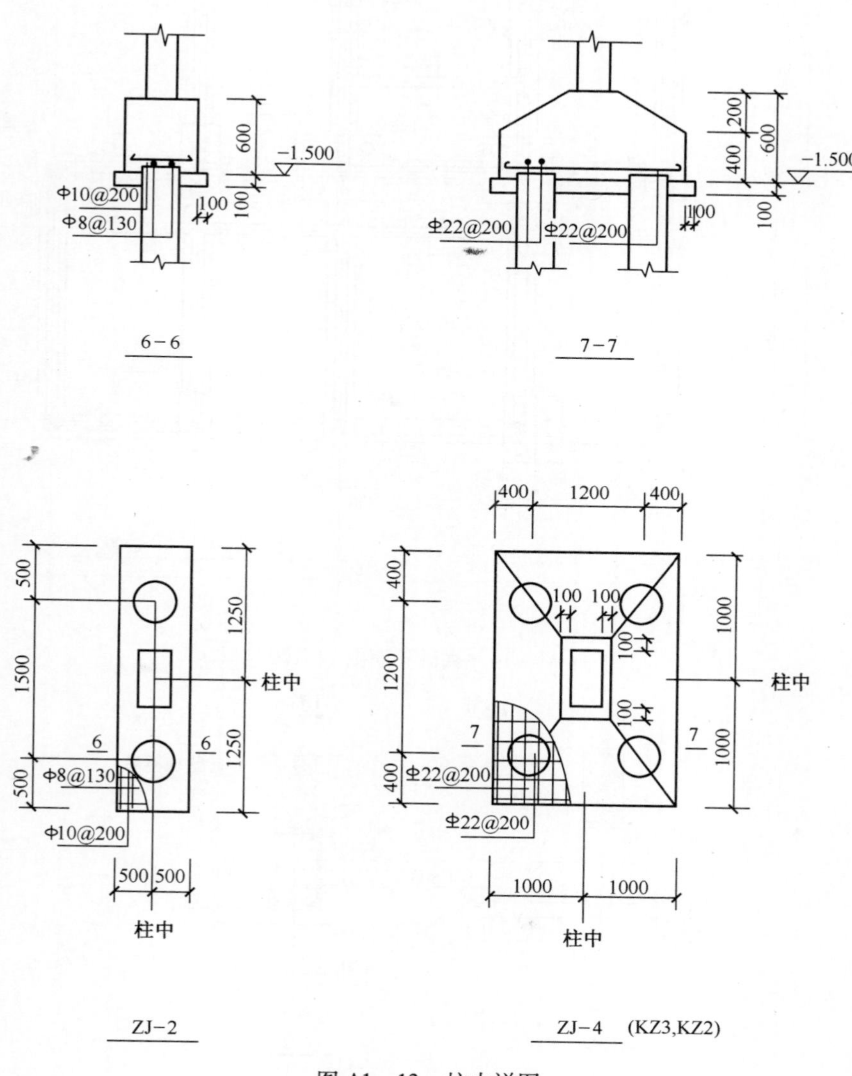


图 A1-13　柱中详图

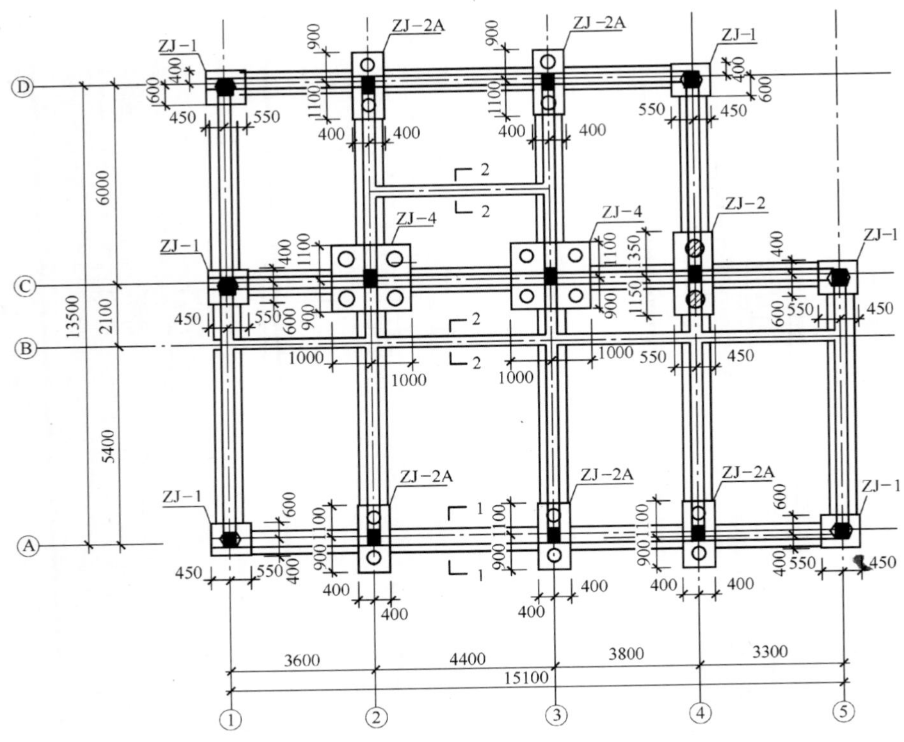


图 A1－14　基础平面图 1：100

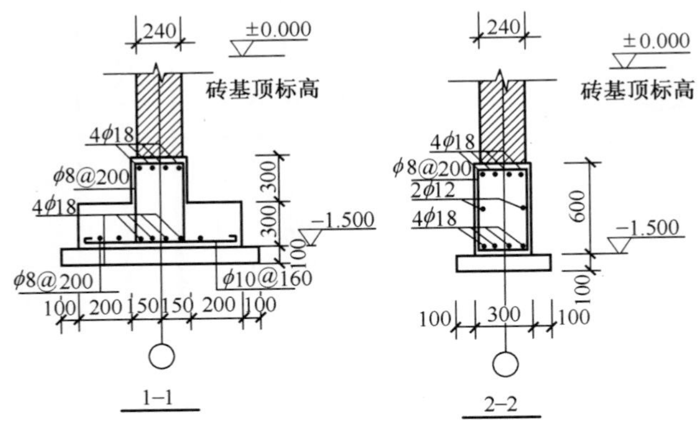


图 A1－15　砖基顶详图

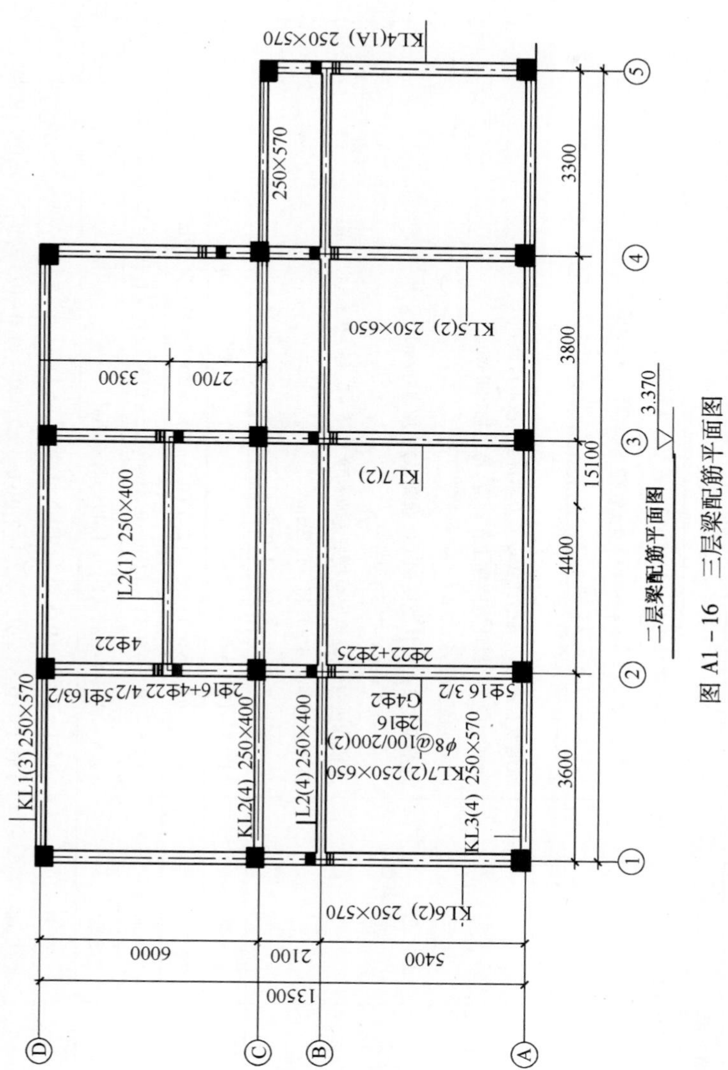

图 A1-16　三层梁配筋平面图

表 A1－2 计价表工程量计算表

| 序号 | 分部分项工程名称 | 部位与编号 | 单位 | 计算式 | 计算结果 |
|---|---|---|---|---|---|
| 一、土方及基础工程 | | | | | |
| 1 | 平整场地 | | $m^2$ | 按建筑物外墙外边线每边各加2m以平方米计算 | 323.66 |
| | | | | $(15.1+0.25+2+2)\times(13.5+0.25+2+2)=343.46m^2$<br>$343.46-19.8=323.66m^2$ | |
| 2 | 挖土方 | | $m^3$ | | 167.789 |
| | 条基土方 | 计算基数 | | 按地槽长度乘以地槽面积以立方米计算(含工作面)<br>地槽宽度1:(设计宽度加工作面宽,每边加300mm)<br>$0.7+0.3\times2=1.3m$<br>地槽宽度2:(设计宽度加工作面宽,每边加300mm)<br>$0.3+0.3\times2=0.9m$<br>地槽深度:(室外地坪至槽底垂直高度)$1.5-0.45+0.1=1.15m$<br>地槽断面1:$1.3\times1.15=1.495m^2$<br>地槽断面2:$0.9\times1.15=1.035m^2$ | 107.943 |
| | | 1轴 | | $[13.5-(0.6+0.3)\times2-(1.0+0.3\times2)]\times1.495=15.1m^3$ | 15.1 |
| | | 2、3轴 | | $[13.5-(1.1+0.3)\times2-(2.0+0.3\times2)]\times2\times1.495=24.22m^3$ | 24.22 |
| | | 4轴 | | $[13.5-(0.6+0.3)-(1.1+0.3)-(2.5+0.3\times2)]\times1.495=12.11m^3$ | 12.11 |
| | | 5轴 | | $[7.5-(0.6+0.3)\times2]\times1.495=8.522m^3$ | 8.522 |
| | | A轴 | | $[15.1-(0.55+0.3)\times2-(0.8+0.3\times2)\times3]\times1.495=13.754m^3$ | 13.754 |
| | | C轴 | | $[15.1-(0.55+0.3)\times2-(2.0+0.3\times2)\times2-(1.0+0.3\times2)]]\times1.495=9.867m^3$ | 9.867 |
| | | D轴 | | $[11.8-(0.55+0.3)\times2-(0.8+0.3\times2)\times2]\times1.495=10.914m^3$ | 10.914 |

（续）

| 序号 | 分部分项工程名称 | 部位与编号 | 单位 | 计 算 式 | 计算结果 |
|---|---|---|---|---|---|
| | | B 轴 | | [15.1 − (0.55 + 0.3) × 2 − (0.7 + 0.3 × 2) × 3] × 1.035 = 9.83m³ | 9.83 |
| | | 1/C 轴 | | [4.4 − (0.7 + 0.3 × 2)] × 1.035 = 3.21m³ | 3.21 |
| | 柱基土方 | | m³ | | 59.846 |
| | | ZJ1 | | (1.0 + 0.3 × 2) × (1.0 + 0.3 × 2) × 1.15 × 6 = 17.664m³ | 17.664 |
| | | ZJ2A | | (0.8 + 0.3 × 2) × (2.0 + 0.3 × 2) × 1.15 × 5 = 20.93m³ | 20.93 |
| | | ZJ2 | | (1.0 + 0.3 × 2) × (2.5 + 0.3 × 2) × 1.15 = 5.704m³ | 5.704 |
| | | ZJ4 | | (2.0 + 0.3 × 2) × (2.0 + 0.3 × 2) × 1.15 × 2 = 15.548m³ | 15.548 |
| 3 | 回填土 | | | | 150.82 |
| | 基础土方回填 | | m³ | 基槽回填土体积 = 挖土体积 − 设计室外地坪以下埋设的体积(包括基础垫层、柱、墙基础及柱等)<br>扣垫层：10.414m³<br>扣基础：13.852 + 25.786 = 39.638m³<br>扣砖基础：24.257 × 0.45/0.9 = 12.1285m³<br>挖土方总量：107.943 + 59.846 = 167.789m³<br>基础土方回填：167.789 − 10.414 − 39.638 − 12.1285 = 105.61m³ | 105.61 |
| | 室内回填土 | | m³ | 按主墙间净面积乘填土厚度计算 | 45.09 |
| | | A | | 首层 A、B、C、D、E、F、G 房间的回填土高度：0.45 − 0.17 = 0.28m<br>A 房间面积：(3.6 − 0.25) × (5.4 − 0.25) = 17.253m²<br>A 房间回填土体积：17.253 × 0.28 = 4.83m³ | 4.83 |
| | | B | | B 房间面积：(4.4 − 0.25) × (5.4 − 0.25) = 21.373m²<br>B 房间回填土体积：21.373 × 0.28 = 5.98m³ | 5.98 |
| | | C | | C 房间面积：(3.8 − 0.25) × (5.4 − 0.25) = 18.283m²<br>C 房间回填土体积：18.283 × 0.28 = 5.12m³ | 5.12 |
| | | D | | D 房间面积：(3.3 − 0.25) × (5.4 − 0.25) = 15.708m²<br>D 房间回填土体积：15.708 × 0.28 = 4.4m³ | 4.4 |
| | | E | | E 房间面积：6 × (3.6 − 0.25) = 20.1m²<br>E 房间回填土体积：20.1 × 0.28 = 5.63m³ | 5.63 |

（续）

| 序号 | 分部分项工程名称 | 部位与编号 | 单位 | 计算式 | 计算结果 |
|---|---|---|---|---|---|
| | | F | | F房间面积：(15.1－0.25)×(2.1－0.25)＝23.863$m^2$<br>F房间回填土体积：23.863×0.28＝7.69$m^3$ | 7.69 |
| | | G | | G房间面积：(3.8－0.25)×(2.1－0.25)＝27.863$m^2$<br>G房间回填土体积：27.863×0.28＝5.72$m^3$ | 5.72 |
| | | | | 卫生间面积：(4.4－0.25)×(6－0.25－0.24)＝22.8665$m^2$（计算时取22.87$m^2$）<br>卫生间回填土高度：0.45－0.2＝0.25m<br>卫生间回填土体积：22.87×0.25＝5.72$m^3$ | 5.72 |
| 4 | 余土外运 | | $m^3$ | 挖土总体积：条基挖土＋柱基挖土＝107.943＋59.846＝167.789$m^3$<br>余土外运：挖土总体积－基础回填土－室内回填土<br>167.789－105.61－45.09＝17.09$m^3$ | 17.09 |
| 打桩及基础垫层 | | | | | |
| 5 | 桩 | | $m^3$ | 灌注混凝土均按设计桩长乘以标准管外径以立方米计算 | 68.74 |
| | | 桩径477mm | | 3.14×(0.477÷2)×20×8＝28.58$m^3$ | |
| | | 桩径377mm | | 3.14×(0.377÷2)×20×18＝40.17$m^3$ | |
| 6 | 独立基础垫层 | | $m^3$ | 按图示尺寸以立方米计算 | 3.256 |
| | | ZJ1 | | 1.2×1.2×0.1×6＝0.864$m^3$ | 0.864 |
| | | ZJ2A | | 1×2.2×0.1×5＝1.1$m^3$ | 1.1 |
| | | ZJ2 | | 1.2×2.7×0.1＝0.324$m^3$ | 0.324 |
| | | ZJ4 | | 2.2×2.2×0.1×2＝0.968$m^3$ | 0.968 |
| | 合计 | | | 0.864＋1.1＋0.324＋0.968＝3.256$m^3$ | |
| 7 | 条基垫层 | | $m^3$ | 按图示尺寸以立方米计算 | 10.414 |
| | | | | 截面积1：0.9×0.1＝0.09$m^2$；截面积2：0.5×0.1＝0.05$m^2$ | |
| | | 1轴 | $m^3$ | (13.5－0.7×2－1.2)×0.09＝0.981$m^3$ | 0.981 |
| | | 2、3轴 | | (13.5－1.2×2－2.2)×0.09×2＝1.602$m^3$ | 1.602 |

（续）

| 序号 | 分部分项工程名称 | 部位与编号 | 单位 | 计 算 式 | 计算结果 |
|---|---|---|---|---|---|
| | | 4 轴 | | (13.5 − 1.2 − 0.7 − 2.7) × 0.09 = 0.801$m^3$ | 0.801 |
| | | 5 轴 | | (7.5 − 0.7 × 2) × 0.09 = 0.549$m^3$ | 0.549 |
| | | A 轴 | | (15.1 − 0.65 × 2 − 1 × 3) × 0.09 = 0.972$m^3$ | 0.972 |
| | | C 轴 | | (15.1 − 0.65 × 2 − 2.2 × 2 − 1.2) × 0.09 = 0.738$m^3$ | 0.738 |
| | | D 轴 | | (11.8 − 0.65 × 2 − 1 × 2) × 0.09 = 0.765$m^3$ | 765 |
| | | B 轴 | | (15.1 − 0.9 × 4) × 0.05 = 0.575$m^3$ | 0.575 |
| | | 1/C 轴 | | (4.4 − 0.9) × 0.05 = 0.175$m^3$ | 0.175 |
| 8 | 混凝土垫层 | 地面混凝土垫层 | $m^3$ | 0.15 × 140.6 = 21.09$m^3$<br>(23.3645 是卫生间地面面积，计算时取 23.36。140.6 是其他地面面积) | 21.09 |
| | | 卫生间混凝土垫层 | $m^3$ | 0.15 × 23.36 = 3.50$m^3$ | 3.5 |
| 9 | 碎石垫层 | 地面碎石垫层 | $m^3$ | 0.3 × 140.6 = 42.18$m^3$ | 42.18 |
| | | 卫生间碎石垫层 | $m^3$ | 0.3 × 23.36 = 7.01$m^3$ | 7.01 |
| 砌体工程 | | | | | |
| 10 | 砖基础 | | $m^3$ | 按砖基础图示尺寸以立方米计算 | 24.257 |
| | | 1 轴 | | 砖基础高度：1.5 − 0.6 = 0.9m<br>(13.5 − 0.325 − 0.45 − 0.325) × 0.24 × 0.9 = 2.678$m^3$ | 2.678 |
| | | 2 轴 | | (13.5 − 0.325 − 0.45 − 0.425) × 0.24 × 0.9 = 2.657$m^3$ | 2.657 |
| | | 3、4 轴 | | (13.5 − 0.325 − 0.45 − 0.325) × 0.24 × 0.9 × 2 = 5.3568$m^3$ | |
| | | 5 轴 | | (5.4 + 2.1 − 0.325 × 2) × 0.24 × 0.9 = 1.480$m^3$ | 1.480 |
| | | A 轴 | | (15.1 − 0.225 × 2 − 0.325 × 3) × 0.24 × 0.9 = 2.938$m^3$ | 2.938 |
| | | C 轴 | | (15.1 − 0.225 × 2 − 0.45 − 0.35 × 2) × 0.24 × 0.9 = 2.916$m^3$ | 2.916 |
| | | D 轴 | | (3.6 + 4.4 + 3.8 − 0.225 × 2 − 0.45 − 0.35) × 0.24 × 0.9 = 2.279$m^3$ | 2.279 |

（续）

| 序号 | 分部分项工程名称 | 部位与编号 | 单位 | 计算式 | 计算结果 |
|---|---|---|---|---|---|
| | | B 轴 | | $(15.1-0.24\times4)\times0.24\times0.9=3.054m^3$ | 3.054 |
| | | 1/C 轴 | | $(4.4-0.24)\times0.24\times0.9=0.899m^3$ | 0.899 |
| 11 | 防潮层 | | $m^2$ | $24.257\div0.9=26.95m^2$ | 26.952 |
| | 砌块墙 | | | | 58.046 |
| 12 | 外墙 | | $m^3$ | | 27.74 |
| | | 计算基数 | | 扣窗：$[1.8\times1.8\times3+1.2\times1.2\times2+2\times1.8\times2+1.5\times1.8\times3]\times0.25=6.975m^3$<br>扣门：$1.5\times2.7\times0.25=1.0125m^3$<br>扣过梁：$0.741m^3$<br>首层外墙高度：层高 − 梁高 | |
| | | 1 轴 | | $0.25\times(13.5-0.325\times2-0.45)\times(3.4-0.57)=8.773m^3$ | 8.773 |
| | | 4 轴 | | $0.25\times(6-0.325\times2)\times(3.4-0.65)=3.678m^3$ | 3.678 |
| | | 5 轴 | | $0.25\times(5.4+2.1-0.325\times2)\times(3.4-0.57)=4.846m^3$ | 4.846 |
| | | A 轴 | | $0.25\times(15.1-0.225\times2-0.35\times3)\times(3.4-0.57)=9.622m^3$ | 9.622 |
| | | C 轴 | | $0.25\times(3.3-0.125-0.225)\times(3.4-0.57)=2.089m^3$ | 2.089 |
| | | D 轴 | | $0.25\times(3.6+4.4+3.8-0.225\times2-0.45-0.35)\times(3.4-0.57)=7.464m^3$ | 7.464 |
| | 合计 | | | $8.773+3.678+4.846+9.622+2.089+7.464-6.975-1.0125-0.741=27.74m^3$ | |
| 13 | 内墙 | | $m^3$ | | 30.306 |
| | | 计算基数 | | 扣门：(250mm)$1\times2.1\times5\times0.25=2.625m^3$<br>扣洞：$1.4\times(3.4-0.4)\times0.25=1.05m^3$<br>扣过梁：$0.204m^3$ | |
| | 砌块墙 | 2 轴 | | $0.25\times(6-0.425-0.325+5.4-0.125-0.325)\times(3.4-0.65)=7.013m^3$ | 7.013 |
| | | 3 轴 | | $0.25\times(6-0.325\times2+5.4-0.125-0.325)\times(3.4-0.65)=7.081m^3$ | 7.081 |
| | | 4 轴 | | $0.25\times(5.4-0.125-0.325)\times(3.4-0.65)=3.403m^3$ | 3.403 |
| | | B 轴 | | $0.25\times(15.1-0.25)\times(3.4-0.4)=11.138m^3$ | 11.138 |
| | | C 轴 | | $0.25\times(4.4+3.8-0.225\times2-0.35)\times(3.4-0.4)=5.55m^3$ | 5.55 |

（续）

| 序号 | 分部分项工程名称 | 部位与编号 | 单位 | 计算式 | 计算结果 |
|---|---|---|---|---|---|
| | 合计 | | | 7.013 + 7.081 + 3.403 + 11.138 + 5.55 − (2.625 + 1.05) − 0.204 = 30.306m³ | |
| | 卫生间标准砖墙 | 1/C 轴 | m³ | 扣门：(120mm)0.9 × 2.1 × 0.12 = 0.2268m³<br>0.12 × (4.4 − 0.25) × (3.4 − 0.4) = 1.494m³　1.494 − 0.2268 = 1.2672m³ | 1.2672 |
| | 女儿墙 | | m³ | (13.5 + 15.1) × 2 × 0.24 × 0.75 = 10.296m³ | 10.296 |
| | | | | | |
| 混凝土工程 | | | | | |
| 15 | 独立基础 | m³ | | 13.852 | |
| | | ZJ1 | | 1 × 1 × 0.6 × 6 = 3.6m³ | 3.6 |
| | | ZJ2A | | 0.8 × 2 × 0.6 × 5 = 4.8m³ | 4.8 |
| | | ZJ2 | | 1 × 2.5 × 0.6 = 1.5m³ | 1.5 |
| | | ZJ4 | | 棱台公式：$V = [AB + (A + a)(B + b) + ab) \times h/6$<br>(2 × 2 + 2.55 × 2.65 + 0.55 × 0.65) × 0.2 ÷ 6 + 2 × 2 × 0.4 = 1.9705m³ | 1.9705 |
| | | ZJ4’ | | (2 × 2 + 2.65 × 2.65 + 0.65 × 0.65) × 0.2 ÷ 6 + 2 × 2 × 0.4 = 1.9815m³ | 1.9815 |
| | 合计 | | | 3.6 + 4.8 + 1.5 + 1.9705 + 1.9815 = 13.852m³ | |
| 16 | 条形基础 | | m³ | | 22.726 |
| | | 计算基数 | | 截面积1：0.3 × 0.3 + 0.3 × 0.7 = 0.3m²<br>截面积2：0.3 × 0.6 = 0.18m² | |
| | | 1 轴 | | (13.5 − 0.6 × 2 − 1) × 0.3 = 3.39m³ | 3.39 |
| | | 2、3 轴 | | [(13.5 − 1.1 × 2 − 2) × 0.3 + 0.675 × 0.2 × 0.3] × 2 = 2.831 × 2 = 5.662m³ | 5.662 |
| | | 4 轴 | | (13.5 − 0.6 − 1.1 − 2.5) × 0.3 = 2.79m³ | 2.79 |
| | | 5 轴 | | (7.5 − 0.6 × 2) × 0.3 = 1.89m³ | 1.89 |
| | | A 轴 | | (15.1 − 0.55 × 2 − 0.8 × 3) × 0.3 = 3.48m³ | 3.48 |
| | | C 轴 | | (15.1 − 0.55 × 2 − 2 × 2 − 1) × 0.3 + (0.675 + 0.725) × 0.2 × 0.3 = 2.784m³ | 2.784 |
| | | D 轴 | | (11.8 − 0.55 × 2 − 0.8 × 2) × 0.3 = 2.73m³ | 2.73 |

（续）

| 序号 | 分部分项工程名称 | 部位与编号 | 单位 | 计 算 式 | 计算结果 |
|---|---|---|---|---|---|
| | 合计 | | | 3.39 + 5.662 + 2.79 + 1.89 + 3.48 + 2.784 + 2.73 = 22.726m³ | |
| 17 | 地梁 | | m³ | | 3.06 |
| | | B 轴 | | (15.1 − 0.35 × 2 − 0.7 × 3) × 0.18 + 0.3 × 0.3 × 0.2 × 8 = 2.358m³ | 2.358 |
| | | 1/C 轴 | | (4.4 − 0.7) × 0.8 + 0.3 × 0.3 × 0.2 × 2 = 0.702m³ | 0.702 |
| | 合计 | | | 2.358 + 0.702 = 3.06m³ | |
| 18 | 框架柱 | | m³ | | 9.758 |
| | | KZ1 | | 0.45 × 0.35 × 4.17 × 10 = 6.568m³ | 6.568 |
| | | KZ2 | | 0.45 × 0.35 × 4.17 × 2 = 1.314m³ | 1.314 |
| | | KZ3 | | 0.45 × 0.45 × 4.17 = 0.844m³ | 0.844 |
| | | KZ4 | | 0.55 × 0.45 × 4.17 = 1.032m³ | 1.032 |
| | 合计 | | | 6.568 + 1.314 + 0.844 + 1.032 = 9.758m³ | |
| 19 | 现浇混凝土板 | | m³ | | 24.06 |
| | 板 130 | A ~ D/1 − 2 | | (13.5 + 0.25) × (3.6 + 0.125) × 0.13 = 6.658m³ | 6.658 |
| | | A ~ C/2 − 3 | | (5.4 + 2.1 + 0.125) × 4.4 × 0.13 = 4.362m³ | 4.362 |
| | | A ~ D/3 − 4 | | (13.5 + 0.25) × (3.8 + 0.125) × 0.13 = 7.016m³ | 7.016 |
| | | A ~ C/4 − 5 | | (5.4 + 2.1 + 0.25) × 3.3 × 0.13 = 3.325m³. | 3.325 |
| | 板 100 | C ~ D/2 − 3 | | (6 + 0.125) × 4.4 × 0.1 = 2.695m³ | 2.695 |
| | 合计 | | | 6.658 + 4.362 + 7.016 + 3.325 + 2.695 = 24.06m³ | |
| 20 | 框架梁 + *L*1 + *L*2 | | m³ | | 12.0365 |
| | 框架梁 | KL1 | | 0.25 × (0.57 − 0.13) × (3.6 − 0.225 × 2) + 0.25 × (0.57 − 0.1) × (4.4 − 0.225 − 0.175) + 0.25 × (0.57 − 0.13) × (3.8 − 0.175 − 0.225) = 0.3465 + 0.47 + 0.374 = 1.1905m³ | 1.1905 |
| | | KL2 | | 0.25 × (0.4 − 0.13) × (3.6 − 0.225 × 2) + 0.25 × (0.4 − 0.1) × (4.4 − 0.225 − 0.175) + 0.25 × (0.4 − 0.13) × (3.8 − 0.175 − 0.225) + 0.25 × (0.57 − 0.13) × (3.3 − 0.125 − 0.225) = 0.213 + 0.3 + 0.2295 + 0.3245 = 1.067m³ | 1.067 |

（续）

| 序号 | 分部分项工程名称 | 部位与编号 | 单位 | 计算式 | 计算结果 |
|---|---|---|---|---|---|
| | | KL3 | | $0.25\times(0.57-0.13)\times(15.1-0.225\times2-0.35\times3)=1.496m^3$ | 1.496 |
| | | KL4 | | $0.25\times(0.57-0.13)\times(5.4+2.1-0.325\times2)=0.754m^3$ | 0.754 |
| | | KL5 | | $0.25\times(0.65-0.13)\times(13.5-0.325\times2-0.45)=1.612m^3$ | 1.612 |
| | | KL6 | | $0.25\times(0.57-0.13)\times(13.5-0.325\times2-0.45)=1.364m^3$ | 1.364 |
| | | KL7 | | $0.25\times(0.65-0.13)\times(5.4+2.1-0.325-0.125)+0.25\times(0.65-0.1)\times(6-0.325-0.425)=0.9165+0.7219=1.638m^3$ | 1.638 |
| | | KL7’ | $m^3$ | $0.25\times(0.65-0.13)\times(5.4+2.1-0.325-0.125)+0.25\times(0.65-0.1)\times(6-0.325\times2)=1.652m^3$ | 1.652 |
| | 矩形梁 | L1 | $m^3$ | $0.25\times(0.4-0.13)\times(15.1-0.25\times4)=0.952m^3$ | 0.952 |
| | | L2 | | $0.25\times(0.4-0.1)\times(4.4-0.25)=0.311m^3$ | 0.311 |
| | 合计 | | $m^3$ | $1.1905+1.067+1.496+0.754+1.612+1.364+1.638+1.652+0.952+0.311=12.0365m^3$ | |
| 21 | 过梁 | | $m^3$ | | 0.945 |
| | | 外墙 GL130 | | $0.25\times0.13\times[(1.8+0.5)\times3+(2+0.5)\times2+(1.5+0.5)\times3+(1.2+0.25)\times2+(1.5+0.5)]=0.741$ | 0.741 |
| | | 内墙 GL100 | | $0.12\times0.1\times(0.9+0.5)+0.25\times0.1\times(1+0.5)\times5=0.204m^3$ | 0.204 |
| | 合计 | | | $0.741+0.204=0.945m^3$ | |
| 22 | 女儿墙压顶 | | $m^3$ | $(0.13+0.15)\div2\times(0.24+0.06)\times(13.5-0.06+15.1-0.06)\times2=2.392m^3$ | 2.392 |
| 23 | 楼梯 | | $m^2$ | $(4.8-0.125)\times(3.6-0.25)=15.66m^2$ | 15.66 |
| 屋、平、立面防水保温隔热工程 | | | | | |
| | 屋面工程 | | | | |
| 24 | | 保温层 | $m^3$ | $[(13.5-0.24)\times(15.1-0.24)-3.3\times6]\times0.3=53.17m^3$ | 53.17 |
| 25 | | 找平层 | $m^2$ | $(13.5-0.24)\times(15.1-0.24)-3.3\times6=177.24m^2$ | 177.24 |
| 26 | | 柔性防水层 | $m^2$ | $(13.5-0.24)\times(15.1-0.24)-3.3\times6+(15.1-0.24+13.5-0.24)\times2\times0.25=191.3m^2$ | 191.3 |

（续）

| 序号 | 分部分项工程名称 | 部位与编号 | 单位 | 计算式 | 计算结果 |
|---|---|---|---|---|---|
| 27 | | 刚性防水层 | $m^2$ | $(13.5-0.24)\times(15.1-0.24)-3.3\times6=177.24m^2$ | 177.24 |
| 28 | | 3mm 厚石灰砂浆隔离层 | $m^2$ | $(13.5-0.24)\times(15.1-0.24)-3.3\times6=177.24m^2$ | 177.24 |
| 29 | 卫生间地面防水 | | $m^2$ | $(4.4-0.25)\times(6-0.25-0.12)=23.36m^2$ | 23.36 |
| 30 | 卫生间立面防水（1.5m 高） | | $m^2$ | 扣门(1.5m)：$0.9\times1.5\times2=2.7m^2$<br>扣窗(1.5m−0.9m)：$1.2\times0.6\times2=1.44m^2$<br>加窗边(1.5m−0.9m)：$0.125\times(0.6\times2+1.2)\times2=0.6m^2$<br>加门边(1.5m)：$0.12\times(1.5\times2+0.9)=0.468m^2$<br>长：$(4.4-0.25+6-0.25-0.12)\times2-1.4=18.16m$；$(4.4-0.25)\times2=8.3$<br>高：1.5m<br>$(8.3+18.16)\times1.5=39.69m^2$<br>$39.69-2.7-1.44+0.6+0.468=36.618m^2$ | 36.618 |
| 楼地面工程 | | | | | |
| 31 | 地砖地面（卫生间） | | $m^2$ | 扣墙：$(4.4-0.25-0.9)\times0.12=0.39m^2$<br>扣柱：$(0.225-0.125)\times(0.425-0.125)=0.03m^2$<br>$(0.325-0.125)\times(0.175-0.125)=0.01m^2$<br>$(0.325-0.125)\times(0.225-0.125)=0.02m^2$<br>$(0.325-0.125)\times(0.175-0.125)=0.01m^2$<br>扣柱合计：$0.03+0.01+0.02+0.01=0.07m^2$<br>加洞边：$0.25\times1.4=0.35m^2$<br>$(4.4-0.25)\times(6-0.25-0.12)=23.36m^2$<br>$23.36-0.39-0.07+0.35=23.25m^2$ | 23.25 |
| 32 | 地砖找平层 | 水泥砂浆找平层 | $m^2$ | $(4.4-0.25)\times(6-0.25-0.125)=23.3645m^2$ | 23.36 |

（续）

| 序号 | 分部分项工程名称 | 部位与编号 | 单位 | 计算式 | 计算结果 |
|---|---|---|---|---|---|
| 33 | 水磨石地面 | | $m^2$ | | 33.96 |
| | | A | | $(3.6-0.25)\times(5.4-0.25)=17.2525m^2$ | 17.2525 |
| | | B | | $(4.4-0.25)\times(3.8-0.25)=14.73m^2$ | 14.7325 |
| | | C | | $(3.8-0.25)\times(5.4-0.25)=18.2825m^2$ | 18.2825 |
| | | D | | $(3.3-0.25)\times(5.4-0.25)=15.7075m^2$ | 15.7075 |
| | | E | | $(3.6-0.25)\times(6-0.125+0.125)=20.1m^2$ | 20.1 |
| | | F | | $(15.1-0.25)\times(2.1-0.25)=27.4725m^2$ | 27.4725 |
| | | G | | $(3.8-0.25)\times(6-0.25)=20.4125m^2$ | 20.4125 |
| | 合计 | | | $17.2525+14.7325+18.2825+15.7075+20.1+20.4125+27.4725=133.96m^2$ | |
| 34 | 水磨石地面找平层 | 水泥砂浆找平层 | $m^2$ | | 133.96 |
| | | A | | $(3.6-0.25)\times(5.4-0.25)=17.2525m^2$ | 17.2525 |
| | | B | | $(4.4-0.25)\times(3.8-0.25)=14.7325m^2$ | 14.7325 |
| | | C | | $(3.8-0.25)\times(5.4-0.25)=18.2825m^2$ | 18.2825 |
| | | D | | $(3.3-0.25)\times(5.4-0.25)=15.7075m^2$ | 15.7075 |
| | | E | | $(3.6-0.25)\times(6-0.125+0.125)=20.1m^2$ | 20.1 |
| | | F | | $(15.1-0.25)\times(2.1-0.25)=27.4725m^2$ | 27.4725 |
| | | G | | $(3.8-0.25)\times(6-0.25)=20.4125m^2$ | 20.4125 |
| | 合计 | | | $17.2525+21.3725+18.2825+15.7075+20.1+20.4125+27.4725=133.96m^2$ | |
| 35 | 台阶 | | $m^2$ | $(2.1-0.125)\times3.3-(2.1-0.125-0.3\times3)\times(3.3-0.3\times3)=3.94m^2$ | 3.94 |
| | 散水 | | | | |
| 36 | | | $m^2$ | $15.1+0.25+13.5+0.25+0.9\times2+11.8+0.25+7.5+0.25+0.9=51.6m^2$<br>$51.6\times0.9=46.44m^2$ | 46.44 |

（续）

| 序号 | 分部分项工程名称 | 部位与编号 | 单位 | 计算式 | 计算结果 |
| --- | --- | --- | --- | --- | --- |
| 37 | 卫生间黑色缸砖踢脚线 | | m | 加门侧壁0.12×2=0.24m<br>(4.4−0.25+6−0.25−0.12)×2+(4.4−0.25−0.9)×2−1.4=24.66m<br>24.66+0.24=24.9m | 24.9 |
| 38 | 水磨石踢脚线 | | | | 133.9 |
| | | A | m | (3.6−0.25+5.4−0.25)×2=17m | 17 |
| | | B | m | (4.4−0.25+5.4−0.25)×2=18.6m | 18.6 |
| | | C | m | (3.8−0.25+5.4−0.25)×2=17.4m | 17.4 |
| | | D | m | (3.3−0.25+5.4−0.25)×2=16.4m | 16.4 |
| | | E | m | 6×2+3.6−0.25=15.35m | 15.35 |
| | | F | m | (15.1−0.25+2.1−0.25)×2−(3.6−0.25)=30.05m | 30.05 |
| | | G | m | (3.8−0.25+6−0.25)×2=19.1m | 19.1 |
| | 合计 | | | 17+18.6+17.4+16.4+15.35+30.05+19.1=133.9m | |
| 墙柱面工程 | | | | | |
| 39 | 外墙面装饰 | 外墙水泥砂浆找平层 | $m^2$ | 扣窗：1.8×1.8×9=29.16$m^2$<br>1.5×1.8×11=29.7$m^2$<br>1.2×1.2×6=8.64$m^2$<br>2×1.8×6=21.6$m^2$<br>扣门:1.5×2.7=4.05$m^2$<br>扣雨棚:0.05×(3.3+1.5−0.125)+0.06×(0.6−0.05)×2=0.3$m^2$<br>扣台阶:(2−0.125)×0.45−0.3×0.15−0.6×0.15=0.71$m^2$<br>3.3×0.45−0.3×0.15−0.6×0.15=1.35$m^2$<br>外墙外边线长度:15.1+0.25+13.5+0.25+11.8+0.25+6+3.3+7.5+0.25=58.2m<br>58.2×11.55=672.21$m^2$<br>672.21−89.1−4.05−0.71−1.35−0.3=576.71$m^2$ | 576.71 |

（续）

| 序号 | 分部分项工程名称 | 部位与编号 | 单位 | 计算式 | 计算结果 |
|---|---|---|---|---|---|
|  |  | 外墙聚苯乙烯泡沫板 | $m^3$ | 扣窗：1.8×1.8×9＝29.16$m^2$<br>1.5×1.8×11＝29.7$m^2$<br>1.2×1.2×6＝8.64$m^2$<br>2×1.8×6＝21.6$m^2$<br>扣门:1.5×2.7＝4.05$m^2$<br>扣雨棚:0.05×(3.3＋1.5－0.125)＋0.06×(0.6－0.05)×2＝0.3$m^2$<br>扣台阶:(2－0.125)×0.45－0.3×0.15－0.6×0.15＝0.71$m^2$<br>3.3×0.45－0.3×0.15－0.6×0.15＝1.35$m^2$<br>外墙聚苯乙烯泡沫板中心线长度:15.1＋0.25＋(0.02×2＋0.015×2)＋13.5＋0.25＋(0.02×2＋0.015×2)＋<br>11.8＋0.25＋(0.02×2＋0.015×2)＋6＋3.3＋7.5＋0.25＋(0.02×2＋0.015×2)＝58.44m<br>58.44×11.55＝674.98$m^2$<br>(674.98－89.1－4.05－0.3－2.06)×0.03＝579.47×0.03＝17.380$m^3$ | 17.38 |
|  |  | 外墙20厚水泥砂浆抹灰 | $m^2$ | 扣窗:1.8×1.8×9＝29.16$m^2$<br>1.5×1.8×11＝29.7$m^2$<br>1.2×1.2×6＝8.64$m^2$<br>2×1.8×6＝21.6$m^2$<br>扣门:1.5×2.7＝4.05$m^2$<br>扣雨棚:0.05×(3.3＋1.5－0.125)＋0.06×(0.6－0.05)×2＝0.3$m^2$<br>扣台阶:(2－0.125)×0.45－0.3×0.15－0.6×0.15＝0.71$m^2$<br>3.3×0.45－0.3×0.15－0.6×0.15＝1.35$m^2$<br>外墙20厚水泥砂浆抹灰长度:15.1＋0.25＋0.02×2＋0.03×2＋13.5＋0.25＋0.02×2＋0.03×2＋<br>11.8＋0.25＋0.02×2＋0.03×2＋6＋3.3＋7.5＋0.25＋0.02×2＋0.03×2＝58.6m<br>58.6×11.55＝676.83$m^2$<br>676.83－89.1－4.05－0.3－2.06＝581.32$m^2$ | 581.32 |
|  |  |  |  |  |  |

（续）

| 序号 | 分部分项工程名称 | 部位与编号 | 单位 | 计算式 | 计算结果 |
|---|---|---|---|---|---|
| 40 | 内墙装修 | 卫生间墙面 | $m^2$ | 扣门:0.9×2.1×2=3.78$m^2$<br>扣窗:1.2×1.2×2=2.88$m^2$<br>加窗边:0.125×1.2×4×2=1.2$m^2$<br>加门边:0.12×(2.1×2+0.9)=0.612$m^2$<br>长:(4.4−0.25+6−0.25−0.12)×2−1.4=18.16m;(4.4−0.25)×2=8.3m<br>高:3.3m<br>(8.3+18.16)×3.3=87.32$m^2$<br>87.32−3.78−2.88+1.2+0.612=82.47$m^2$ | 82.47 |
| | 内墙面抹灰(20厚水泥砂浆) | | $m^2$ | | 386.96 |
| | | A房间 | | 扣门:1×2.1=2.1$m^2$<br>扣窗:1.8×1.8=3.24$m^2$<br>高:3.27m<br>(3.6−0.25+5.4−0.25)×2×3.27=55.59$m^2$<br>55.59−2.1−3.24=50.25$m^2$ | |
| | | B | | 扣门:1×2.1=2.1$m^2$<br>扣窗:1.8×1.8=3.24$m^2$<br>4高:3.27m<br>(4.4−0.25+5.4−0.25)×2×3.27=60.82$m^2$<br>60.82−2.1−3.24=55.48$m^2$ | |
| | | C | | 扣门:1×2.1=2.1$m^2$<br>扣窗:2×1.8=3.6$m^2$<br>高:3.27m<br>(3.8−0.25+5.4−0.25)×2×3.27=56.90$m^2$<br>56.90−2.1−3.6=51.20$m^2$ | |

（续）

| 序号 | 分部分项工程名称 | 部位与编号 | 单位 | 计算式 | 计算结果 |
|---|---|---|---|---|---|
| | | D | | 扣门:1×2.1=2.1$m^2$<br>扣窗:1.5×1.8=2.7$m^2$<br>高:3.27m<br>(3.3−0.25+5.4−0.25)×2×3.27=53.63$m^2$<br>53.63−2.1−2.7=48.83$m^2$ | |
| | | E | | 扣窗:1.8×1.8=3.24$m^2$<br>高:3.27m<br>(3.6−0.25+6×2)×3.27=50.19$m^2$<br>50.19−3.24=46.95$m^2$ | |
| | | G | | 扣门:1×2.1=2.1$m^2$<br>扣窗:2×1.8=3.6$m^2$<br>高:3.27m<br>(3.8−0.25+6−0.25)×2×3.27=60.82$m^2$<br>60.82−2.1−3.6=55.12$m^2$ | |
| | | F | | 扣门:1×2.1×5+1.5×2.7=14.55$m^2$<br>扣洞口:1.4×3.27=4.58$m^2$<br>(2.1−0.25+15.1−0.25)×2−(3.6−0.25)=30.05m<br>高:3.27m<br>30.05×3.27=98.26$m^2$<br>98.26−14.55−4.58=79.13$m^2$ | |
| | 合计 | | | 50.25+55.48+51.2+48.83+46.95+55.12+79.13=386.96$m^2$ | |
| 天棚工程 | | | | | |
| 41 | 板底白水泥砂浆面层 | | $m^2$ | | 111.098 |
| | | A | | (3.6−0.25)×(5.4−0.25)=17.235$m^2$ | 17.235 |
| | | B | | (4.4−0.25)×(5.4−0.25)=21.373$m^2$ | 21.373 |
| | | C | | (3.8−0.25)×(5.4−0.25)=18.283$m^2$ | 18.283 |
| | | D | | (3.3−0.25)×(5.4−0.25)=15.708$m^2$ | 15.708 |
| | | E(楼梯底面) | | (1.2+0.125)×(3.6−0.25)=4.44$m^2$ | 4.44 |

（续）

| 序号 | 分部分项工程名称 | 部位与编号 | 单位 | 计算式 | 计算结果 |
|---|---|---|---|---|---|
| | | F | | (15.1 − 0.25) × (2.1 − 0.25) = 27.473$m^2$ | 27.473 |
| | | G | | (3.8 − 0.25) × (2.1 − 0.25) = 6.568$m^2$ | 6.568 |
| | 合计 | | | 17.253 + 21.373 + 18.283 + 15.708 + 4.44 + 27.473 + 6.568 = 111.098$m^2$ | |
| 42 | 楼梯板底 | | $m^2$ | (6.0 − 0.125 − 1.2) × (3.6 − 0.25) = 15.66$m^2$ | 15.66 |
| 油漆涂料工程 | | | | | |
| 43 | 外墙防水涂料 | | $m^2$ | 抹灰面的涂料工程量 = 抹灰面工程量，即外墙防水涂料工程量 = 外墙抹灰工程量 | 581.32 |
| 44 | 内墙面乳胶漆 | | $m^2$ | 抹灰面的油漆工程量 = 抹灰面工程量，即内墙防水乳胶漆工程量 = 内墙抹灰工程量 | 386.96 |

$L_{中}$：(15.1 + 13.5) × 2 = 28.6 × 2 = 57.2m

$L_{外}$：(15.1 + 0.25 + 13.5 + 0.25) × 2 = 29.1 × 2 = 58.2m

清单工程量如表 A1−3 所列。

## 附录 1.4 清单工程量计算式表

表 A1−3 清单工程量计算表

| 序号 | 分部分项工程名称 | 部位与编号 | 单位 | 计算式 | 计算结果 |
|---|---|---|---|---|---|
| 一、土方及基础工程 | | | | | |
| 1 | 平整场地 | | $m^2$ | 按建筑物外墙外边线以平方米计算 | 191.26 |
| | | | | 建筑物长乘以建筑物宽：<br>15.35 × 13.75 = 211.06$m^2$<br>扣 3.3 × 6.0 = 19.8$m^2$<br>211.06 − 19.8 = 191.26$m^2$ | |
| 2 | 挖土方 | | | | 116.10 |
| | 挖地槽 | | $m^3$ | 按地槽长度乘以地槽面积以立方米计算（不含工作面） | 81.90 |
| | | 计算基数 | | 地槽深度：（室外地坪至槽底垂直高度）1.5 − 0.45 + 0.1 = 1.15m | |

（续）

| 序号 | 分部分项工程名称 | 部位与编号 | 单位 | 计 算 式 | 计算结果 |
|---|---|---|---|---|---|
| | | 1 轴 | | [13.5 − (0.6 + 0.1) × 2 − (1.0 + 0.1 × 2)] × 0.9 × 1.15 = 11.2815$m^3$ | 11.28 |
| | | 2、3 轴 | | [13.5 − (1.1 + 0.1) × 2 − (2.0 + 0.1 × 2)] × 0.9 × 1.15 × 2 = 18.423$m^3$ | 18.42 |
| | | 4 轴 | | [13.5 − (1.1 + 0.1) × 2 − (2.0 + 0.1 × 2)] × 0.9 × 1.15 = 9.2115$m^3$ | 9.21 |
| | | 5 轴 | | [5.4 + 2.1 − (0.6 + 0.1) × 2] × 0.9 × 1.15 = 6.3135$m^3$ | 6.31 |
| | | A 轴 | | [15.1 − (0.55 + 0.1) × 2 − (0.8 + 0.1 × 2) × 3] × 0.9 × 1.15 = 11.178$m^3$ | 11.178 |
| | | C 轴 | | [15.1 − (0.55 + 0.1) × 2 − (2.0 + 0.1 × 2) × 2 − (1.0 + 0.1 × 2)] × 0.9 × 1.15 = 8.487$m^3$ | 8.487 |
| | | D 轴 | | [11.8 − (0.55 + 0.1) × 2 − (0.8 + 0.1 × 2) × 2] × 0.9 × 1.15 = 8.7975$m^3$ | 8.7975 |
| | | B 轴 | | [15.1 − (0.55 + 0.1) × 2 − (0.7 + 0.1 × 2) × 3] × 0.5 × 1.15 = 6.21$m^3$ | 6.21 |
| | | 1/C 轴 | | [4.4 − (0.7 + 0.1 × 2)] × 0.5 × 1.15 = 2.0125$m^3$ | 2.0125 |
| | 柱基土方 | | $m^3$ | | 34.188 |
| | | ZJ1 | | (1.0 + 0.1 × 2) × (1.0 + 0.1 × 2) × 1.15 × 6 = 9.072$m^3$ | 9.072 |
| | | ZJ2A | | (0.8 + 0.1 × 2) × (2.0 + 0.1 × 2) × 1.15 × 5 = 11.55$m^3$ | 11.55 |
| | | ZJ2 | | (1.0 + 0.1 × 2) × (2.5 + 0.1 × 2) × 1.15 = 3.402$m^3$ | 3.402 |
| | | ZJ4 | | (2.0 + 0.1 × 2) × (2.0 + 0.1 × 2) × 1.15 × 2 = 10.164$m^3$ | 10.164 |
| 3 | 回填土 | | $m^3$ | | 99.54 |
| | 基础土方回填 | | | 扣垫层:10.414$m^3$<br>扣基础:13.852 + 25.786 = 39.638$m^3$<br>扣砖基础:24.257 × 0.45/0.9 = 12.1285$m^3$<br>土方回填:82.32 + 34.19 = 116.51$m^3$<br>116.10 − 10.414 − 39.638 − 12.1285 = 53.92$m^3$ | 53.92 |
| | 室内回填土 | | $m^3$ | 按主墙间净面积乘填土厚度计算,详情见计价表计算式表 | 45.09 |
| 打桩及基础垫层 | | | | | |
| 4 | 桩 | | m | 按设计桩长计算 | |
| | | 桩径 477mm | m | 8 × 20 = 160m | |
| | | 桩径 377mm | m | 18 × 20 = 360m | |

（续）

| 序号 | 分部分项工程名称 | 部位与编号 | 单位 | 计 算 式 | 计算结果 |
|---|---|---|---|---|---|
| 5 | 独立基础垫层 | | $m^3$ | 详情见计价表计算式表 | 3.256 |
| 6 | 条基垫层 | | $m^3$ | 详情见计价表计算式表 | 10.414 |
| 7 | 地面混凝土垫层 | | $m^3$ | 详情见计价表计算式表 | 24.67 |
| 砌体工程 | | | | | |
| 8 | 砖基础 | | $m^3$ | 详情见计价表计算式表 | 24.257 |
| 9 | 防潮层 | | $m^2$ | 详情见计价表计算式表 | 26.952 |
| 10 | 外墙 | | $m^3$ | 详情见计价表计算式表 | 26.00 |
| 11 | 女儿墙 | | $m^3$ | 详情见计价表计算式表 | 10.296 |
| 12 | 内墙 | | $m^3$ | 详情见计价表计算式表 | 29.44 |
| 混凝土工程 | | | | | |
| 13 | 独立基础 | | $m^3$ | 详情见计价表计算式表 | 13.852 |
| 14 | 条形基础 | | $m^3$ | 详情见计价表计算式表 | 22.726 |
| 15 | 地梁 | | $m^3$ | 详情见计价表计算式表 | 3.06 |
| 16 | 框架柱 | | $m^3$ | | 10.055 |
| | | KZ1 | | $0.35\times0.45\times(3.4+0.9)\times10-0.325\times0.175\times0.03=6.771m^3$ | 6.771 |
| | | KZ2 | | $0.35\times0.45\times(3.4+0.9)\times2-0.325\times0.175\times0.03=1.353m^3$ | 1.353 |
| | | KZ3 | | $0.45\times0.45\times(3.4+0.9)-0.325\times0.225\times0.03=0.869m^3$ | 0.869 |
| | | KZ4 | | $0.55\times0.45\times(3.4+0.9)-0.225\times0.325\times0.03=1.062m^3$ | 1.062 |
| | 合计 | | | $6.771+1.353+0.869+1.062=10.055m^3$ | |
| 17 | 现浇混凝土板 | | $m^3$ | | |
| | | 板 130 | | | |
| | | A ~ D/12 | $m^3$ | $(13.5+0.25)\times(3.6+0.125)\times0.13-(0.35\times0.45\times3+0.175\times0.45+0.225\times0.45+0.225\times0.55)\times0.13=6.558m^3$ | 6.558 |

（续）

| 序号 | 分部分项工程名称 | 部位与编号 | 单位 | 计算式 | 计算结果 |
|---|---|---|---|---|---|
| | | A～C/2－3 | $m^3$ | (5.4＋2.1＋0.125)×4.4×0.13－(0.175×0.45＋0.225×0.125＋0.175×0.125＋0.175×0.45)×0.13＝4.335$m^3$ | 4.334 |
| | | A～D/3－4 | $m^3$ | (13.5＋0.25)×(3.8＋0.125)×0.13－(0.175×0.45×3＋0.35×0.45×3)×0.13＝6.924$m^3$ | 6.924 |
| | | A～C/4－5 | $m^3$ | (5.4＋2.1＋0.25)×3.3×0.13－0.35×0.45×2×0.13＝3.284$m^3$ | 3.284 |
| | | 板100 | | | |
| | | C～D/2－3 | $m^3$ | (6＋0.125)×4.4×0.1－(0.325×0.225＋0.225×0.45＋0.175×0.45＋0.325×0.175)×0.1＝2.664$m^3$ | 2.664 |
| | | | | | 23.765 |
| 18 | 框架梁＋L1＋L2 | | $m^3$ | 详情见计价表计算式表 | 12.0365 |
| 19 | 过梁 | | $m^3$ | 详情见计价表计算式表 | 0.945 |
| 20 | 女儿墙压顶 | $m^3$ | $m^3$ | 详情见计价表计算式表 | 2.392 |
| 21 | 楼梯 | | $m^2$ | 详情见计价表计算式表 | 15.66 |
| 屋、平、立面防水保温隔热工程 | | | | | |
| | 屋面工程 | | | | |
| 22 | | 保温层 | $m^2$ | 按图示尺寸以平方米计算：(13.5－0.24)×(15.1－0.24)－3.3×6＝177.24$m^2$ | 177.24 |
| 23 | | 找平层 | $m^2$ | 详情见计价表计算式表 | 177.24 |
| 24 | | 柔性防水层 | $m^2$ | 详情见计价表计算式表 | 191.3 |
| 25 | | 刚性防水层 | $m^2$ | 详情见计价表计算式表 | 177.24 |
| 26 | 卫生间地面防水 | | $m^2$ | 详情见计价表计算式表 | 23.36 |

（续）

| 序号 | 分部分项工程名称 | 部位与编号 | 单位 | 计算式 | 计算结果 |
|---|---|---|---|---|---|
| 27 | 卫生间立面防水 | | $m^2$ | 详情见计价表计算式表 | 36.618 |
| 楼地面工程 | | | | | |
| 28 | 地砖地面（卫生间） | | $m^2$ | $(4.4-0.25)\times(6-0.25-0.12)=23.36m^2$ | 23.36 |
| 29 | 地砖找平层 | | $m^2$ | 详情见计价表计算式表 | 23.36 |
| 30 | 水磨石地面 | | $m^2$ | 详情见计价表计算式表 | 140.6 |
| 31 | 水磨石地面找平层 | | $m^2$ | 详情见计价表计算式表 | 140.6 |
| 32 | 台阶 | | $m^2$ | 详情见计价表计算式表 | 3.94 |
| 33 | 散水 | | $m^2$ | 详情见计价表计算式表 | 46.44 |
| 34 | 踢脚线 | | | | 3.74 |
| | | 黑色缸砖踢脚 | $m^2$ | 按设计图示长度乘以高度以面积计算<br>踢脚线长度 24.9m，详情见计价表计算式表<br>$24.9\times0.15=3.74m^2$ | |
| 35 | | 水磨石踢脚线 | $m^2$ | 按设计图示长度乘以高度以面积计算<br>踢脚线长度 133.9m，详情见计价表计算式表<br>$133.9\times0.15=20.09m^2$ | 20.09 |

（续）

| 序号 | 分部分项工程名称 | 部位与编号 | 单位 | 计算式 | 计算结果 |
|---|---|---|---|---|---|
| 墙柱面工程 | | | | | |
| 36 | 墙面一般抹灰 | 外墙水泥砂浆找平层20厚 | $m^2$ | 见计价表计算式表 | 576.71 |
| | | 外墙水泥砂浆找平层20厚 | $m^2$ | 见计价表计算式表 | |
| 37 | 内墙装修 | 卫生间墙面 | $m^2$ | 见计价表计算式表 | 82.47 |
| 38 | 内墙面一般抹灰(20厚水泥砂浆) | | $m^2$ | 见计价表计算式表 | 386.96 |
| 隔热保温工程 | | | | | |
| 39 | 外墙 | 外墙聚苯乙烯泡沫板 | $m^2$ | 按设计图示尺寸以水平投影面积计算 | 576.71 |
| 天棚工程 | | | | | |
| 40 | 板底白水泥砂浆面层 | | $m^2$ | 见计价表计算式表 | 148.81 |
| 41 | 楼梯板底水泥砂浆面层 | | $m^2$ | 见计价表计算式表 | 15.66 |
| 油漆涂料工程 | | | | | |
| 42 | 外墙防水涂料 | | $m^2$ | 同外墙面水泥砂浆找平层面积 | 576.71 |
| 43 | 内墙面乳胶漆 | | $m^2$ | 同内墙面水泥砂浆找平层面积 | 386.96 |

# 附录1.5　建筑与装饰工程分部分项工程量清单综合单价表

建筑工程分部分项工程量清单综合单价如表 A1－4 所列，装饰工程分部分项工程量清单综合单价如表 A1－5 所列。

表 A1－4　分部分项工程量清单综合单价表　　单位:元

| 序号 | 编码 | 定额号 | 子目名称 | 单位 | 工程量 | 综合单价 | 综合合价 |
|---|---|---|---|---|---|---|---|
| 1 | 010101001001 | | 平整场地 | $m^2$ | 191.26 | 3.17 | 606.54 |
| | | 1－98 | 平整场地 | $10m^2$ | 32.366 | 18.74 | 606.54 |
| 2 | 010103001001 | | 土(石)方回填 | $m^3$ | 53.92 | 20.96 | 1130.03 |
| | | 1－104 | 条基回填土 | $m^3$ | 105.61 | 10.70 | 1130.03 |
| 3 | 010103001002 | | 土(石)方回填 | $m^3$ | 45.09 | 9.44 | 425.65 |
| | | 1－102 | 室内回填土 | $m^3$ | 45.09 | 9.44 | 425.65 |
| 4 | 010101003001 | | 挖基础土方 | $m^3$ | 81.90 | 22.42 | 1836.61 |
| | | 1－23 | 人工挖地槽(条基),地沟三类干土深<1.5m | $m^3$ | 107.943 | 14.80 | 1597.56 |
| | | 1－241 | 自卸汽车运土运距<5km | $1000m^3$ | 0.01709 | 13987.55 | 239.05 |
| 5 | 010101003002 | | 挖基础土方 | $m^3$ | 34.19 | 29.35 | 1003.62 |
| | | 1－55 | 人工挖地坑(独基)三类干土深<1.5m | $m^3$ | 59.846 | 16.77 | 1003.62 |
| 6 | 010201003001 | | 混凝土灌注桩 | m | 160m | 71.32 | 11410.86 |
| | | 2－47 | 打孔沉管灌注桩C30,桩径477mm | $m^3$ | 28.58 | 399.26 | 11410.85 |
| 7 | 010201003002 | | 混凝土灌注桩 | m | 360m | 44.55 | 16038.27 |
| | | 2－47 | 打孔沉管灌注桩C30,桩径377mm | $m^3$ | 40.17 | 399.26 | 16038.27 |
| 8 | 010302001001 | | 实心砖墙 | $m^3$ | 58.046 | 220.85 | 12819.46 |
| | | 3－6 | 陶粒空心砌块墙厚250mm(M5 混合砂浆) | $m^3$ | 58.046 | 220.85 | 12819.46 |
| 9 | 010302001002 | | 实心砖墙 | $m^3$ | 10.296 | 197.7 | 2035.52 |
| | | 3－29 | 女儿墙 240 标准砖,M7.5 混合砂浆砌筑 | $m^3$ | 10.296 | 197.70 | 2035.52 |

（续）

| 序号 | 编码 | 定额号 | 子目名称 | 单位 | 工程量 | 综合单价 | 综合合价 |
|---|---|---|---|---|---|---|---|
| | 010302001003 | | 实心砖墙 | $m^3$ | 1.2672 | 202.02 | 256.00 |
| | | 3－31 | 卫生间120mm厚标准砖墙 | $m^3$ | 1.2672 | 202.02 | 256.00 |
| 10 | 010401006001 | | 垫层 | $m^3$ | 10.41 | 206.00 | 2144.46 |
| | | 2－120 | 基础垫层现浇无筋（C10混凝土40mm） | $m^3$ | 10.41 | 206.00 | 2144.46 |
| 11 | 010301001001 | | 砖基础 | $m^3$ | 24.26 | 194.74 | 4724.40 |
| | | 3－1 | 直形砖基础（M5水泥砂浆） | $m^3$ | 24.257 | 185.80 | 4506.95 |
| | | 3－42 | 墙基防潮层1:2防水砂浆 | $10m^2$ | 2.6952 | 80.68 | 217.45 |
| 12 | 010401001001 | | 带形基础 | $m^3$ | 22.726 | 222.38 | 5053.81 |
| | | 5－2 | （C20混凝土）无梁式条形基础 | $m^3$ | 22.726 | 222.38 | 5053.81 |
| 13 | 010401002001 | | 独立基础 | $m^3$ | 13.852 | 220.94 | 3060.46 |
| | | 5－7 | （C20混凝土）桩承台，独立柱基基础 | $m^3$ | 13.852 | 220.94 | 3060.46 |
| 14 | 010402001001 | | 矩形柱 | $m^3$ | 10.055 | 269.09 | 2705.70 |
| | | 5－13 | （C30混凝土）矩形柱，1:2水泥砂浆 | $m^3$ | 9.758 | 277.28 | 2705.70 |
| 15 | 010405001001 | | 有梁板 | $m^3$ | 35.8 | 262.78 | 9407.60 |
| | | 5－32 | （C30混凝土）有梁板 | $m^3$ | 36.097 | 260.62 | 9407.60 |
| 16 | 010403005001 | | 过梁 | $m^3$ | 0.945 | 285.99 | 270.26 |
| | | 5－21 | （C20混凝土）过梁 | $m^3$ | 0.945 | 285.99 | 270.26 |
| 17 | 010407001001 | | 其他构件 | $m^3$ | 2.4 | 282.29 | 677.49 |
| | | 5－49 | 女儿墙（C20混凝土）压顶 | $m^3$ | 2.392 | 283.23 | 677.49 |
| 18 | 010406001001 | | 直形楼梯 | $m^2$ | 15.66 | 40.91 | 640.60 |
| | | 5－37－2 | （C25混凝土）直形楼梯 | $10m^2$ | 1.566 | 409.07 | 640.60 |

（续）

| 序号 | 编码 | 定额号 | 子目名称 | 单位 | 工程量 | 综合单价 | 综合合价 |
|---|---|---|---|---|---|---|---|
| 19 | 010702001001 | | 屋面卷材防水 | $m^2$ | 191.3 | 38.92 | 7445.01 |
| | | 9－30 | 单层SBS改性沥青防水卷材(冷粘法) | $10m^2$ | 19.13 | 389.18 | 7445.01 |
| 20 | 010702003001 | | 屋面刚性防水 | $m^2$ | 177.24 | 19.43 | 3443.95 |
| | | 9－69换 | 刚性防水砂浆屋面有分格缝厚25mm,实际厚度40mm,1:2防水砂浆 | $10m^2$ | 17.724 | 194.31 | 3443.95 |
| 21 | 010803001001 | | 保温隔热屋面 | $m^2$ | 177.24 | 97.21 | 17228.86 |
| | | 9－79 | 石灰砂浆隔离层3mm厚 | $10m^2$ | 17.724 | 13.45 | 238.39 |
| 22 | | 9－212 | 屋面铺水泥珍珠岩块保温隔热 | $m^3$ | 53.17 | 319.55 | 16990.47 |
| 23 | 010702004001 | | 屋面排水管 | m | 10.65 | 38.65 | 411.60 |
| | | 9－190 | PVC水斗屋面排水Φ100 | 10只 | 0.4 | 257.02 | 102.81 |
| | | 9－188 | PVC水落管屋面排水Φ100 | 10m | 1.065 | 289.94 | 308.79 |
| 24 | 010703003001 | | 砂浆防水(潮) | $m^2$ | 36.618 | 10.19 | 362.40 |
| | | 9－113 | 卫生间立面,1:2防水砂浆,20mm厚 | $10m^2$ | 3.6618 | 101.94 | 362.40 |
| 25 | 010703003002 | | 砂浆防水(潮) | $m^2$ | 23.36 | 8.49 | 198.35 |
| | | 9－112 | 卫生间平面,1:2防水砂浆,20mm厚 | $10m^2$ | 2.336 | 84.91 | 198.35 |

表A1－5 装饰工程分部分项工程量清单综合单价表

单位:元

| 序号 | 编码 | 定额号 | 子目名称 | 单位 | 工程量 | 综合单价 | 综合合价 |
|---|---|---|---|---|---|---|---|
| 1 | 020102002001 | | 块料楼地面 | $m^2$ | 23.36 | 112.29 | 2623.06 |
| | | 12－15 | 1:3水泥砂浆找平层(厚20mm) | $10m^2$ | 2.336 | 63.54 | 148.43 |

（续）

| 序号 | 编码 | 定额号 | 子目名称 | 单位 | 工程量 | 综合单价 | 综合合价 |
|---|---|---|---|---|---|---|---|
| | | 12－90 | 300×300 地砖地面，1∶2 水泥砂浆（5mm），1∶3 水泥砂浆（20mm） | 10m² | 2.325 | 490.68 | 1140.83 |
| | | 12－9 | 碎石垫层干铺 | m³ | 7.01 | 82.53 | 578.54 |
| | | 12－11 换 | 垫层（C15 混凝土）不分格 | m³ | 3.5 | 215.79 | 755.26 |
| 2 | 020101002001 | | 现浇水磨石楼地面 | m² | 140.6 | 97.32 | 13682.78 |
| | | 12－15 | 水泥砂浆找平层（厚20mm），1∶3 水泥砂浆 | 10m² | 14.06 | 63.54 | 893.37 |
| | | 12－30 | 水磨石楼地面成品厚 15mm＋2mm（磨耗）白石子浆不嵌条，1∶3 水泥砂浆（20mm） | 10m² | 14.06 | 342.42 | 4814.43 |
| | | 12－9 | 碎石垫层干铺 | m³ | 42.18 | 82.53 | 3481.12 |
| | | 12－11 | 垫层（C10 混凝土 20mm）不分格 | m³ | 21.09 | 213.08 | 4493.86 |
| 3 | 020108003001 | | 水泥砂浆台阶面 | m² | 3.94 | 18.02 | 70.99 |
| | | 12－25 | 1∶2 水泥砂浆台阶，30mm 厚 | 10m² | 0.394 | 180.19 | 70.99 |
| 4 | 010407002001 | | 散水、坡道 | m² | 46.44 | 27.65 | 1284.07 |
| | | 12－172 | （C15 混凝土）散水 1∶2 水泥砂浆，20mm 厚 | 10m² | 4.644 | 276.50 | 1284.07 |
| 5 | 020105003001 | | 块料踢脚线 | m² | 3.74 | 50.30 | 188.14 |
| | | 12－81 | 缸砖踢脚线，1∶3 水泥砂浆粘贴，红缸砖 152×152 | 10m | 2.49 | 75.56 | 188.14 |

（续）

| 序号 | 编码 | 定额号 | 子目名称 | 单位 | 工程量 | 综合单价 | 综合合价 |
|---|---|---|---|---|---|---|---|
| 6 | 020105004001 | | 现浇水磨石踢脚线 | m$^2$ | 20.09 | 65.60 | 1317.84 |
| | | 12－34 | 水磨石踢脚线 | 10m | 13.39 | 98.42 | 1317.84 |
| 7 | 020201001001 | | 墙面一般抹灰 | m$^2$ | 576.71 | 22.34 | 12882.48 |
| | | 13－11 | 外墙面抹20厚水泥砂浆 | 10m$^2$ | 57.67 | 111.19 | 6412.33 |
| | | 13－11 | 外墙抹20厚水泥砂浆 | 10m$^2$ | 58.19 | 111.19 | 6470.15 |
| 8 | 010803003001 | | 保温隔热墙 | m$^2$ | 576.71 | 26.97 | 15555.97 |
| | | 9－234 | 外墙贴聚苯乙烯泡沫板 | m$^3$ | 17.38 | 895.05 | 15555.97 |
| 9 | 020201001002 | | 墙面一般抹灰 | m$^2$ | 386.96 | 9.85 | 381.23 |
| | | 13－12 | 内墙面抹水泥砂浆 | 10m$^2$ | 38.696 | 98.52 | 381.23 |
| 10 | 020204003001 | | 块料墙面 | m$^2$ | 82.47 | 50.05 | 4127.21 |
| | | 13－112 | 卫生间墙面墙裙贴瓷砖,1∶3水泥砂浆 | 10m$^2$ | 8.247 | 500.45 | 4127.21 |
| 11 | 020301001001 | | 天棚抹灰 | m$^2$ | 148.81 | 8.59 | 1278.87 |
| | | 14－113 | 混凝土天棚水泥砂浆面 | 10m$^2$ | 14.881 | 85.94 | 1278.87 |
| 12 | 020301001002 | | 天棚抹灰 | m$^2$ | 15.66 | 8.59 | 134.58 |
| | | 14－113 | 楼梯底面:混凝土天棚水泥砂浆面 | 10m$^2$ | 1.566 | 85.94 | 134.58 |
| 13 | 020506001001 | | 抹灰面油漆 | m$^2$ | 386.96 | 7.66 | 2965.66 |
| | | 16－307 | 内墙面乳胶漆在抹灰面上批,刷2遍混合腻子 | 10m$^2$ | 38.696 | 76.64 | 2965.66 |
| 14 | 020507001001 | | 喷刷涂料 | m$^2$ | 576.71 | 14.75 | 8508.49 |
| | | 9－105 | 外墙刷聚氨脂防水涂料3遍 | 10m$^2$ | 58.13 | 146.37 | 8508.49 |

## 附录1.6 单位工程措施项目清单(略)

## 附录1.7 单位工程其他项目清单(略)

## 附录1.8 规费明细(略)

## 附录1.9 单位工程费用汇总(略)

# 附录2　电气照明工程计量与计价案例

## 附录2.1　工程概况、施工图与施工说明

### 1. 工程概况、施工图

本设计图共两张，其中电气照明平面图如图A2－1所示，配电系统图如图A2－2所示。

(1)建筑概况。本住宅楼共6层，每层高3m，一个单元内每层共两户，有A、B两种户型：A型为4室1厅，约92$m^2$；B型为3室1厅，约73$m^2$。共用楼梯、楼道。

(2)供电电源。每层住宅楼采用220V单相电源、TN－C接地方式的单相三线系统供电。

### 2. 施工说明

(1)在楼道内设置一个配电箱AL－1，安装高度为1.8m，配电箱有4路输出线(1L、2L、3L、4L)，其中，1L、2L分别为A、B两户供电，导线及敷设方式为BV－3X6－SC25－WC(铜芯塑料绝缘线，3根，截面积为6$mm^2$，穿钢管敷设，管径为25mm，沿墙暗敷)，3L供楼梯照明，4L为备用。

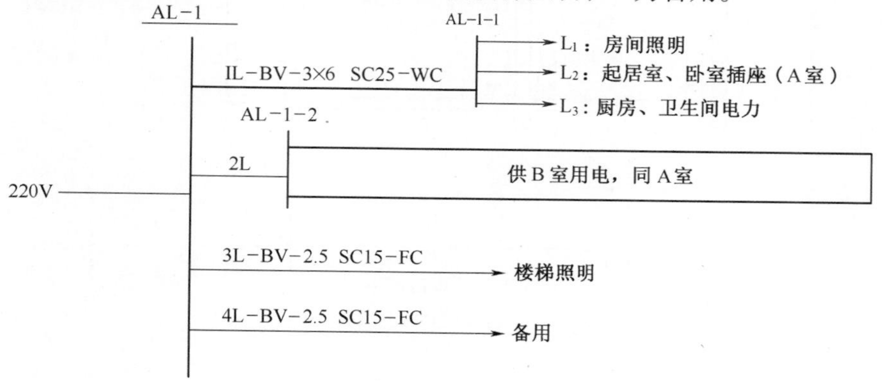


图A2－1　某住宅楼供电系统图

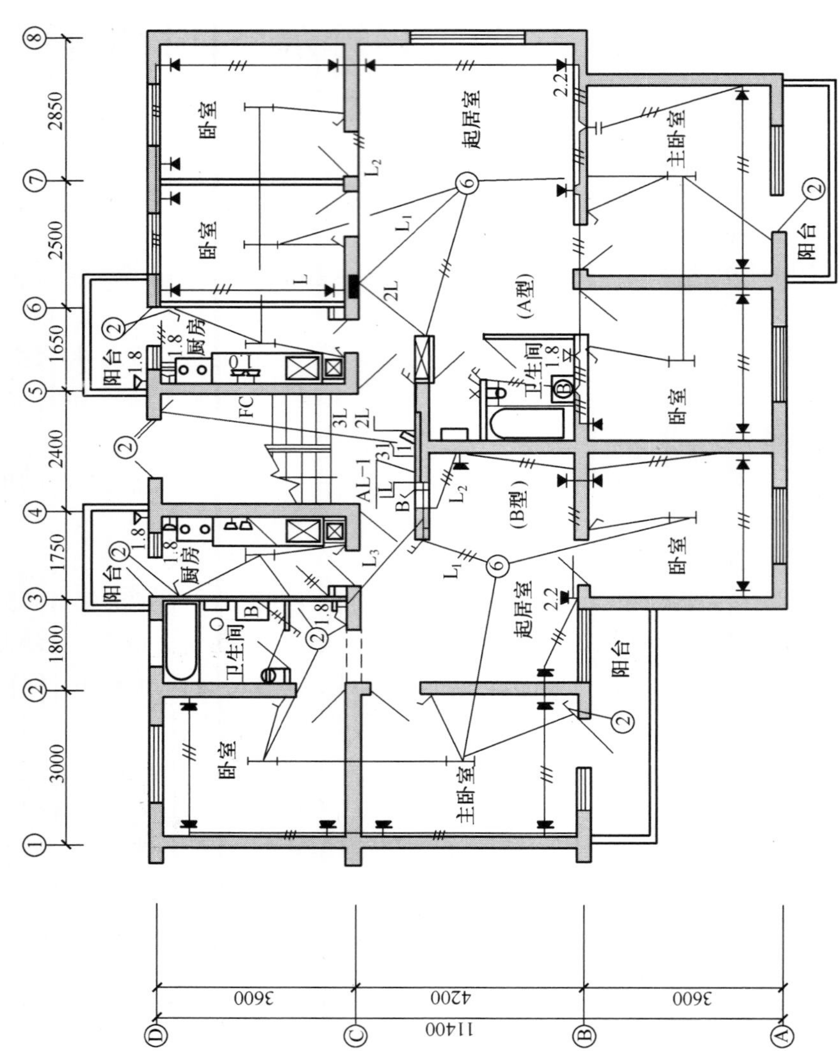


图 A2-2 某住宅楼电气照明平面图

(2)住户用电。A、B两户分别在室内安装一个配电箱,其安装高度为1.8m,分别采用3路供电,其中$L_1$供各房间照明,$L_2$供起居室、卧室内的家用电器用电,$L_3$供厨房、卫生间用电。

(3)除非图面另有注释,房间内所有照明、插座管线均选用BV－500型电线穿PVC20型管,敷设在现浇混凝土楼板内;竖直方向为暗敷设在墙体内。照明、插座支线的截面积一律为2.5$mm^2$,每一回路单独穿一根管,穿管管径为20mm。

(4)除非图面另有注释,所有开关距地1.4m安装,插座距地0.4m安装。

(5)所有电气施工图纸中表示的预留套管和预留洞口均由电气施工人员进行预留,施工时与土建密切配合。

## 附录2.2　编制依据

(1)工程施工图(平面图和系统图)和相关资料说明。

(2)《江苏省建设工程工程量清单计价项目指引》。

(3)《江苏省安装工程计价表》(2004年)。

(4)国家和工程所在地区有关工程造价的文件。

## 附录2.3　工程清单项目的划分及项目编码表格

工程清单项目的划分及项目编码表如表A2－1所列。

## 附录2.4　工程量计算

(1)照明配电箱的安装。每层共用1台配电箱,A、B户又各设有1台配电箱,这样每层共有3台配电箱,六层共有18台配电箱。

(2)板式开关的安装。A型单元9只,B型单元9只,这样每层有18只开关,六层共108只开关。

(3)单相三孔插座的安装。A型单元20只,B型单元18只,这样每层有38只插座,六层共228只开关。

(4)钢管的敷设。由层配电箱AL－1至B户配电箱AL－1－1:其敷设钢管的长度由层配电箱到顶板的1.2m加上到户配电箱的水平距离1m,再加上顶板到户配电箱的1.2m,计3.4m长。

表 A2－1 工程清单项目的划分及项目编码表格

工程名称:某住宅楼电气照明工程　　　　第　页共　页

| 序号 | 项目编码 | 项目名称 | 计量单位 | 工程内容 | 定额指引 |
|---|---|---|---|---|---|
| 1 | 030204018001 | 配电箱 | 台 | 配电箱安装 | 2－264 |
| 2 | 030204031001 | 小电器 | 套 | 小电器板式开关安装 | 2－1638 |
| 3 | 030204031002 | 小电器 | 套 | 小电器插座安装 | 2－1668 |
| 4 | 030212001001 | 电气配管 | m | 刨沟槽、电线钢管敷设 | 2－983 |
| 5 | 030212001002 | 电气配管 | m | 刨沟槽、电线 PVC 管敷设 | 2－982 |
| 6 | 030212001003 | 电气配管 | 个 | 接线盒安装 | 2－1377 |
| 7 | 030212003001 | 电气配线 | m | $6mm^2$ 铜芯塑料绝缘线的管内穿线 | 2－1200 |
| 8 | 030212003002 | 电气配线 | m | $2.5mm^2$ 铜芯塑料绝缘线的管内穿线 | 2－1172 |
| 9 | 030213001001 | 普通吸顶灯及其他灯具 | 套 | 半圆球吸顶灯的安装 | 2－1384 |
| 10 | 030213003001 | 装饰灯 | 套 | 吊灯的安装 | 2－1530 |
| 11 | 030213004001 | 荧光灯 | 套 | 荧光灯的安装 | 2－1594 |

由层配电箱 AL－1 至 A 户配电箱 AL－1－2:其敷设钢管的长度为1.2＋3.13＋1.2＝5.53m。

每层敷设钢管长度为 3.4m＋5.53m＝8.93m。

工程共六层,共敷设钢管长度为 8.93×6＝53.58,再加上从底层层配电箱到六层层配电箱的竖直配管长度 3×5＝15m,计 68.58m。

(5)PVC 管的敷设。B 型单元,对于 L1 回路,有

(开关箱至楼板顶的 1.2m)＋(开关箱水平至起居室 6 号吊灯开关的 0.44m)＋(起居室 6 号吊灯开关水平至 6 号吊灯的 1.55m)＋(6 号吊灯至卧室荧光灯的 3.55m)＋(卧室荧光灯至开关的 1.55m)＋(6 号吊灯至主卧

室荧光灯的3.89m)+(主卧室荧光灯到开关的1.33m)+(主卧室荧光灯至阳台灯开关的2.22m)+(阳台灯开关至阳台灯的0.89m)+(主卧室荧光灯至卧室荧光灯的3.66m)+(卧室荧光灯至卧室荧光灯开关的1.33m)+(卧室荧光灯至2号灯的2.55m)+(2号灯至开关的0.56m)+(2号灯至厨房灯的2m)+(厨房灯至开关的1.67m)+(厨房灯至阳台2号灯开关的1.67m)+(厨房阳台2号灯开关至2号灯的1.33m)+(8只灯,由房顶楼板至开关的配管1.6m×8),计44.19m。

对于 $L_2$ 回路,配管长度为33.42m。

对于 $L_3$ 回路,配管长度为11.53m。

A型单元,对于L1回路:1.2+2.78+4+3.89+1.67+3.66+1.78+2.22+1.34+3.89+1.67+2.78+1.67+2+1.67+1.67+1.11+1.6×8,配管长度为51.80m。

对于 $L_2$ 回路:1.8+3.63+4.2+3.6+2+7.22+3+1.33+3.11+7+1.8×1+0.4×2,配管长度为43.49m。

对于 $L_3$ 回路:1.8+3.6+2+2+1.44+1.8×2+1×1+0.4×2,配管长度为16.24m。

小计六层PVC管敷设长度为

(44.19+33.42+11.53+51.8+43.49+16.24)×6=1204.02m

(6)接线盒的安装。

B型单元

$L_1$ 回路:有接线盒7个,开关盒8个,计15个接线盒。

$L_2$ 回路:有13个接线盒。

$L_3$ 回路:有6个接线盒。

A型单元

$L_1$ 回路:有接线盒4个,开关盒8个,计12个接线盒。

$L_2$ 回路:有12个接线盒。

$L_3$ 回路:有9个接线盒。

六层接线盒小计:(15+13+6+12+12+9)×6=402个

(7)电气配线。钢管内穿 $6mm^2$ 铜芯塑料绝缘线,每回路管内有3根线,长度为68.58m×3=205.74m。

(8)电气配线。PVC管内穿 $2.5mm^2$ 铜芯塑料绝缘线。

B 型单元

$L_1$ 回路为照明回路，除起居室 6 号吊灯开关水平至 6 号吊灯为 3 根线外，其余为 2 根线，所需长度为 $L_1$ 回路全部管长（44.19m × 2）+ 1.55m = 89.93m。

$L_2$ 和 $L_3$ 回路为插座回路，都为 3 根线，所需长度为：$L_2$ 回路全部管长（33.42m × 3）+ $L_3$ 回路全部管长（11.53m × 3），即 134.85m。

A 型单元

$L_1$ 回路为照明回路，都为两根线，所需长度为 51.8 × 2 = 103.6m。

$L_2$ 和 $L_3$ 回路为插座回路，都为 3 根线，所需长度为 $L_2$ 回路全部管长（43.49m × 3）+ $L_3$ 回路全部管长（16.24m × 3），即 179.19m。

小计 2.5mm$^2$ 铜芯塑料绝缘线：

（89.93 + 100.26 + 34.59 + 103.6 + 130.47 + 48.72）× 6 = 507.57 × 6 = 3045.42m

（9）半圆球吸顶灯的安装。每户 3 套，共 6 套，小计：6 × 6 = 36 套。

（10）吊灯的安装。每户 1 套，共两套，小计：2 × 6 = 12 套。

（11）单管成套荧光灯的安装。A 型单元 5 套，B 型单元 4 套，共 9 套。小计：9 × 6 = 54 套。

将以上所算工程量依次填入工程量计算表中（表 A2－2）。

表 A2－2 工程量计算表

| 工程名称：某住宅楼电气照明工程 | | | | | 第 页共 页 |
|---|---|---|---|---|---|
| 序号 | 分部分项工程名称 | 计 算 式 | 计量单位 | 工程数量 | 部 位 |
| 1 | 配电箱安装 | 3 × 6 = 18 台 | 台 | 18 | 走廊、房间 |
| 2 | 小电器板式开关安装 | 18 × 6 = 108 只 | 10 只 | 10.8 | 各用户房间 |
| 3 | 小电器插座安装 | 38 × 6 = 228 套 | 10 套 | 22.8 | 各用户房间 |
| 4 | 刨沟槽、电线钢管敷设 | （3.4 + 5.53）6 + 35 = 68.58m | 100m | 0.686 | 沿墙、天花板暗敷 |
| 5 | 刨沟槽、电线 PVC 管敷设 | （44.19 + 33.42 + 11.53 + 51.8 + 43.49 + 16.24）× 6 = 1204.02m | 100m | 12.04 | 沿墙、天花板暗敷 |

（续）

| 序号 | 分部分项工程名称 | 计算式 | 计量单位 | 工程数量 | 部位 |
|---|---|---|---|---|---|
| 6 | 接线盒安装 | （15+13+6+12+12+9）×6=402个 | 10个 | 40.2 | 各用户房间 |
| 7 | $6mm^2$ 铜芯塑料绝缘线的管内穿线 | 68.58m×3=205.74m | 100m | 2.06 | 各层配电箱至户配电箱 |
| 8 | $2.5mm^2$ 铜芯塑料绝缘线的管内穿线 | (89.93+100.26+34.59+103.6+130.47+48.72)6=507.576=3045.42m | 100m | 30.45 | 各用户房间 |
| 9 | 半圆球吸顶灯的安装 | 6×6=36套 | 10套 | 3.6 | 各用户阳台、卫生间 |
| 10 | 吊灯的安装 | 2×6=12套 | 10套 | 1.2 | 各用户客厅 |
| 11 | 荧光灯的安装 | 9×6=54套 | 10套 | 5.4 | 各用户房间 |

## 附录2.5 套用定额计价表计算分部分项工程量清单报价

不含主材的分部分项工程量清单报价表如表A2-3所列。

表A2-3 不含主材的分部分项工程量清单报价表

工程名称：某住宅楼电气照明工程　　第　页共　页

| 序号 | 项目编码 | 项目名称 | 计量单位 | 工程数量 | 综合单价（元） | 合价（元） | 人工费（元） | |
|---|---|---|---|---|---|---|---|---|
| | | | | | | | 单价 | 合价 |
| 1 | 030204018001 | 配电箱 | 台 | 18 | 97.02 | 1746.36 | 42.12 | 758.16 |
| 2 | 030204031001 | 小电器开关安装 | 套 | 108 | 3.75 | 405 | 1.99 | 214.92 |
| 3 | 030204031002 | 小电器插座安装 | 套 | 228 | 4.18 | 953.04 | 2.13 | 485.64 |
| 4 | 030212001001 | 电气配管（钢管） | m | 68.6 | 4.08 | 279.89 | 1.99 | 136.51 |
| 5 | 030212001002 | 电气配管（PVC管） | m | 1204 | 2.11 | 2540.44 | 1.12 | 1348.48 |
| 6 | 030212001003 | 电气配管（接线盒） | 个 | 402 | 2.25 | 904.5 | 1.05 | 422.1 |
| 7 | 030212003001 | 电气配线（$6mm^2$线） | m | 206 | 0.52 | 107.12 | 0.19 | 39.14 |

（续）

| 序号 | 项目编码 | 项目名称 | 计量单位 | 工程数量 | 综合单价（元） | 合价（元） | 人工费（元） | |
|---|---|---|---|---|---|---|---|---|
| | | | | | | | 单价 | 合价 |
| 8 | 030212003002 | 电气配线（2.5mm$^2$线） | m | 3045 | 0.26 | 791.7 | 0.23 | 700.35 |
| 9 | 030213001001 | 普通吸顶灯及其他灯具 | 套 | 36 | 13.77 | 495.72 | 5. 05 | 181.8 |
| 10 | 030213003001 | 装饰吊灯 | 套 | 12 | 26.40 | 316.8 | 9.46 | 113.52 |
| 11 | 030213004001 | 荧光灯 | 套 | 54 | 11.73 | 633.42 | 5.08 | 274.32 |
| 小计 | | | | | | 9173.99 | | 4674.94 |

## 附录 2.6 计算主材费用

主材费计算表如表 A2 - 4 所列。

表 A2 -4 主材费用计算表

| 工程名称：某住宅楼电气照明工程 | | | | | 第 页共 页 | |
|---|---|---|---|---|---|---|
| 序号 | 材料名称 | 规格型号 | 单位 | 消耗数量 | 单价（元） | 合价（元） |
| 1 | 照明配电箱 | | 台 | 18 | 300 | 5400.00 |
| 2 | 板式开关 | | 套 | 108×（1+2%）=110.06 | 15.00 | 1650.90 |
| 3 | 单相三孔插座 | | 套 | 228×（1+2%）=232.56 | 5.00 | 1162.80 |
| 4 | 钢管 | DN25 | m | 68.58×（1+3%）=70.64 | 6.62 | 467.64 |
| 5 | PVC 管 | 管径 20mm | m | 1204×（1+3%）=1240.12 | 3.50 | 4340.42 |
| 6 | 接线盒 | 100100 | 个 | 402×（1+2%）=410.04 | 5.10 | 2091.20 |
| 7 | 铜芯塑料绝缘线 | BV6.0 | m | 206×（1+3%）=212.18 | 4.39 | 931.47 |
| 8 | 铜芯塑料绝缘线 | BV2.5 | m | 3045×（1+3%）=3136.35 | 1.20 | 3763.62 |
| 9 | 吊灯（9 头花灯） | | 套 | 12×（1+1%）=12.12 | 450 | 5454.00 |
| 10 | 半圆球吸顶灯 | | 套 | 36×（1+1%）=36.36 | 32.00 | 1163.52 |
| 11 | 单管成套荧光灯 | | 套 | 54×（1+1%）=54.54 | 39.60 | 2159.78 |
| 合计 | | | | | | 28585.36 |

## 附录2.7 单位工程措施项目清单(略)

## 附录2.8 单位工程其他项目清单(略)

## 附录2.9 规费明细(略)

## 附录2.10 单位工程费用汇总(略)

# 附录3　给排水工程计量与计价案例

## 附录3.1　工程概况、施工图与施工说明

**1. 工程概况**

某五层住宅楼共3个单元,每单元10户。

由户外阀门井埋地引入自来水供水管道,通过立管经各户横支管上的水表向其厨房和卫生间设备供水。

由小区换热站经地沟引入热水管道,并通过立管经各户热水表。由横支管向其厨房和卫生间设备供水。热水回水立管返回地沟,通向小区换热站。

卫生间与厨房的排水管道经不同排水立管分别经其排出管引至室外化粪池。

本工程预算范围如下所示。

给水工程:自户外阀门井至各户用水器具。

热水工程:自管沟入口阀门至各户用水器具。

排水工程:自各户排水器具至室外化粪池。

**2. 施工图**

由于本住宅3个单元给水、热水、排水工程完全一致,为简单、清楚、便于学习起见,仅给出中间单元的给水、热水、排水工程施工图。

(1)中间单元底层给水、热水、排水工程平面图(图A3－1)。

(2)厨房给水、热水、排水工程平面图(图A3－2)。

(3)卫生间给水、热水、排水工程平面图(图A3－3)。

(4)中间单元给水系统轴测图(图A3－4)。

(5)中间单元热水系统轴测图(图A3－5)。

(6)中间单元排水系统轴测图(仅右边五层用户,图A3－6)。

**3. 施工说明**

(1)给水管道采用镀锌钢管(螺纹连接),进户埋地引入,室内立管明敷设于房间阴角处,各户横支管沿墙、沿吊顶明敷设,安装高度见施工图。

(2)热水管道、热水回水管道在地沟内并排敷设于水平支架上。亦为镀锌钢管(螺纹连接),其立管与横管的敷设方式与给水管道相同。热水及

热水回水管道穿墙设镀锌铁皮套管，穿楼板时设钢套管。

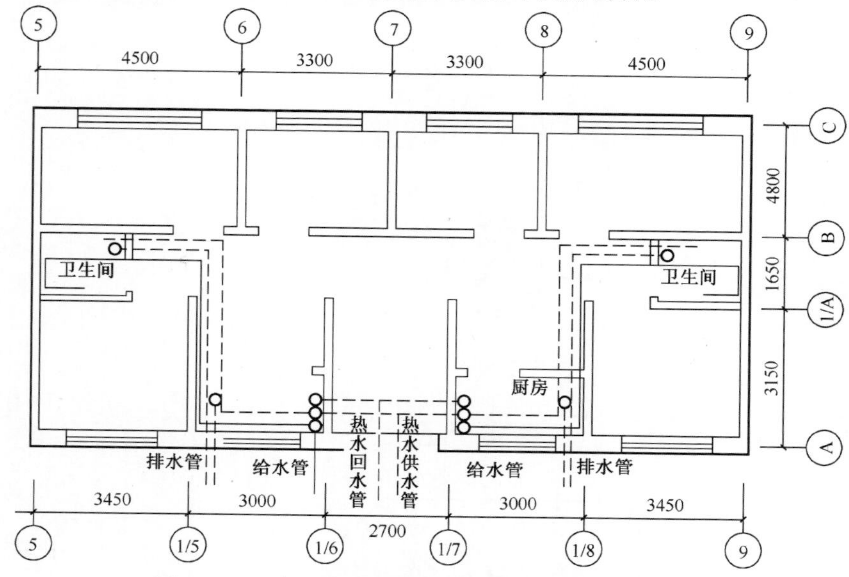


图 A3－1　中间单元底层给水、热水、排水工程平面图

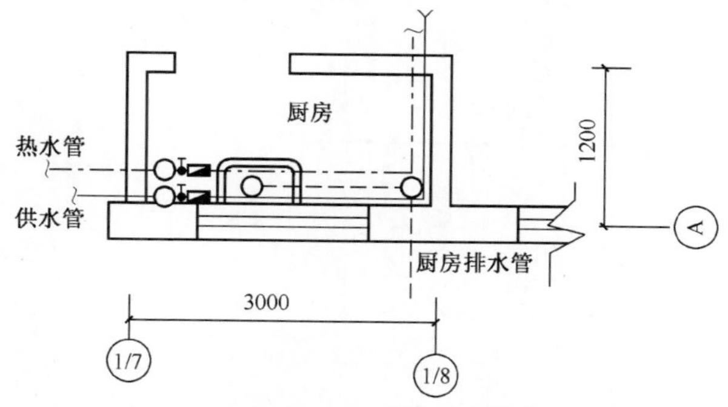


图 A3－2　厨房给水、热水、排水工程平面图

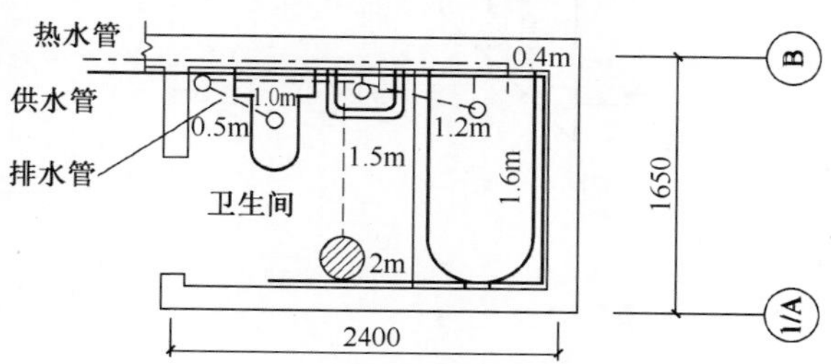


图 A3－3　卫生间给水、热水、排水工程平面图

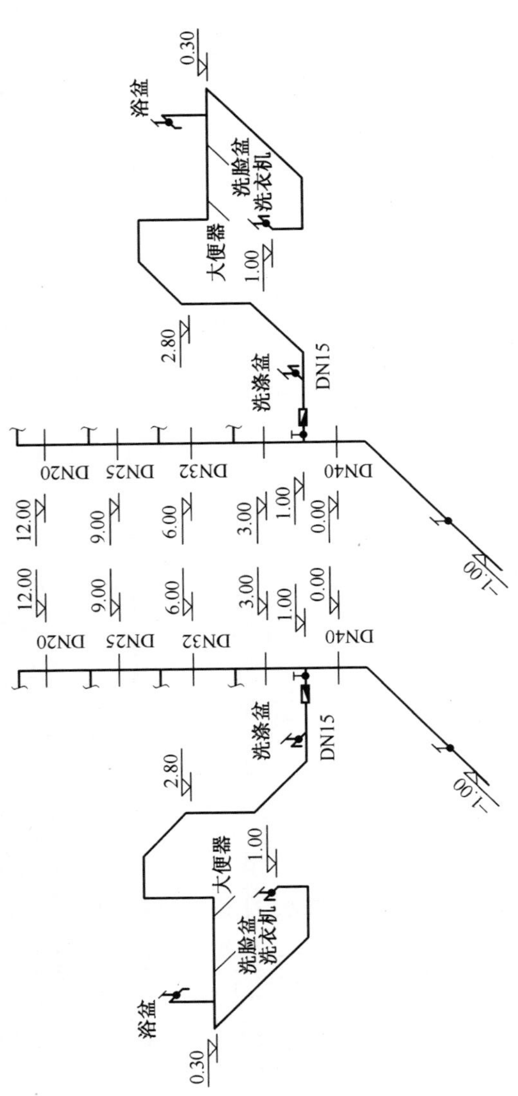


图 A3－4 中间单元给水系统轴测图

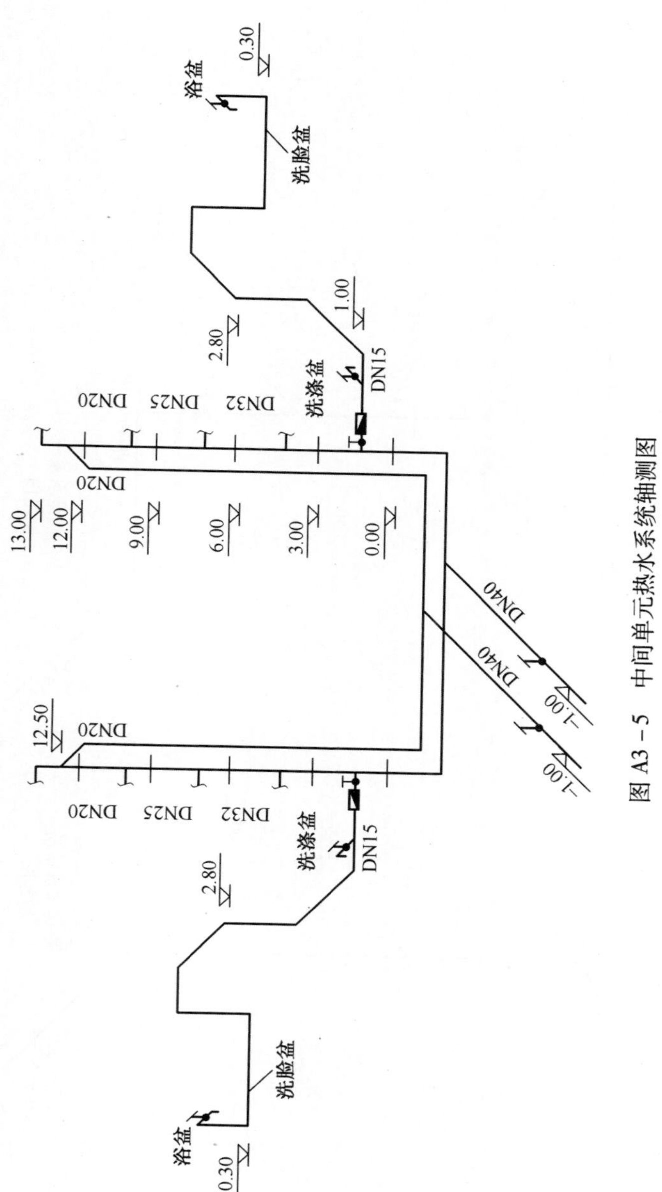


图 A3－5　中间单元热水系统轴测图

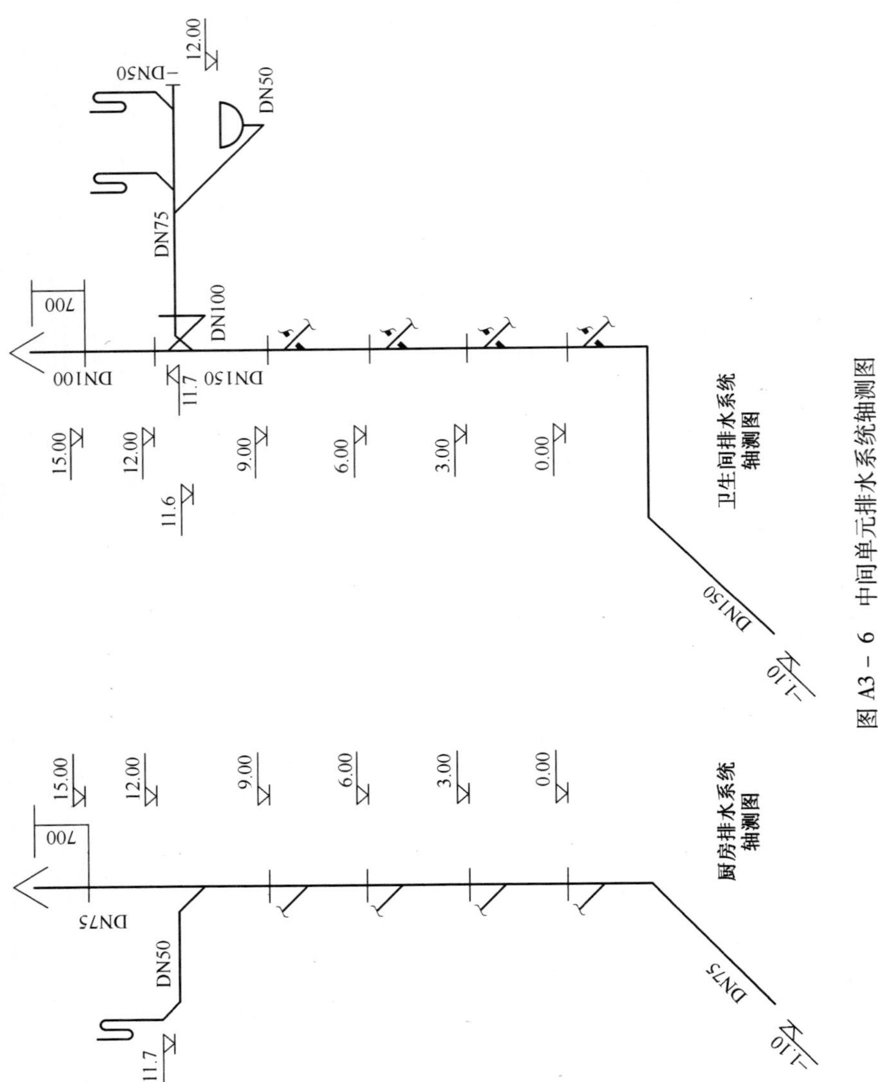


图 A3－6 中间单元排水系统轴测图

## 附录3.2　编制依据

(1)工程施工图(平面图和系统图)和相关资料说明。

(2)《江苏省建设工程工程量清单计价项目指引》。

(3)《江苏省安装工程计价表》(2004年)。

(4)国家和工程所在地区有关工程造价的文件。

## 附录3.3　工程量计算

### 1. 清单工程量计算

清单工程量计算表如表A3－1所列。

表A3－1　清单工程量计算表

工程名称:某住宅楼给排水工程　　第　页共　页

| 序号 | 分部分项工程名称 | 计算式 | 计量单位 | 工程数量 | 部位 |
|---|---|---|---|---|---|
| 1 | 镀锌钢管安装 | 1093 + 129 + 36 + 36 + 93 | m | 1387 | 给水、热水系统 |
| 2 | 承插铸铁管安装 | 134.4 + 181.8 + 27 + 150.3 | m | 493.5 | 排水系统 |
| 3 | 钢套管 | 9 + 18 + 9 | m | 36 | 管穿楼板处 |
|  |  | 230 | 个 | 60 | DN15管穿墙处 |
| 4 | 管道支架制作安装 | 6.2 + 63 | kg | 69 | 地沟内、DN40立管上 |
| 5 | 螺纹阀门 | 6 + 6 | 个 | 12 | 各单元进户阀门井 |
| 6 | 水表 | 30 + 30 | 组 | 60 | 各厨房 |
| 7 | 浴盆 | 30 | 组 | 30 | 各卫生间 |
| 8 | 洗脸盆 | 30 | 组 | 30 | 各卫生间 |
| 9 | 洗涤盆 | 30 | 组 | 30 | 各厨房 |
| 10 | 大便器 | 30 | 套 | 30 | 各卫生间 |
| 11 | 水龙头 | 30 | 个 | 30 | 各卫生间 |
| 12 | 地漏 | 30 | 个 | 30 | 各卫生间 |
| 13 | 地面扫除口 | 24 + 6 | 个 | 30 | 各卫生间 |

(1)镀锌钢管(螺纹连接)。室内给水系统安装。

①DN40:42m;([1.6m(阀门井至外墙皮)+0.4m(外墙皮至立管)+1m+1m+3m(高低差)]×6=42m)。

②DN32:(3m×6)=18m。

③DN25:(3m×6)=18m。

④DN20:(3m×6)=18m。

⑤DN15:617m([3m(轴线1/7~1/8距离)+(3.15m+1.65m)(轴线A~B距离)+3.45m(轴线1/8~9距离)+(2.8m-1m)+(2.8m-0.3m)(轴线1/A~B标高差)+(1m-0.3m)×2(水龙头安装点标高差)+(1.6m+2m)(图A3-3标注)]×30=617m)。

热水供应系统安装。

(2)镀锌钢管(螺纹连接)。

①DN40共:45m+6m=51m。

(其中DN40供热管:[1.5m(室外至外墙皮)+0.5m(外墙皮至管沟)+2.7m(轴线1/6~1/7距离)+0.3m(轴线1/6~1/7至两边立管距离之和)+(1m+1m+3m)2(标高差)]3=45m;DN40回水管:[1.5m(室外至外墙皮)+0.5m(外墙皮至管沟)]3=6m。

②DN32:(3m×6)=18m。

③DN25:(3m×6)=18m。

④DN20共:18m+93m=111m。

其中,DN20供热管:3m×6=18m;DN20回水管:[0.5m(供水与回水管的连管)+(12.5m+1m)(回水立管长度)]×6+[2.7m(轴线1/6~1/7距离)+0.3m(轴线1/6~1/7至两边立管距离之和)]×3=93m。

⑤DN15:[3m(轴线1/7~1/8距离)+(3.15m+1.65m)(轴线A~B距离)+(3.45m-0.4m)(轴线1/8~浴盆水龙头)+(2.8m-1m)+(2.8m-0.3m)(轴线1/A~B标高差)+(1m-0.3m)(浴盆水龙头安装点标高差)]30=476m。

小计 DN15管长:617+476=1093m

DN20管长:18+111=129m

DN25管长:18+18=36m

DN32管长:18+18=36m

DN40管长:42+51=93m

合计管长:1093+129+36+36+93=1387m

(3)承插铸铁管安装。

室内排水系统安装。

①厨房。

DN75:([2m(户外化粪池至厨房立管)+(1.1m+15m+0.7m)(立管总高度)]×6)=112.8m。

DN50:([(12m-11.7m)(标高差)+1.5m(厨房平面图)+0.07m(45°斜三通增加长度)]×30)=56.1m。

②卫生间。

DN150:([(2+3.15+1.65)(户外化粪池至轴线 *B*)+(3.45-2.4+0.4)(轴线1/8至立管)+(1.1+15+0.7)(立管总高度)]×6)=150.3m。

DN100:([0.5(图A3-3标注)+(12-11.7)(标高差)+0.1(45°斜三通增加部分)]×30)=0.9×30=27m。

DN75:([(1.2+1.0)(图A3-3标注)+0.1(45°斜三通增加部分)]×30)=2.3×30=69m。

DN50:([1.5(图A3-3标注)+(12-11.7)×3(标高差)+0.07×3(45°斜三通增加部分)]×30)=2.61×30=78.3m。

小计DN50管长:56.1m+78.3m=134.4m

DN75管长:112.8m+69m=181.8m

DN100管长:27m

DN150管长:150.3m

合计:134.4+181.8+27+150.3=493.5m

③钢套管安装。

热水供应系统安装管道穿楼板钢套管制作安装,套管长度均按300mm计,表A3-2为穿楼板钢套管长度统计计算表。

表A3-2　穿楼板钢套管长度

| 管道 | 穿楼板钢套管 | 数量/个 | 钢管长度/m |
|---|---|---|---|
| DN20 | DN32 | 130=30 | 0.330=9 |
| DN25 | DN40 | 230=60 | 0.360=18 |
| DN32 | DN40 | | |
| DN40 | DN50 | 230=60 | 0.330=9 |

合计穿楼板钢套管工程量:9+18+9=36m。

热水供应系统安装管道穿墙镀锌铁皮套管制作工程量如表 A3 - 3 所列

表 A3 - 3 管道穿墙镀锌铁皮套管制作数量

| 管道 | 穿墙镀锌铁皮套管 | 数量/个 |
|---|---|---|
| DN15 | DN25 | 230 = 60 |

合计 DN25 穿墙镀锌铁皮套管工程量:2 × 30 = 60 个。

(4)管道支架制作安装。

室内给水系统中 DN40 单管支架:每根立管上 1 个,6 根立管共 6 个,从书表 4 - 5 查知单管支架尺寸为 L40 × 4 × 375,$\phi$10 圆钢长度为 190mm。L40 × 4 角钢为 2.42kg/m,$\phi$10 圆钢为 0.62kg/m,故管道支架重为:2.42kg/m × 0.375m + 0.62kg/m × 0.196 ≈ 6.2kg。

热水供应系统 DN40 支架:立管上安装 DN40 单管支架 1 个,6 根立管 6 个,重 6.2kg;地沟内安装 DN40 双管支架 4 个;3 个单元共 12 个,双管支架尺寸为:8 × 555,$\phi$10 圆钢长度为 190mm。8 槽钢为 8kg/m,$\phi$10 圆钢为 0.62kg/m,故双管支架总重为:8kg/m × 0.555m × 12 + 0.62kg/m × 0.19 × 12 × 2 ≈ 56.12kg。

小计支架重:6.2kg + 56.12kg ≈ 63kg

合计:6.2kg + 63kg ≈ 69kg

(5)螺纹阀门安装。

室内给水系统:每个进户阀门井安装 DN40 螺纹阀门 1 个,全楼 6 处阀门井共 6 个。

热水供应系统:每单元进户安装 DN40 螺纹阀门 2 个,全楼共 6 个。

合计:6 + 6 = 12,主材型号为 Z15T - 10K DN40,12 个。

(6)水表安装。

室内给水系统:每户给水管道安装 DN15 螺纹水表一组,全楼共 30 户,故共 30 组(水表定额包括表前螺纹阀门安装),主材型号为 LXS - 15DN15 螺纹水表,30 个。

热水供应系统:每户给水管道安装 DN15 螺纹水表一组,全楼共 30 户,故共 30 组(水表定额包括表前螺纹阀门安装),主材型号为 LXR - 15DN15 热水螺纹水表,30 个。

合计:30 + 30 = 60 组

(7)浴盆安装。

浴盆安装:(冷热水带喷头搪瓷浴盆)30 组;主材为冷热水带喷头浴盆 30 组,浴盆混合水嘴带喷头 30 组。

合计:30 组

(8)洗脸盆安装。

洗脸盆安装:冷热水洗脸盆 30 组;主材为冷热水洗脸盆 30 组。

合计:30 组

(9)洗涤盆安装。

洗涤盆安装:双嘴洗涤盆 30 组;主材为双嘴洗涤盆 30 组。

合计:30 组

(10)大便器安装。

坐式大便器安装:(连体水箱坐便器)30 套;主材为连体水箱坐便器 30 套(含连体进水阀配件、连体排水口配件、坐便器桶盖)。

合计:30 套

(11)水龙头安装。

洗衣机水龙头安装:每户给水管道安装 DN15 水龙头 1 个,全楼共 30 户故共 30 个;主材为 DN15 水龙头 30 个。

合计:30 个

(12)地漏安装。

地漏安装:DN50 地漏 30 个;主材为 DN50 地漏 30 个。

(13)地面扫除口安装。

水平清扫口和地面扫除口安装:水平清扫口有 24 个,地面扫除口有 6 个,合计:24 +6 = 30 个;主材为水平清扫口(清通口)24 个;地面扫除口 6 个。

**2. 计价表定额子目工程量统计**

计价表工程量计算如表 A3 -4 所列。

表 A3 -4　计价表工程量计算表

| 序号 | 分项工程名称 | 计 算 式 | 单位 | 工程量 |
|---|---|---|---|---|
| 1 | 室内给水系统安装 | | | |
| (1) | 镀锌钢管(螺纹连接) | | | |
| | DN40 | [1.6 +0.4 +(1 +1 +3)(标高差)] ×6 | m | 42 |
| | DN32 | 3 ×6 | m | 18 |
| | DN25 | 3 ×6 | m | 18 |

（续）

| 序号 | 分项工程名称 | 计算式 | 单位 | 工程量 |
|---|---|---|---|---|
| | DN20 | 3×6 | m | 18 |
| | DN15 | [3+(3.15+1.65)+3.45+(2.8−1)+(2.8−0.3)(标高差)+(1−0.3)×2(标高差)+(1.6+2)]×30 | m | 617 |
| (2) | 管道支架制作安装 | | | |
| | DN40 支架 | (2.42kg/m×0.375m+0.62kg/m×0.19m)×6 | kg | 6.2 |
| (3) | 管道消毒冲洗 | | | |
| | DN50 以下 | 42+18+18+18+617 | m | 713 |
| (4) | 阀门安装 | | | |
| | DN40 螺纹闸阀 | 1×6 | 个 | 6 |
| (5) | 水表组成与安装 | | | |
| | DN15 螺纹水表 | 1×30 | 个 | 30 |
| (6) | 洗衣机水龙头安装 | | | |
| | DN15 水龙头 | 1×30 | 个 | 30 |
| 2 | 热水供应系统安装 | | | |
| (1) | 镀锌钢管(螺纹连接) | | | |
| | DN40 | 供热管:[1.5+0.5+2.7+0.3+(1+1+3)2(标高差)]3=45<br>回水管:(1.5+0.5)3=6 | m | 45+6=51 |
| | DN32 | 3×6 | m | 18 |
| | DN25 | 3×6 | m | 18 |
| | DN20 | 供热管:36=18<br>回水管:[0.5+(12.5+1)]6+(2.7+0.3)3=93 | m | 18+93=111 |
| | DN15 | [3+(3.15+1.65)+(3.45−0.4)+(2.8−1)+(2.8−0.3)(标高差)+(1−0.3)(标高差)]30 | m | 476 |
| (2) | 管道穿楼板钢套管制作安装 | | | |

（续）

| 序号 | 分项工程名称 | 计算式 | 单位 | 工程量 |
|---|---|---|---|---|
| | DN32 | 0.3×30 | m | 9 |
| | DN40 | 0.3×60 | m | 18 |
| | DN50 | 0.3×30 | m | 9 |
| (3) | 穿墙镀锌铁皮套管 | | | |
| | DN25 | 2×30 | 个 | 60 |
| (4) | 管道支架制作安装 | | | |
| | 单管支架<br>双管支架 | (2.42kg/m×0.375m+0.62kg/m×0.19)×6≈6.2kg<br>8kg/m×0.555m12+0.62kg/m×0.19×12×2≈56.12kg | kg | 6.2+56.12≈62 |
| (5) | 管道冲洗 | | | |
| | DN50 以下 | 51+18+18+111+476 | m | 674 |
| (6) | 阀门安装 | | | |
| | DN40 螺纹阀门 | 2×3 | 个 | 6 |
| (7) | 水表组成与安装 | | | |
| | DN15 螺纹水表 | 1×30 | 组 | 30 |
| 3 | 室内排水系统安装 | | | |
| (1) | 承插铸铁排水管(水泥接口)安装 | | | |
| | DN50 | [(12－11.7)(标高差)+1.5+0.07(45°斜三通增加长度)]×30=1.87×30=56.1<br>[1.5+(12－11.7)×3(标高差)+0.07×3(45°斜三通增加部分)]×30=2.91×30=78.3 | m | 56.1+78.3≈134.4 |
| | DN75 | [2+(1.1+15+0.7)(标高差)]×6=112.8<br>[(1.2+1.0)+0.1(45°斜三通增加部分)]×30=2.3×30=69 | m | 112.8+69≈181.8 |
| | DN100 | [0.5+(12－11.7)(标高差)+0.1(45°斜三通增加部分)]×30=0.930 | m | 27 |

（续）

| 序号 | 分项工程名称 | 计算式 | 单位 | 工程量 |
| --- | --- | --- | --- | --- |
|  | DN150 | [（2 + 3.15 + 1.65）+（3.45 − 2.4 + 0.4）+（1.1 +15 +0.7）（立管总高度）] × 6 | m | 150.3 |
| （2） | 浴盆安装 |  |  |  |
|  | 冷热水带喷头搪瓷浴盆 | 1 ×30 | 组 | 30 |
| （3） | 洗脸盆安装 |  | 组 | 30 |
|  | 冷热水洗脸盆 | 1 ×30 |  |  |
| （4） | 洗涤盆安装 |  |  |  |
|  | 双嘴洗涤盆 | 1 ×30 | 组 | 30 |
| （5） | 坐式大便器安装 |  |  |  |
|  | 连体水箱坐便器 | 1 ×30 | 套 | 30 |
| （6） | 地漏安装 |  |  |  |
|  | DN50 地漏 |  | 个 | 30 |
| （7） | 水平清扫口和地面扫除口安装 |  |  |  |
|  | 水平清扫口（清通口）<br>地面扫除口 | 1 ×24<br>1 ×6 | 个 | 24<br>6 |
| 4 | 除锈刷油保温工程 |  |  |  |
| （1） | 埋地镀锌钢管刷热沥青 DN40 | π ×0.048 ×18 | $m^2$ | 3 |
| （2） | 铸铁排水管除锈与刷油 |  |  |  |
|  | 埋地部分 | 1.2π（0.06 × 26.9 + 0.085 × 32.4 + 0.11 ×5.4 +0.162 ×56.1） | $m^2$ | 54 |
|  | 明敷设部分 | 1.2 × π ×（0.06 × 107.5 + 0.085 × 149.7 +0.11 ×21.6 +0.162 ×94.2） | $m^2$ | 139 |
| （3） | 管道支架除锈与刷油 | ①6.2（单管支架）2 + 56.12（双管支架）≈69<br>②铸铁管吊架总重为：<br>（3 ×1 +2 ×1.5 +12.2）×24 = 197<br>③单立管角钢卡子总重为：{0.19 ×[2（给水立管）+2 +2 ×5（热水立管及回水管）] +0.20 ×4 +0.22 ×4（给水及热水立管）+1.5 ×2 ×5 +2.2 ×2 ×5（排水立管）} ×3（单元）≈124<br>④零星部分：10<br>管道支架总重为：69 +197 +124 +10 | kg | 400 |

（续）

| 序号 | 分项工程名称 | 计算式 | 单位 | 工程量 |
|---|---|---|---|---|
| (4) | 绝热泡沫塑料瓦块安装 | 3.14 × 27 (0.048 + 1.033 × 0.04) × 1.033 ×0.04 +3.14 ×9(0.027 +1.033 × 0.04) ×1.033 ×0.04 | $m^3$ | 0.4 |
| (5) | 玻璃丝布保护层 | 3.14 × 9 × (0.048 + 2.1 × 0.04) + 3.14 ×27 × (0.027 +2.1 ×0.04) | $m^2$ | 15 |
| (6) | 绝热保护层刷油 | 同上 | $m^2$ | 15 |

表格 A3－4 是按照定额子目的工程量计算规则及前面有关计算结果统计而来，以方便套取定额，计算分部分项工程量清单综合单价。

表 A3－4 中除锈、刷油、保温工程的工程量。

(1) DN40 埋地镀锌钢管刷热沥青。

刷油工程量如表 A3－5 所列，管长 $L$ 等于[1.6m(阀门井至外墙皮) + 0.4m(外墙皮至立管) + 1m(高低差)] ×6 = 18m，表面积 $S = \pi \times$ 外径 0.048 × 管长 18 ≈ 3$m^2$。

表 A3－5 埋地镀锌钢管除锈刷油工程量

| 管型 | 外径 $D$/m | 长度 $L$/m | 表面积 $S = \pi DL/m^2$ |
|---|---|---|---|
| DN40 | 0.048 | 18 | 2.7 ≈ 3 |

(2) 铸铁排水管除锈与刷油。

埋地部分。

DN50：1.87m ×6(底层厨房) +2.61m ×6(底层卫生间) =26.9m

DN75：(2m +1.1m) ×6 +2.3m ×6(底层卫生间) =32.4m

DN100：0.9m ×6(底层卫生间) =5.4m

DN150：[(2m +3.15m +1.65m)(户外化粪池至轴线 $B$) + (3.45m － 2.4m +0.4m)(轴线 1/8 至立管) +1.1m(标高差)] ×6 =56.1m

埋地铸铁排水管除锈与刷油工程量(表 A3－6)，为 54$m^2$。

表 A3－6 铸铁排水管埋地部分除锈刷油工程量

| 管型 | 外径 $D$/m | 长度 $L$/m | 表面积 $S = 1.2\pi DL/m^2$ |
|---|---|---|---|
| DN50 | 0.06 | 26.9 | 6.1 |
| DN75 | 0.085 | 32.4 | 10.4 |

（续）

| 管型 | 外径 $D$/m | 长度 $L$/m | 表面积 $S=1.2\pi DL/\mathrm{m}^2$ |
|---|---|---|---|
| DN100 | 0.11 | 5.4 | 2.23 |
| DN150 | 0.162 | 56.1 | 34.3 |
| 埋地部分铸铁排水管除锈与刷油总面积 | | | ≈54 |

明敷设部分：按全长减埋地部分计算，如表 A3－7 所列，明敷部分铸铁排水管除锈与刷油工程量约为 139m²。

表 A3－7 铸铁排水管明敷设部分除锈刷油工程量

| 管型 | 外径 $D$/m | 长度 $L$＝全长－埋地长/m | 表面积 $S=1.2\pi DL/\mathrm{m}^2$ |
|---|---|---|---|
| DN50 | 0.06 | 56.1＋78.3－26.9＝107.5 | 24.3 |
| DN75 | 0.085 | 112.8＋69－32.4＝149.4 | 47.9 |
| DN100 | 0.11 | 27－5.4＝21.6 | 8.95 |
| DN150 | 0.162 | 150.3－56.1＝94.2 | 57.5 |
| 明敷设部分铸铁排水管除锈与刷油总面积 | | | ≈139 |

（3）管道支架除锈与刷油。

①6.2kg（单管支架）×2＋56.12kg（双管支架）≈69.2kg。

②楼板下铸铁管吊架重量按：DN100（2.2kg/个）；DN75（1.5kg/个）；DN50（1kg/个）计算。

铸铁管吊架总重为：{（厨房 DN50 吊架 1 个＋卫生间 DN50 吊架 2 个）×1kg/个＋卫生间 DN75 吊架 2 个×1.5kg/个＋卫生间 DN100 吊架 1 个×2.2kg/个}×二层～六层的 24 户≈197kg。

③单立管角钢卡子重量按：DN20（0.19kg/个）；DN25（0.20kg/个）；DN32（0.22kg/个）；DN75（1.5kg/个）；DN150（2.2kg/个）计算。

单立管角钢卡子总重为：{0.19×[2（给水立管）＋2＋2×5（热水立管及回水管）]＋0.20×4＋0.22×4（给水及热水立管）＋1.5×2×5＋2.2×2×5（排水立管）}×3（单元）≈124kg。

④零星部分：10kg。

管道支架总重为：69.2＋197＋124＋10≈400kg。

（4）绝热层安装。保温层体积的计算（绝热层厚 $\delta=40\mathrm{mm}$）如表 A3－8 所列。

表 A3－8　保温层体积的计算

| 管型 | 外径 $D$/m | 长度 $L$/m | 保温层体积 $V=\pi L(D+1.033\delta)\times1.033\delta$/m³ |
|---|---|---|---|
| DN40 | 0.048 | 27 | 0.313 |
| DN20 | 0.027 | 9 | 0.08 |
| 保温层体积 | | | 0.4 |

DN40 供热管长：[1.5m（室外至外墙皮）+0.5m（外墙皮至管沟）+2.7m（轴线 1/6～1/7 距离）+0.3m（轴线 1/6～1/7 至两边立管距离之和）+1m（标高差）×2]×3（单元数）=21m。

DN40 回水管：[1.5m（室外至外墙皮）+0.5m（外墙皮至管沟）]×3（单元数）（在建模图中显示出各段的长度）=6m）。

DN40 共长 $L=21\text{m}+6\text{m}=27\text{m}$。

DN20 回水管长 $L$：[1（回水立管地下部分）]×6（根）+2.7（轴线 1/6～1/7距离）+0.3（轴线 1/6～1/7 至两边立管距离之和）=9m。

保温层体积计算结果：0.4m³。

（5）绝热保护层安装、刷油保护层面积的计算如表 A3－9 所列。

表 A3－9　绝热保护层安装、刷油保护层面积的计算

| 管型 | 外径 $D$/m | 长度 $L$/m | 保护层面积 $S=\pi L(D+2.1\delta)$/m² |
|---|---|---|---|
| DN40 | 0.048 | 27 | 11.2 |
| DN20 | 0.027 | 9 | 3.14 |
| 保护层面积 | | | 14.34≈15 |

保护层面积约为 15m²。

埋地管道挖土、回填土及砌筑工程（略）。

计价表工程量汇总表（表 A3－10）。

根据预算定额中分项工程子目和各子目的定额编号，把工程量计算表中的同类项（即型号、规格相同的子目）工程量合并，填入计价表工程量汇总表。计价表工程量汇总表中的分项工程子目名称、定额编号和计量单位必须与所用定额一致。表 A3－10 中的工程量数值才是计算定额直接费时直接使用的数据。

表 A3－10 计价表工程量汇总表

| 序号 | 定额编号 | 分项工程名称 | 单位 | 工程量 | 备注 |
|---|---|---|---|---|---|
| 一 | | 镀锌钢管安装 | | | |
| 1 | 8－87 | 镀锌钢管(螺纹连接)DN15 | 10m | 109.3 | |
| 2 | 8－88 | 镀锌钢管(螺纹连接)DN20 | 10m | 12.9 | |
| 3 | 8－89 | 镀锌钢管(螺纹连接)DN25 | 10m | 3.6 | |
| 4 | 8－90 | 镀锌钢管(螺纹连接)DN32 | 10m | 3.6 | |
| 5 | 8－91 | 镀锌钢管(螺纹连接)DN40 | 10m | 9.3 | |
| 二 | | 铸铁排水管安装 | | | |
| 6 | 8－144 | 承插铸铁排水管(水泥接口)DN50 | 10m | 13.44 | |
| 7 | 8－145 | 承插铸铁排水管(水泥接口)DN75 | 10m | 18.18 | |
| 8 | 8－146 | 承插铸铁排水管(水泥接口)DN100 | 10m | 2.7 | |
| 9 | 8－147 | 承插铸铁排水管(水泥接口)DN150 | 10m | 15.03 | |
| 三 | | 钢套管制作安装 | | | |
| 10 | 8－23 | DN32 | 10m | 0.9 | |
| 11 | 8－24 | DN40 | 10m | 1.8 | |
| 12 | 8－25 | DN50 | 10m | 0.9 | |
| | | 镀锌铁皮套管 | | | 定额含铁皮套管材料费 |
| 13 | 8-169 | DN25 | 个 | 60 | |
| 四 | | 管道支架制作安装 | | | 定额含螺母、垫圈材料费 |
| 14 | 8－178 | 管道支架制作安装 | 100kg | 0.69 | |
| 五 | | 管道消毒冲洗 DN50 以下 | | | |
| 15 | 8－230 | 管道消毒冲洗 DN50 以下 | 100m | 7.13 | |
| 16 | 8－230 | 管道冲洗 DN50 以下 | 100m | 6.24 | |
| 六 | | 螺纹闸阀 DN40 | | | |
| 17 | 8－245 | 螺纹闸阀 DN40 | 个 | 12 | |
| 七 | | 螺纹水表 DN15 | | | |
| 18 | 8－357 | 螺纹水表 DN15 | 组 | 60 | |
| 八 | | 卫生器具安装 | | | |
| 19 | 8－376 | 冷热水带喷头搪瓷浴盆 | 组 | 30 | |
| 20 | 8－384 | 冷热水洗脸盆 | 组 | 30 | |

（续）

| 序号 | 定额编号 | 分项工程名称 | 单位 | 工程量 | 备注 |
|---|---|---|---|---|---|
| 21 | 8－392 | 双嘴洗涤盆 | 组 | 30 | |
| 22 | 8－416 | 连体水箱坐便器安装 | 组 | 30 | |
| 23 | 8－438 | DN15 水龙头安装 | 个 | 30 | |
| 24 | 8－447 | DN50 地漏 | 个 | 30 | |
| 25 | 8－451 | DN50 水平清扫口和地面扫除口安装 | 个 | 30 | |
| 九 | | 除锈、刷油工程 | | | |
| 26 | 11－1 | 铸铁排水管除锈 | $10m^2$ | 19.3 | 定额含除锈材料费 |
| 27 | 11－7 | 管道支架除锈 | 100kg | 4 | |
| 28 | 11－72 | DN40 埋地镀锌钢管刷热沥青第一遍 | $10m^2$ | 0.3 | 定额含热沥青材料费 |
| 29 | 11-73 | DN40 埋地镀锌钢管刷热沥青第二遍 | $10m^2$ | 0.3 | |
| 30 | 11－198 | 铸铁排水管刷红丹第一遍 | $10m^2$ | 13.9 | |
| 31 | 11－200 | 铸铁排水管刷银粉第一遍 | $10m^2$ | 13.9 | |
| 32 | 11－201 | 铸铁排水管刷银粉第二遍 | $10m^2$ | 13.9 | |
| 33 | 11－206 | 铸铁管刷热沥青第一遍 | $10m^2$ | 5.4 | 定额含热沥青材料费 |
| 34 | 11－207 | 铸铁管刷热沥青第二遍 | $10m^2$ | 5.4 | |
| 35 | 11－117 | 管道支架刷红丹第一遍 | 100kg | 4 | |
| 36 | 11－118 | 管道支架刷红丹第二遍 | 100kg | 4 | |
| 37 | 11－122 | 管道支架刷银粉第一遍 | 100kg | 4 | |
| 38 | 11－123 | 管道支架刷银粉第二遍 | 100kg | 4 | |
| 30 | 11－1891 | 绝热泡沫塑料瓦块（$\delta=40$mm）安装 | $m^3$ | 0.4 | |
| 40 | 11－2153 | 玻璃丝布保护层安装 | $10m^2$ | 1.5 | |
| 41 | 11－72 | 玻璃丝布保护层刷沥青漆第一遍 | $10m^2$ | 1.5 | |
| 42 | 11－73 | 玻璃丝布保护层刷沥青漆第二遍 | $10m^2$ | 1.5 | |

## 附录 3.4　套用定额计价表计算分部分项工程量清单报价（含主材费）

先来分析分部分项工程量清单综合单价：

在分部分项工程量清单综合单价（表 A3－11）中，将已确定的清单项目“序号、项目编码、项目名称、定额编号、工作内容、单位和数量”填入相应栏目格子中。

## 表 A3－11 分部分项工程量清单综合单价分析表

工程名称:某住宅楼给排水工程 第 页共 页

| 序号 | 项目编码 | 项目名称 | 定额编号 | 工作内容 | 单位 | 数量 | 综合单价组成 | | | | | 合价 | 综合单价 |
|---|---|---|---|---|---|---|---|---|---|---|---|---|---|
| | | | | | | | 人工费 | 材料费 | 机械费 | 管理费 | 利润 | | |
| 1 | 030801001001 | 镀锌钢管 | | | m | 1387 | 5.17 | | | | | 26158.42 | 18.86 |
| | | | 8－87 | 安装 | 10m | 109.3 | 47.58 | 20.79 | 0 | 22.36 | 6.66 | 10644.73 | |
| | | | | DN15 | m | 1093 | | 1.02×6 | | | | 6689.16 | |
| | | | 8－88 | 安装 | 10m | 12.9 | 47.58 | 21.32 | 0 | 22.36 | 6.66 | 1259.30 | |
| | | | | DN20 | m | 129 | | 1.02×8 | | | | 1238.40 | |
| | | | 8－89 | 安装 | 10m | 3.6 | 57.20 | 25.75 | 0.87 | 26.88 | 8.01 | 427.36 | |
| | | | | DN25 | m | 36 | | 1.02×10 | | | | 367.20 | |
| | | | 8－90 | 安装 | 10m | 3.6 | 57.20 | 28.39 | 0.87 | 26.88 | 8.01 | 436.86 | |
| | | | | DN32 | m | 36 | | 1.02×14 | | | | 514.08 | |
| | | | 8－91 | 安装 | 10m | 9.3 | 68.12 | 25.94 | 0.87 | 32.02 | 9.54 | 1269.36 | |
| | | | | DN40 | m | 93 | | 1.02×18 | | | | 1707.48 | |
| | | | 8－230 | 消毒冲洗 | 100m | 7.13 | 13.52 | 14.18 | 0 | 6.35 | 1.89 | 256.26 | |
| | | | 8－230调 | 冲洗 | 100m | 6.24 | 13.52 | 14.18－0.18 | 0 | 6.35 | 1.89 | 223.14 | |
| | | | 11－72 | 刷热沥青第一遍 | $10m^2$ | 0.3 | 20.83 | 53.02 | 0 | 9.79 | 2.92 | 25.97 | |
| | | | 11－73 | 刷热沥青第二遍 | $10m^2$ | 0.3 | 10.30 | 24.03 | 0 | 4.84 | 1.44 | 12.18 | |
| | | | 11－250 | 刷沥青漆第一遍 | $10m^2$ | 1.5 | 20.12 | 2.66 | 0 | 9.46 | 2.82 | 52.50 | |
| | | | | 沥青漆 | kg | 15 | | 5.2×2.5 | | | | 19.5 | |
| | | | 11－251 | 刷沥青漆第二遍 | $10m^2$ | 1.5 | 17.08 | 2.06 | 0 | 8.03 | 2.39 | 44.34 | |
| | | | | 沥青漆 | kg | 15 | | 5.2×2.5 | | | | 19.5 | |
| | | | 11－2153 | 保护层安装 | $10m^2$ | 1.5 | 11.00 | 0.11 | 0 | 5.17 | 1.54 | 26.73 | |
| | | | | 玻璃丝布 | $m^2$ | 15 | | 1.4×15 | | | | 315.00 | |
| | | | 11－1891 | 绝热瓦块安装 | $m^3$ | 0.4 | 108.58 | 311.70 | 6.92 | 51.03 | 15.20 | 197.37 | |
| | | | | 泡沫塑料 | $m^3$ | 0.4 | | 1.03×1000 | | | | 412.00 | |

（续）

| 序号 | 项目编码 | 项目名称 | 定额编号 | 工作内容 | 单位 | 数量 | 综合单价组成 | | | | | 合价 | 综合单价 |
|---|---|---|---|---|---|---|---|---|---|---|---|---|---|
| | | | | | | | 人工费 | 材料费 | 机械费 | 管理费 | 利润 | | |
| 2 | 030801003001 | 承插铸铁管 | | | m | 493.5 | 8.95 | | | | | 32165.4 | 65.18 |
| | | | 8-144 | 安装 | 10m | 13.44 | 58.24 | 68.49 | 0 | 27.37 | 8.15 | 2180.64 | |
| | | | | DN50 | m | 134.4 | | 0.88×25 | | | | 2956.80 | |
| | | | 8-145 | 安装 | 10m | 18.18 | 69.98 | 155.06 | 0 | 32.75 | 9.76 | 4858.61 | |
| | | | | DN75 | m | 181.8 | | 0.93×30 | | | | 5072.22 | |
| | | | 8-146 | 安装 | 10m | 2.7 | 89.96 | 257.28 | 0 | 42.28 | 12.59 | 1085.70 | |
| | | | | DN100 | m | 27 | | 0.89×40 | | | | 961.20 | |
| | | | 8-147 | 安装 | 10m | 15.03 | 95.42 | 237.93 | 0 | 44.85 | 13.36 | 5885.15 | |
| | | | | DN150 | m | 150.3 | | 0.96×50 | | | | 7214.40 | |
| | | | 11-198 | 刷红丹第一遍 | $10m^2$ | 13.9 | 7.72 | 1.56 | 0 | 3.36 | 1.08 | 108.00 | |
| | | | | 醇酸防锈漆 | kg | | | 1.05×10 | | | | 145.95 | |
| | | | 11-200 | 刷银粉第一遍 | $10m^2$ | 13.9 | 7.96 | 5.57 | 0 | 3.74 | 1.11 | 255.48 | |
| | | | | 酚醛清漆 | kg | | | 0.45×12 | | | | 75.06 | |
| | | | 11-201 | 刷银粉第二遍 | $10m^2$ | 13.9 | 7.72 | 4.19 | 0 | 3.63 | 1.08 | 241.03 | |
| | | | | 酚醛清漆 | kg | | | 0.41×12 | | | | 68.38 | |
| | | | 11-206 | 刷沥青漆第一遍 | $10m^2$ | 5.4 | 25.51 | 53.02 | 0 | 11.99 | 3.57 | 508.09 | |
| | | | 11-207 | 刷沥青漆第二遍 | $10m^2$ | 5.4 | 12.17 | 24.12 | 0 | 5.72 | 1.70 | 236.03 | |
| | | | 11-1 | 手工除锈 | $10m^2$ | 19.3 | 7.96 | 3.39 | 0 | 3.74 | 1.11 | 312.66 | |

（续）

| 序号 | 项目编码 | 项目名称 | 定额编号 | 工作内容 | 单位 | 数量 | 综合单价组成 | | | | | 合价 | 综合单价 |
|---|---|---|---|---|---|---|---|---|---|---|---|---|---|
| | | | | | | | 人工费 | 材料费 | 机械费 | 管理费 | 利润 | | |
| 3 | 030801002001 | 钢管 | | | m | 36 | 3.28 | | | | | 919.84 | 25.55 |
| | | | 8－23 | 套管制作安装 | 10m | 0.9 | 18.46 | 3.26 | 2.00 | 8.68 | 2.58 | 31.48 | |
| | | | | DN32 钢管 | m | 9 | | 1.015×14 | | | | 127.89 | |
| | | | 8－24 | 套管制作安装 | 10m | 1.8 | 19.24 | 3.57 | 2.00 | 9.04 | 2.69 | 65.77 | |
| | | | | DN40 钢管 | m | 18 | | 1.015×18 | | | | 328.86 | |
| | | | 8－25 | 套管制作安装 | 10m | 0.9 | 22.36 | 7.21 | 2.00 | 10.51 | 3.13 | 40.67 | |
| | | | | DN50 钢管 | m | 9 | | 10.15×22 | | | | 200.97 | |
| | | | 8－169 | DN25 镀锌铁皮套管 | 个 | 60 | 0.78 | 0.81 | 0 | 0.37 | 0.11 | 124.20 | |
| 4 | 030802001001 | 管道支架制作安装 | | | kg | 69 | 4.30 | | | | | 1442.4 | 20.90 |
| | | | 8－178 | 支架制作安装 | 100kg | 0.692 | 263.64 | 146.62 | 434.71 | 123.91 | 36.91 | 696.01 | |
| | | | | 型钢 | kg | | | 106×3.6 | | | | 264.07 | |
| | | | 11－122 | 刷银粉第一遍 | 100kg | 4 | 5.15 | 3.88 | 7.13 | 2.42 | 0.72 | 77.20 | |
| | | | | 酚醛清漆 | kg | | | 0.25×12 | | | | 12.00 | |
| | | | 11－123 | 刷银粉第二遍 | 100kg | 4 | 5.15 | 3.22 | 7.13 | 2.42 | 0.72 | 74.56 | |
| | | | | 酚醛清漆 | kg | | | 0.23×12 | | | | 11.04 | |
| | | | 11－117 | 刷红丹第一遍 | 100kg | 4 | 5.38 | 1.14 | 7.13 | 2.53 | 0.75 | 67.72 | |
| | | | | 醇酸防锈漆 | kg | | | 1.16×10 | | | | 46.40 | |
| | | | 11－118 | 刷红丹第二遍 | 100kg | 4 | 5.15 | 0.99 | 7.13 | 2.42 | 0.72 | 65.64 | |
| | | | | 醇酸防锈漆 | kg | | | 0.95×10 | | | | 38.00 | |
| | | | 11－7 | 手工除锈 | 100kg | 4 | 7.96 | 2.50 | 7.13 | 3.74 | 1.11 | 89.76 | |
| 5 | 030803001001 | 螺纹阀门 | | | 个 | 12 | 6.50 | | | | | 654.84 | 54.50 |
| | | | 8－245 | 螺纹闸阀安装 | 个 | 12 | 6.50 | 8.75 | 0 | 3.06 | 0.91 | 230.64 | |
| | | | | 螺纹阀门 | 个 | 12 | | 1.01×35 | | | | 424.20 | |

（续）

| 序号 | 项目编码 | 项目名称 | 定额编号 | 工作内容 | 单位 | 数量 | 综合单价组成 | | | | | 合价 | 综合单价 |
|---|---|---|---|---|---|---|---|---|---|---|---|---|---|
| | | | | | | | 人工费 | 材料费 | 机械费 | 管理费 | 利润 | | |
| 6 | 030803010001 | 水表 | | | 组 | 60 | 8.84 | | | | | 3895.2 | 64.92 |
| | | | 8-357 | 水表安装 | 组 | 60 | 8.84 | 10.69 | 0 | 4.51 | 1.24 | 1495.2 | |
| | | | | 水表 | 组 | 60 | | 40.0 | | | | 2400 | |
| 7 | 030804001001 | 浴盆 | | | 组 | 30 | 28.99 | | | | | 22700 | 755.00 |
| | | | 8-376 | 浴盆安装 | 10组 | 3 | 289.90 | 174.29 | 0 | 136.25 | 40.59 | 1923.09 | |
| | | | | 浴盆 | 组 | 30 | | 600 + 90×1.01 | | | | 20727 | |
| 8 | 030804003001 | 洗脸盆 | | | 组 | 30 | 16.93 | | | | | 6440.49 | 215.76 |
| | | | 8-384 | 洗脸盆安装 | 10组 | 3 | 169.26 | 673.12 | 0 | 79.55 | 23.70 | 2836.89 | |
| | | | | 洗脸盆 | 组 | 30 | | 120×1.01 | | | | 3636 | |
| 9 | 030804005001 | 洗涤盆 | | | 组 | 30 | 11.99 | | | | | 4725.12 | 157.50 |
| | | | 8-392 | 洗涤盆安装 | 10组 | 3 | 119.86 | 372.07 | 0 | 56.33 | 16.78 | 1695.12 | |
| | | | | 洗涤盆 | 组 | 30 | | 100×1.01 | | | | 3030 | |
| 10 | 030804012001 | 大便器 | | | 组 | 30 | 17.65 | | | | | 22136.19 | 737.87 |
| | | | 8-416 | 坐式大便器安装 | 10组 | 3 | 176.54 | 24.50 | 0 | 82.97 | 24.72 | 926.19 | |
| | | | | 大便器 | 组 | 30 | | 700×1.01 | | | | 21210 | |
| 11 | 030804016001 | 水龙头 | | | 个 | 30 | 0.73 | | | | | 683.01 | 22.77 |
| | | | 8-438 | 水龙头安装 | 10个 | 3 | 7.28 | 0.95 | 0 | 3.42 | 1.02 | 380.01 | |
| | | | | 水龙头 | 个 | 30 | | 10×1.01 | | | | 303 | |
| 12 | 030804017001 | 地漏 | | | 个 | 30 | 4.16 | | | | | 706.14 | 23.54 |
| | | | 8-447 | 地漏安装 | 个 | 3 | 41.60 | 18.41 | 0 | 19.55 | 5.82 | 256.14 | |
| | | | | 地漏 | 个 | 30 | | 15 | | | | 450 | |
| 13 | 030804018001 | 地面扫除口 | | | 个 | 30 | 1.95 | | | | | 397.56 | 13.25 |
| | | | 8-451 | 地面扫除口安装 | 10个 | 3 | 19.50 | 1.12 | 0 | 9.17 | 2.73 | 97.56 | |
| | | | | 地面扫除口 | 个 | 30 | | 10 | | | | 300 | |
| | | | | | | | | | | | | | |
| | | | | | | | | | | | | | |

通过《江苏省安装工程计价表》第八册和第十一册，将查得的各清单项目定额编号的综合单价组成——人工费、材料费、机械费、管理费和利润填入表 A3-11 中。

例如：对于清单项目是 030801001001 的镀锌钢管。

通过《江苏省安装工程计价表》第八册的 P28，可查得定额编号为“8－87” DN15 镀锌钢管安装的人工费为 47.58 元/10m，材料费为 20.79 元/10m，机械费为 0 元/10m，管理费为 22.36 元/10m，利润为 6.66 元/10m，并将这些人工费、材料费、机械费、管理费和利润数据填入表 A3-11 中。

参考市场价，DN15 镀锌钢管的单价是 6 元/m，并考虑主材定额耗量系数 10.2m/10m＝1.02，得主材钢管的定额费用为 1.026 元/m。

通过《江苏省安装工程计价表》第八册，同样可查得定额编号为“8－88”DN20 镀锌钢管安装的人工费为 47.58 元/10m，材料费为 21.32 元/10m，机械费为 0 元/10m，管理费为 22.36 元/10m，利润为 6.66 元/10m 和主材定额耗量系数 1.02，将有关数据填入表 A3-11 中。其中“1.02×8”的“8”为 DN20 镀锌钢管的价格是“8 元/m”。

通过定额计价表，可分别查得表格中定额编号“8－89、8－90、8－91、8－230、…、11－1891 等”的定额人工费、材料费、机械费、管理费、利润和主材耗量的数据。

通过定额，分别查出清单项目“030801003001 承插铸铁管、030801002001 钢管、030802001001 管道支架制作安装、……、030804018001 地面扫除口”有关定额的人工费、材料费、机械费、管理费、利润和主材耗量的数据。

将工程量分别乘以已查知的定额人工费、材料费、机械费、管理费和利润，并相加，可得各定额的合价（表 A3-11 表头）。例如，“镀锌钢管，8－87”栏，工程量 109.3×（47.58＋20.79＋0＋22.36＋6.66）＝10644.73；工程量 1093×1.02×6＝6689.16。

同样可算出其他定额合价。

将每一清单项目下的各定额合价相加，就可求得各自清单项目的合价。如对于“030801001001、镀锌钢管”清单项目，将各定额的合价“10644.73、1259.30、1238.40、…、412.00”相加，就得到镀锌钢管清单项目的合价 26158.42 元；将合价 26158.42 元除以工程量 1093 得综合单价 18.86 元/m。

同样的方法,可算出其他清单项目的合价和综合单价。

将每个清单项目下的数量分别乘以相应定额的人工费后相加,再除以清单项目的工程量,可得各清单项目的人工费单价。如对于“030801001001、镀锌钢管”清单项目,[109.3×47.58+12.9×47.58+3.6×57.20+…+0.4×108.58]÷1387=5.17(元/m)。

同样可算出其他清单项目的人工费单价。

将表A3-11中的有关数值填入“分部分项工程量清单计价表(表A3-12)”中。

表A3-12 含主材的分部分项工程量清单报价表

工程名称:某住宅楼给排水工程　　　　第　页共　页

| 序号 | 项目编码 | 项目名称 | 计量单位 | 工程数量 | 综合单价 | 合价 | 人工费/元 | |
|---|---|---|---|---|---|---|---|---|
| | | | | | | | 单价 | 合价 |
| 1 | 030801001001 | 镀锌钢管 | m | 1387 | 18.86 | 26158.42 | 5.17 | 7165.47 |
| 2 | 030801003001 | 承插铸铁管 | m | 493.5 | 65.18 | 32165.4 | 8.95 | 4416.83 |
| 3 | 030801002001 | 钢管 | m | 36 | 25.55 | 919.84 | 3.28 | 118.08 |
| 4 | 030802001001 | 管道支架制作安装 | kg | 69 | 20.90 | 1442.40 | 4.30 | 296.70 |
| 5 | 030803001001 | 螺纹阀门 | 个 | 12 | 54.50 | 654.84 | 6.50 | 78.00 |
| 6 | 030803010001 | 水表 | 组 | 60 | 64.92 | 3895.2 | 8.84 | 530.40 |
| 7 | 030804001001 | 浴盆 | 组 | 30 | 755.00 | 22700 | 28.99 | 869.7 |
| 8 | 030804003001 | 洗脸盆 | 组 | 30 | 215.76 | 6440.49 | 16.93 | 507.9 |
| 9 | 030804005001 | 洗涤盆(洗菜盆) | 组 | 30 | 157.50 | 4725.12 | 11.99 | 359.7 |
| 10 | 030804012001 | 大便器 | 套 | 30 | 737.87 | 22136.19 | 17.65 | 529.5 |
| 11 | 030804016001 | 水龙头 | 个 | 30 | 22.77 | 683.01 | 0.73 | 21.9 |
| 12 | 030804017001 | 地漏 | 个 | 30 | 23.54 | 706.14 | 4.16 | 124.8 |
| 13 | 030804018001 | 地面扫除口 | 个 | 30 | 13.25 | 397.56 | 1.95 | 58.5 |
| 小计 | | | | | | 123024.61 | | 15077.48 |

小计出分部分项工程量清单报价:123024.61元,其中人工费为15077.48元。

## 附录3.5 计算主材费用

表格 A3 - 13 所示为主材费用计算表。

A3 - 13 主材费计算表

| 定额编号 | 材料名称 | 单位 | 数量 | 定额耗量 | 主材费单价 | 主材费合价(元) |
|---|---|---|---|---|---|---|
| 8 - 87 | 镀锌钢管(螺纹连接)DN15 | 10m | 109.3 | 10.2 | 6元/m | 6689.16 |
| 8 - 88 | 镀锌钢管(螺纹连接)DN20 | 10m | 12.9 | 10.2 | 8元/m | 1052.64 |
| 8 - 89 | 镀锌钢管(螺纹连接)DN25 | 10m | 3.6 | 10.2 | 10元/m | 367.20 |
| 8 - 90 | 镀锌钢管(螺纹连接)DN32 | 10m | 3.6 | 10.2 | 14元/m | 514.08 |
| 8 - 91 | 镀锌钢管(螺纹连接)DN40 | 10m | 9.3 | 10.2 | 18元/m | 1707.48 |
| 8 - 144 | 承插铸铁排水管(水泥接口)DN50 | 10m | 13.44 | 8.8 | 25元/m | 2956.80 |
| 8 - 145 | 承插铸铁排水管(水泥接口)DN75 | 10m | 18.18 | 9.3 | 30元/m | 5072.22 |
| 8 - 146 | 承插铸铁排水管(水泥接口)DN100 | 10m | 2.7 | 8.9 | 40元/m | 961.20 |
| 8 - 147 | 承插铸铁排水管(水泥接口)DN150 | 10m | 15.03 | 9.6 | 50元/m | 7214.40 |
| 8 - 23 | 钢套管钢管 DN32 | 10m | 0.9 | 10.15 | 14元/m | 127.89 |
| 8 - 24 | 钢套管钢管 DN40 | 10m | 1.8 | 10.15 | 18元/m | 328.86 |
| 8 - 25 | 钢套管钢管 DN50 | 10m | 0.9 | 10.15 | 22元/m | 200.97 |
| 8 - 178 | 管道支架制作安装 | 100kg | 0.69 | 106 | 3.6元/kg | 240.40 |
| 8 - 245 | 螺纹闸阀 DN40 | 个 | 12 | 1.01 | 35元/个 | 424.20 |
| 8 - 357 | 螺纹水表 DN15 | 组 | 60 | 1.00 | 40元/个 | 2400 |
| 8 - 376 | 冷热水带喷头搪瓷浴盆 | 10组 | 3 | 10.0 | 600元/个 | 18000 |
|  | 浴盆混合水嘴带喷头 | 10套 | 3 | 10.1 | 90元/个 | 2727 |
| 8 - 384 | 冷热水洗脸盆 | 10组 | 3 | 10.1 | 120元/个 | 3636 |
| 8 - 392 | 双嘴洗涤盆 | 10组 | 3 | 10.1 | 100元/个 | 3030 |
| 8 - 416 | 连体水箱坐便器安装 | 10套 | 3 | 10.1 | 700元/个 | 21210 |
| 8 - 438 | DN15 水龙头安装 | 10个 | 3 | 10.1 | 10元/个 | 303 |
| 8 - 447 | DN50 地漏 | 10个 | 3 | 10 | 15元/个 | 450 |

（续）

| 定额编号 | 材料名称 | 单位 | 数量 | 定额耗量 | 主材费单价 | 主材费合价(元) |
|---|---|---|---|---|---|---|
| 8－451 | DN50 水平清扫口和地面扫除口安装 | 10 个 | 3 | 10 | 10 元/个 | 300 |
| 11－198 | 铸铁排水管刷红丹第一遍 | $10m^2$ | 13.9 | 1.05 | 10 元/kg | 145.95 |
| 11－200 | 铸铁排水管刷银粉第一遍 | $10m^2$ | 13.9 | 0.45 | 12 元/kg | 75.06 |
| 11－201 | 铸铁排水管刷银粉第二遍 | $10m^2$ | 13.9 | 0.41 | 12 元/kg | 68.39 |
| 11－117 | 管道支架刷红丹第一遍 | 100kg | 4 | 1.16 | 10 元/kg | 46.40 |
| 11－118 | 管道支架刷红丹第二遍 | 100kg | 4 | 0.95 | 10 元/kg | 38.00 |
| 11－122 | 管道支架刷银粉第一遍 | 100kg | 4 | 0.25 | 12 元/kg | 12.00 |
| 11－123 | 管道支架刷银粉第二遍 | 100kg | 4 | 0.23 | 12 元/kg | 11.04 |
| 11－1891 | 绝热泡沫塑料瓦块($\delta$ = 40mm)安装 | $m^3$ | 0.4 | 1.03 | 1000 元/$m^3$ | 412 |
| 11－2153 | 玻璃丝布保护层安装 | $10m^2$ | 1.5 | 14 | 15 元/$m^2$ | 315 |
| 11－250 | 玻璃丝布保护层刷沥青漆第一遍 | $10m^2$ | 1.5 | 5.2 | 2.5 元/kg | 19.50 |
| 11－251 | 玻璃丝布保护层刷沥青漆第二遍 | $10m^2$ | 1.5 | 3.85 | 2.5 元/kg | 14.43 |
| 主材费合计(精确到“元”)： | | | | | | 81071 |

表 A3－13 中主材单价应以当地工程造价管理部门所编制的材料预算价格为依据，缺项者可依据当地造价管理部门所发布的材料价格信息确定。如果还不能确定，可参考市场价或订货价，按材料预算价格编制的方法确定。

表 A3－13 中主材定额耗量，是考虑主材的损耗量，由计价表中规定说明。

合计主材费用：81071 元。

## 附录 3.6　单位工程措施项目清单(略)

## 附录 3.7　单位工程其他项目清单(略)

## 附录 3.8　规费明细(略)

## 附录 3.9　单位工程费用汇总(略)

# 附录4　通风工程计量与计价案例

## 附录4.1　工程概况、施工图与施工说明

### 1. 工程概况

本工程为某工厂车间送风系统的安装，其施工图如图 A4－1、图 A4－2 所示。室外空气由空调箱的固定式钢百叶窗引入，经保温阀去空气过滤器过滤。再由上通阀，进入空气加热器（冷却器），加热或降温后的空气由帆布软管、经风机圆形瓣式起动阀进入风机，由风机驱动进入主风管。再由 6 根支管上的空气分布器送入室内。空气分布器前均设有圆形蝶阀，供调节风量用。

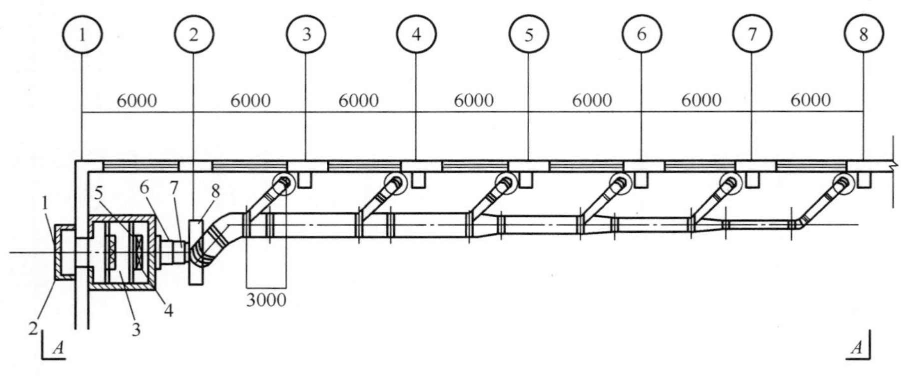


图 A4－1　通风系统平面图

### 2. 施工说明

（1）风管采用热轧薄钢板。风管壁厚：DN500，$\delta=0.75$mm；DN500 以上，$\delta=1.0$mm。

（2）风管角钢法兰规格：DN500，∟ 25×4；DN500 以上，∟ 30×4。

（3）风管内外表面除锈后刷红丹酚醛防锈漆两道，外表面再刷灰色酚醛调和漆两道。

（4）所有钢部件内外表面除锈后刷红丹酚醛防锈漆两道，外表面再刷

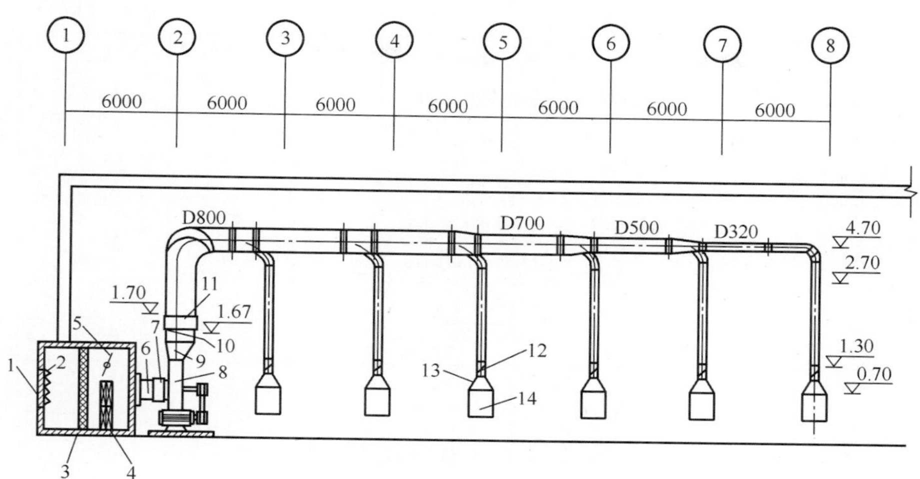


图 A4-2　通风系统 A-A 剖面图

灰色厚漆两道。

(5)风管、部件制作安装要求,执行国家施工验收规范有关规定。

**3. 设备部件一览表**

设备部件一览表如表 A4-1 所列。

表 A4-1　设备部件一览表

| 编号 | 名　　称 | 型号及规格 | 单位 | 数量 | 备注 |
|---|---|---|---|---|---|
| 1 | 钢百叶窗 | 500×400 | 个 | 1 | 20kg |
| 2 | 保温阀 | 500×400 | 个 | 1 | |
| 3 | 空气过滤器 | LWP-D(Ⅰ型) | 台 | 1 | |
| | 空气过滤器框架 | | 个 | 1 | 41kg |
| 4 | 空气加热器(冷却器) | SRZ-12x6D | 台 | 2 | 139kg |
| | 空气加热器支架 | | | | G=9.64kg |
| 5 | 空气加热器上通阀 | 1200×400 | 个 | 1 | |
| 6 | 风机圆形瓣式起动阀 | D800 | 个 | 1 | |
| 7 | 帆布软接头 | D600 | 个 | 1 | L=300 |
| 8 | 离心式通风机 | T4-72No8C | 台 | 1 | |
| | 电动机 | Y200 L - 4 300kw | 台 | 1 | |
| | 皮带防护罩 | C式Ⅱ型 | 个 | 1 | G=15.5kg |
| | 风机减震台 | CG327 8C | kg | 291.3 | |

（续）

| 编号 | 名　　称 | 型号及规格 | 单位 | 数量 | 备注 |
|---|---|---|---|---|---|
| 9 | 天圆地方管 | D800/560×640 | 个 | 1 | H=400 |
| 10 | 密闭式斜插板阀 | D800 | 个 | 1 | G=40kg/个 |
| 11 | 帆布软接头 | D800 | 个 | 1 | L=300 |
| 12 | 圆形蝶阀 | D320 | 个 | 6 | |
| 13 | 天圆地方管 | D320/600×300 | | 6 | H=200 |
| 14 | 空气分布器 | $4^{\#}$ 600×300 | 个 | 6 | |
| | 空气分布器支架 | | 个 | 6 | 图 5.8 |

## 附录 4.2　编制的依据

(1)某工厂车间通风工程施工图(图 A4－1、图 A4－2、图 A4－3 和图 A4－4),设备部件一览表(表 A4－1)和相关资料说明。

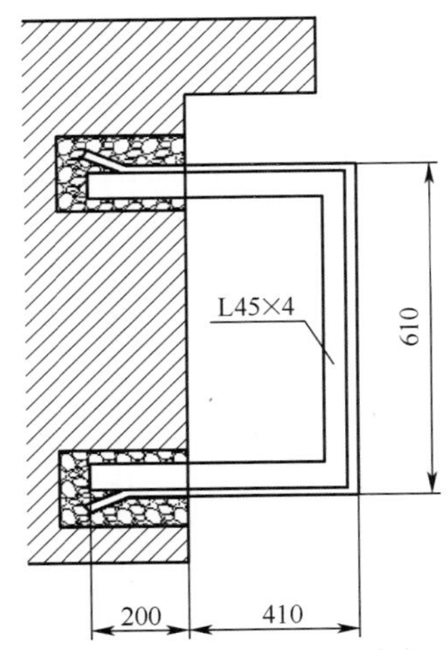


图 A4－3　矩形空气分布器支架

(2)《江苏省建设工程工程量清单计价项目指引》。

(3)《江苏省安装工程计价表》(2004)第九册通风空调工程和第十一册刷油、防腐蚀、绝热工程。

(4)国家和工程所在地区有关工程造价的文件。

## 附录4.3　工程清单项目的划分及项目编码表格

本通风工程可划分成14个清单安装项目。

(1)空气加热器(冷却器)安装,包括空气加热器金属支架制作、安装及除锈刷油。

(2)离心式通风机安装,包括风机减振台制作安装及除锈刷油。

(3)空气过滤器安装,包括过滤器框架制作安装及除锈刷油。

(4)*D*500以下通风管道制作、安装、除锈刷油。

(5)*D*1120以下通风管道制作、安装、除锈刷油。

(6)帆布软接口制作、安装。

(7)空气加热器上通阀制作、安装、除锈刷油。

(8)风机圆形瓣式起动阀制作、安装、除锈刷油。

(9)密闭式斜插板阀制作、安装、除锈刷油。

(10)圆形蝶阀制作、安装、除锈刷油。

(11)矩形空气分布器制作、安装,包括分布器支架制作安装及除锈刷油。

(12)钢百叶窗制作、安装、除锈刷油。

(13)皮带防护罩制作、安装、除锈刷油。

(14)通风工程检测、调试。它包含管道漏风试验,管道风量、风压测定,温度测定,系统风口、阀门调整等工程内容。

工程清单项目的划分及项目编码表如表A4-2所列。

表A4-2　工程清单项目的划分及项目编码表格

| 工程名称:某一工厂车间的送风系统工程 | | | | 第　页共　页 | |
|---|---|---|---|---|---|
| 序号 | 项目编码 | 项目名称 | 计量单位 | 工程内容 | 定额指引 |
| 1 | 030901001001 | 空气加热器(冷却器) | 台 | (1)安装<br>(2)空气加热器金属支架制作安装<br>(3)支架除锈<br>(4)支架刷油 | 9-214、9-211、11-7、11-117、11-118、11-124、11-125 |

（续）

| 序号 | 项目编码 | 项目名称 | 计量单位 | 工程内容 | 定额指引 |
|---|---|---|---|---|---|
| 2 | 030901002001 | 离心式通风机 | 台 | (1)安装<br>(2)减振台制作安装<br>(3)除锈、刷油 | 9-218、9-212、11-7、11-117、11-118、11-124、11-125 |
| 3 | 030901010001 | 空气过滤器 | 台 | (1)安装<br>(2)框架制作安装<br>(3)框架除锈、刷油 | 9-256、9-254、11-7、11-117、11-118、11-124、11-125 |
| 4 | 030902001001 | 通风管道(*D*500以下) | $m^2$ | (1)管道制作安装<br>(2)管道除锈、刷油 | 9-2、11-1、11-51、11-52、11-60、11-61 |
| 5 | 030902001002 | 通风管道(*D*1120以下) | $m^2$ | (1)管道制作安装<br>(2)管道除锈、刷油 | 9-3、11-1、11-51、11-52、11-60、11-61 |
| 6 | 030902008001 | 帆布接口 | $m^2$ | 制作安装 | 9-41 |
| 7 | 030903003001 | 空气加热器上通阀 | 个 | (1)制作、安装<br>(2)除锈、刷油 | 9-44、9-66、11-7、11-117、11-118、11-124、11-125 |
| 8 | 030903003002 | 风机圆形瓣式起动阀 | 个 | (1)制作、安装<br>(2)除锈、刷油 | 9-46、9-69、11-7、11-117、11-118、11-124、11-125 |
| 9 | 030903003003 | 密闭式斜插板阀 | 个 | (1)制作、安装<br>(2)除锈、刷油 | 9-60、9-83、11-7、11-117、11-118、11-124、11-125 |
| 10 | 030903003004 | 圆形蝶阀 | 个 | (1)制作、安装<br>(2)除锈、刷油 | 9-51、9-72、11-7、11-117、11-118、11-124、11-125 |

（续）

| 序号 | 项目编码 | 项目名称 | 计量单位 | 工程内容 | 定额指引 |
|---|---|---|---|---|---|
| 11 | 030903007001 | 矩形空气分布器 | 个 | (1)制作、安装<br>(2)分布器支架制作安装<br>(3)除锈、刷油 | 9－104、9－143、9－211、11－7、11－117、11－118、11－124、11－125 |
| 12 | 030903007002 | 钢百叶窗 | 个 | (1)制作、安装<br>(2)除锈、刷油 | 9－129、9－162、11－7、11－117、11－118、11－124、11－125 |
| 13 | 030903017001 | 皮带防护罩 | kg | (1)制作安装<br>(2)除锈、刷油 | 9－180、11－7、11－117、11－118、11－124、11－125 |
| 14 | 030904001001 | 通风工程检测、调试 | 系统 | 管道漏风试验，管道风量、风压测定，温度测定，系统风口、阀门调整等 | 第九册计价表规定：工程人工费×13%（其中人工工资占25%） |

## 附录4.4　工程量计算

工程量计算如表A4－3所列。

表A4－3　工程量计算表

| 工程名称：某一工厂车间的送风系统工程 | | | 第　页共　页 | |
|---|---|---|---|---|
| 序号 | 分部分项工程名称 | 计算式 | 计量单位 | 工程数量 |
| 1 | 空气加热器(冷却器) | 表5－1，4号 | 台 | 2 |
| ① | 空气加热器安装SRZ－12×6D | 139kg/台 | 台 | 2 |
| ② | 空气加热器金属支架制作安装，除锈、支架刷油 | 9.64kg/个×1个 | kg | 9.64 |
| 2 | 离心式通风机 | 表5－1，8号 | 台 | 1 |
| ① | 通风机安装T4－72No8C | 1台 | 台 | 1 |
| ② | 离心式减震台制作安装，除锈、刷油 | 291.3kg/个×1个 | kg | 291.3 |

（续）

| 序号 | 分部分项工程名称 | 计算式 | 计量单位 | 工程数量 |
|---|---|---|---|---|
| 3 | 空气过滤器 | 表5－1,3号 | 台 | 1 |
| ① | 过滤器安装LWP－D(Ⅰ型) | 1台 | 台 | 1 |
| ② | 过滤器框架制作安装,除锈、刷油 | 41kg/个×1个 | kg | 41 |
| 4 | 通风管道（$D500$以下,$\delta=0.75$mm 咬口） | 8.64＋38.10＋0.65＋1.69 | $m^2$ | 49.08 |
| ① | 薄钢板圆形风管$D500$ | [6－0.5(大小头长度)]×0.5×3.1416 | $m^2$ | 8.64 |
| ② | 薄钢板圆形风管$D320$ | {[6－0.5(大小头长度)](主管水平长度)＋2×6(6根支管水平长度)＋(4.7－1.3)×6(6根支管标高差)}×0.32×3.1416 | $m^2$ | 38.10 |
| ③ | $D500\times320$大小头 | 0.5×[(0.5＋0.32)/2]×3.1416 | $m^2$ | 0.65 |
| ④ | 天圆地方管$D320/600\times300$,$H=200$,6个 | [(0.32×3.1416)/2＋0.6＋0.3]×0.2×6 | $m^2$ | 1.69 |
| 5 | 通风管道（$D1120$以下,$\delta=1$mm 咬口） | 54.27＋0.98＋12.10＋1.18＋0.95 | $m^2$ | 69.48 |
| ① | 薄钢板圆形风管$D800$ | [(4.7－1.7)(标高差)＋2(水平长度)＋(4.6＋6＋6)(水平长度)]×0.8×3.1416 | $m^2$ | 54.27 |
| ② | 天圆地方管$D800/560\times640$,$H=400$,1个 | [(0.8×3.1416)/2＋0.56＋0.64]×0.4 | $m^2$ | 0.98 |
| ③ | 薄钢板圆形风管$D700$ | [6－0.5(大小头长度)]×0.7×3.1416 | $m^2$ | 12.10 |
| ④ | $D800\times700$大小头 | 0.5×(0.8＋0.7)/2×3.1416 | $m^2$ | 1.18 |
| ⑤ | $D700\times500$大小头 | 0.5×[(0.7＋0.5)/2]×3.1416 | $m^2$ | 0.95 |
| 6 | 帆布接口$D600$,$L=300$mm,1个;$D800$,$L=300$mm,1个 | 表5－1,7号、11号<br>3.1416×(0.6×0.3＋0.8×0.3)＝1.32$m^2$ | $m^2$ | 1.32 |
| 7 | 空气加热器上通阀 | 表5－1,5号 | 个 | 1 |

（续）

| 序号 | 分部分项工程名称 | 计算式 | 计量单位 | 工程数量 |
|---|---|---|---|---|
| ① | 上通阀安装 | 周长为：2×（1200+400）=3200mm | 个 | 1 |
| ② | 上通阀制作、除锈刷油 | 23.16kg/个×1个 | kg | 23.16 |
| 8 | 风机圆形瓣式起动阀 | 表5-1,6号 | 个 | 1 |
| ① | 起动阀安装 | D800mm | 个 | 1 |
| ② | 起动阀制作、除锈刷油 | 42.38kg/个×1个 | kg | 42.38 |
| 9 | 密闭式斜插板阀 | 表5-1,10号 | 个 | 1 |
| ① | 斜插板阀安装 | D800mm | 个 | 1 |
| ② | 斜插板阀制作、除锈刷油 | 40kg/个×1个 | kg | 40 |
| 10 | 圆形蝶阀 | 表5-1,12号 | 个 | 6 |
| ① | 圆形蝶阀安装 | D320mm,6个 | 个 | 6 |
| ② | 圆形蝶阀制作、除锈刷油 | 5.78kg/个×6个 | kg | 34.68 |
| 11 | 矩形空气分布器 | 表5-1,14号 | 个 | 6 |
| ① | 分布器安装 | 周长为：2×（600+300）=1800mm | 个 | 6 |
| ② | 分布器制作，除锈刷油 | 12.42kg/个×6个 | kg | 74.52 |
| ③ | 分布器支架制作安装，除锈刷油 | [（0.41+0.2）×2+0.61]（角钢长度）×6（个）×2.42（角钢每米重量） | kg | 26.57 |
| 12 | 钢百叶窗 | 表5-1,1号 | 个 | 1 |
| ① | 百叶窗安装 | 0.5$m^2$以内 | 个 | 1 |
| ② | 百叶窗制作 | 0.5m×0.4m=0.2$m^2$ | $m^2$ | 0.2 |
| ③ | 百叶窗除锈刷油 | 20kg/个×1个 | kg | 20 |
| 13 | 皮带防护罩 | 表5-1,8号,G=15.5kg | kg | 15.5 |
| 14 | 通风工程检测、调试 | 按工程人工费×13%计费 | 系统 | 1 |

（1）空气加热器（冷却器）。由工程所提供的设备部件一览表（表A4-1）可知空气加热器（冷却器）有2台和139kg/台，空气加热器支架的质量是9.64kg，因而得知空气加热器（冷却器）安装的工程量是2台。

考虑到定额计价中，空气加热器（冷却器）安装的计量单位是“台”，且与设备的质量有关,而空气加热器金属支架制作安装和除锈、刷油的计量单位是“kg”,因此,它们的工程量应分行计算。

同样,对于离心式通风机安装的工程量和离心式减振台制作安装,除锈、刷油的工程量也应分行计算;序号3的过滤器,7的空气加热器上通阀,8的风机圆形瓣式起动阀,9的密闭式斜插板阀,10的圆形蝶阀,11的矩形空气分布器和12的钢百叶窗,根据它们的工程内容和计算工程量单位的不同,工程量也都应分行计算。

(2)离心式通风机。由设备部件一览表(表A4-1)可查得离心式通风机1台,离心式减震台质量为291.3kg/个。

(3)空气过滤器。由设备部件一览表(表A4-1)可查得空气过滤器1台,过滤器框架质量为41kg/个。

(4)通风管道(*D*500以下)。根据图A4-1通风系统平面图和图A4-2通风系统A-A剖面图,将通风管道的水平投影长度和标高标注在图A4-4通风管网系统图上。

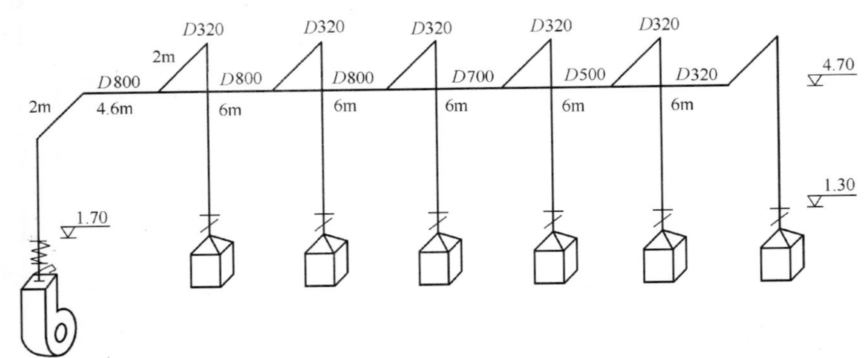


图A4-4 通风管网系统图

*D*500以下的通风管道有*D*500圆形风管,*D*320圆形风管,1个*D*500×320大小头和6个*D*320/600×300天圆地方管。

①*D*500圆形风管:长度等于6m~0.5m(大小头长度),表面积等于长度(6-0.5)m,乘上风管周长0.5m×3.1416,等于8.64m$^2$。

②*D*320圆形风管:其面积计算为主管水平长度[6m-0.5m(大小头长度)],加6根支管水平长度2m×6,加6根竖直支管长度(4.7m-1.3m)×6,再一起乘以风管的周长0.32m×3.1416,结果等于38.10m$^2$。

③大小头*D*500×320:其面积计算为大小头长度0.5m,乘以平均直径

上的周长[(0.5 +0.32)/2]×3.1416,等于0.65m²。

④6个天圆地方管D320/600×300:其面积计算为天圆地方管上、下边长的平均值(0.32m×3.1416)/2+0.6m+0.3m,乘以管高0.2m,再乘6(6个天圆地方),等于1.69m²。

小计D500以下的通风管道面积为8.64m² +38.10m² +0.65m² +1.69m²,等于49.08m²。

(5)通风管道(D1120以下)。在D1120~D500之间的通风管道有D800圆形风管,1个D800/560×640天圆地方管,D700圆形风管,1个D800×700大小头和1个D700×500大小头。

①D800圆形风管:其面积计算为主管竖直长度标高差4.7m-1.7m,加水平长度2m、4.6m、6m和6m,再一起乘以风管的周长0.8m×3.1416,结果等于54.27m²。

②天圆地方管D800/560×640:其面积计算为天圆地方管上、下边长的平均值(0.8m×3.1416)/2+0.56m+0.64m,乘以管高0.4m,等于0.98m²。

③D700圆形风管:其面积计算为主管水平长度6m-大小头长度0.5m,乘以风管的周长0.7m×3.1416,结果等于12.1m²。

④D800×700大小头:其面积计算为大小头长度0.5m,乘以平均直径上的周长[(0.8+0.7)/2]×3.1416,等于1.18m²。

⑤D700×500大小头:其面积计算为大小头长度0.5m,乘以平均直径上的周长[(0.7+0.5)/2]×3.1416,等于0.95m²。

小计D1120以下的通风管道面积为

54.27m² +0.98m² +12.10m² +1.18m² +0.95m²,等于69.48m²。

(6)帆布接口。由设备部件一览表编号7、编号11可查得D600帆布接口1个和D800帆布接口1个,其制作、安装的工程量为:D600帆布接口周长3.1416×0.6m与其长度0.3m相乘,加上D800帆布接口周长3.1416×0.8m与其长度0.3m相乘,等于1.32m²。

(7)空气加热器上通阀。由设备部件一览表编号5可查得规格1200×400空气加热器上通阀1个,D600帆布接口1个和D800帆布接口1个,在计算式栏中填入周长2×(1200+400)=3200mm的目的是为后面套定额用)

上通阀制作、除锈刷油的工程量为23.16kg。

(8)风机圆形瓣式起动阀。由设备部件一览表编号6可查得$D$800起动阀1个,在起动阀计算式栏中填入直径$D$800mm的目的是为后面套定额用)。

起动阀制作、除锈刷油的工程量为42.38kg。

(9)密闭式斜插板阀。由设备部件一览表编号10可查得$D$800斜插板阀1个,在斜插板阀计算式栏中填入直径$D$800mm的目的是为后面套定额用。

斜插板阀制作、除锈刷油的工程量为40kg。

(10)圆形蝶阀。由设备部件一览表编号12可查得$D$320圆形蝶阀6个。

圆形蝶阀制作、除锈刷油的工程量为5.78kg/个×6个,等于34.68kg。

(11)矩形空气分布器。由设备部件一览表编号14可查得600×300空气分布器6个。

分布器制作、除锈刷油的工程量为12.42kg/个×6个,等于74.52kg。

分布器支架制作安装、除锈刷油的工程量,参图5-4所示的型钢支架,其重量计算为:每个支架角钢长度[(0.41m+0.2m)×2+0.61m],乘6个,乘角钢每米质量2.42kg/m,等于26.57kg。

(12)钢百叶窗。由设备部件一览表编号1可查得500×400mm的钢百叶窗1个,20kg/个,面积$S=0.5\times0.4=0.2\text{m}^2$,在百叶窗计算式栏中填入"0.5$\text{m}^2$以内"的目的是为后面套定额用。

百叶窗制作工程量为$0.5\text{m}\times0.4\text{m}=0.2\text{m}^2$。

百叶窗制作、除锈刷油的工程量为20kg。

(13)皮带防护罩。由设备部件一览表编号8可查得C式Ⅱ型皮带防护罩1个,重15.5kg。

(14)通风工程检测、调试。通风工程检测、调试工程量为1个系统,其检测、调试费为工程人工费的13%。

到此,填好了工程量计算表,下一步可套用定额计价表,计算分部分项工程量清单报价。

## 附录4.5 套用定额计价表计算分部分项工程量清单报价

先来分析分部分项工程量清单综合单价。

在分部分项工程量清单综合单价表(表A4-4)中,将已确定的清单项目"序号、项目编码、项目名称、定额编号、工作内容、单位和数量"填入相应栏目格子中,并填入定额计价中主材或未计价材料。

表 A4－4　分部分项工程量清单综合单价分析表

工程名称:某一工厂车间的送风系统工程　　　　第　　页共　　页

| 序号 | 项目编码 | 项目名称 | 定额编号 | 工作内容 | 单位 | 数量 | 综合单价组成 | | | | | 合价(元) | 综合单价(元) |
|---|---|---|---|---|---|---|---|---|---|---|---|---|---|
| | | | | | | | 人工费 | 材料费 | 机械费 | 管理费 | 利润 | | |
| 1 | 030901001001 | 空气加热器(冷却器) | | | 台 | 2 | 47.53 | | | | | 2726.28 | 1363.14 |
| | | | 9－214 | 安装 | 台 | 2 | 38.38 | 45.03 | 19.30 | 18.04 | 5.37 | 252.24 | |
| | | | | 本体 | 台 | 2 | | 1200 | | | | 2400 | |
| | | | 9－211 | 支架制作安装 | 100kg | 0.0964 | 160.99 | 335.05 | 33.14 | 75.67 | 22.54 | 60.48 | |
| | | | 11－7 | 支架除锈 | 100kg | 0.0964 | 7.96 | 2.50 | 7.13 | 3.74 | 1.11 | 2.16 | |
| | | | 11－117 | 防锈漆第一遍 | 100kg | 0.0964 | 5.38 | 1.14 | 7.13 | 2.53 | 0.75 | 1.63 | |
| | | | | 红丹防锈漆 | | | | 1.16×13.98 | | | | 1.56 | |
| | | | 11－118 | 防锈漆第二遍 | 100kg | 0.0964 | 5.15 | 0.99 | 7.13 | 2.42 | 0.72 | 1.58 | |
| | | | | 红丹防锈漆 | | | | 0.95×13.98 | | | | 1.28 | |
| | | | 11－124 | 灰色厚漆第一遍 | 100kg | 0.0964 | 5.15 | 5.40 | 7.13 | 2.42 | 0.72 | 2.01 | |
| | | | | 灰色厚漆 | | | | 0.58×13.00 | | | | 0.73 | |
| | | | 11－125 | 灰色厚漆第二遍 | 100kg | 0.0964 | 5.15 | 4.79 | 7.13 | 2.42 | 0.72 | 1.95 | |
| | | | | 灰色厚漆 | | | | 0.53×13.00 | | | | 0.66 | |
| 2 | 030901002001 | 离心式通风机 | | | 台 | 1 | 727.16 | | | | | 4870.71 | 4870.71 |
| | | | 9－218 | 安装 | 台 | 1 | 174.33 | 32.59 | 0 | 81.94 | 24.41 | 313.27 | |
| | | | | 本体 | 台 | 1 | | 2500 | | | | 2500 | |
| | | | 9－212 | 减振台制作安装 | 100kg | 2.913 | 160.99 | 335.05 | 33.14 | 75.67 | 22.54 | 1347.47 | |
| | | | | 减振器 | 套 | 1 | | 300 | | | | 300 | |
| | | | 11－7 | 减振台除锈 | 100kg | 2.913 | 7.96 | 2.50 | 7.13 | 3.74 | 1.11 | 65.37 | |
| | | | 11－117 | 防锈漆第一遍 | 100kg | 2.913 | 5.38 | 1.14 | 7.13 | 2.53 | 0.75 | 49.32 | |
| | | | | 红丹防锈漆 | | | | 1.16×13.98 | | | | 47.24 | |
| | | | 11－118 | 防锈漆第二遍 | 100kg | 2.913 | 5.15 | 0.99 | 7.13 | 2.42 | 0.72 | 47.80 | |
| | | | | 红丹防锈漆 | | | | 0.95×13.98 | | | | 38.69 | |

（续）

| 序号 | 项目编码 | 项目名称 | 定额编号 | 工作内容 | 单位 | 数量 | 综合单价组成 | | | | | 合价（元） | 综合单价（元） |
|---|---|---|---|---|---|---|---|---|---|---|---|---|---|
| | | | | | | | 人工费 | 材料费 | 机械费 | 管理费 | 利润 | | |
| 2 | 030901002001 | 离心式通风机 | 11－124 | 灰色厚漆第一遍 | 100kg | 2.913 | 5.15 | 5.40 | 7.13 | 2.42 | 0.72 | 60.65 | |
| | | | | 灰色厚漆 | | | | 0.58×13.00 | | | | 21.96 | |
| | | | 11－125 | 灰色厚漆第二遍 | 100kg | 2.913 | 5.15 | 4.79 | 7.13 | 2.42 | 0.72 | 58.87 | |
| | | | | 灰色厚漆 | | | | 0.53×13.00 | | | | 20.07 | |
| 3 | 030901010001 | 空气过滤器 | | | 台 | 1 | 67.40 | | | | | 1124.58 | 1124.5 |
| | | | 9－256 | 安装 | 台 | 1 | 1.87 | | | 5.50 | 1.64 | 3.01 | |
| | | | | 本体 | 台 | 1 | | 600 | | | | 600 | |
| | | | 9－254 | 框架制作安装 | 100kg | 0.41 | 131.04 | 890.92 | 29.42 | 61.59 | 18.35 | 463.84 | |
| | | | 11－7 | 框架除锈 | 100kg | 0.41 | 7.96 | 2.50 | 7.13 | 3.74 | 1.11 | 9.20 | |
| | | | 11－117 | 防锈漆第一遍 | 100kg | 0.41 | 5.38 | 1.14 | 7.13 | 2.53 | 0.75 | 6.95 | |
| | | | | 红丹防锈漆 | | | | 1.16×13.98 | | | | 6.65 | |
| | | | 11－118 | 防锈漆第二遍 | 100kg | 0.41 | 5.15 | 0.99 | 7.13 | 2.42 | 0.72 | 6.73 | |
| | | | | 红丹防锈漆 | | | | 0.95×13.98 | | | | 5.45 | |
| | | | 11－124 | 灰色厚漆第一遍 | 100kg | 0.41 | 5.15 | 5.40 | 7.13 | 2.42 | 0.72 | 8.54 | |
| | | | | 灰色厚漆 | | | | 0.58×13.00 | | | | 3.09 | |
| | | | 11－125 | 灰色厚漆第二遍 | 100kg | 0.41 | 5.15 | 4.79 | 7.13 | 2.42 | 0.72 | 8.29 | |
| | | | | 灰色厚漆 | | | | 0.53×13.00 | | | | 2.83 | |
| 4 | 030902001001 | 通风管道（$D500$以下） | | | $m^2$ | 49.08 | 24.38 | | | | | 6213.62 | 126.60 |
| | | | 9－2 | 风管制作安装 | $10m^2$ | 4.908 | 210.37 | 137.19 | 41.92 | 98.87 | 29.45 | 2541.36 | |
| | | | | 管材 | $m^2$ | 49.08 | | 52 元/$m^2$ | | | | 2552.16 | |
| | | | 11－1 | 风管除锈 | $10m^2$ | 4.908×2.2 | 7.96 | 3.39 | | 3.74 | 1.11 | 174.92 | |
| | | | 11－51 | 防锈漆第一遍 | $10m^2$ | 4.908×2.2 | 6.32 | 1.41 | | 2.97 | 0.88 | 125.04 | |
| | | | | 红丹防锈漆 | | | | 1.47×13.98 | | | | 221.90 | |
| | | | 11－52 | 防锈漆第二遍 | $10m^2$ | 4.908×2.2 | 6.32 | 1.26 | | 2.97 | 0.88 | 123.42 | |
| | | | | 红丹防锈漆 | | | | 1.30×13.98 | | | | 196.24 | |

（续）

| 序号 | 项目编码 | 项目名称 | 定额编号 | 工作内容 | 单位 | 数量 | 综合单价组成 | | | | | 合价（元） | 综合单价(元) |
|---|---|---|---|---|---|---|---|---|---|---|---|---|---|
| | | | | | | | 人工费 | 材料费 | 机械费 | 管理费 | 利润 | | |
| 4 | 030902001001 | 通风管道（$D$500以下） | 11－60 | 灰色调和漆第一遍 | 10m$^2$ | 4.908×1.2 | 6.55 | 0.42 | | 3.08 | 0.92 | 64.61 | |
| | | | | 灰色调和漆 | | | | 1.05×13.00 | | | | 80.39 | |
| | | | 11－61 | 灰色调和漆第二遍 | 10m$^2$ | 4.908×1.2 | 6.32 | 0.42 | | 2.97 | 0.88 | 62.37 | |
| | | | | 灰色调和漆 | | | | 0.93×13.00 | | | | 71.21 | |
| 5 | 030902001002 | 通风管道（$D$1120以下） | | | m$^2$ | 69.48 | 19.10 | | | | | 9074.34 | 130.60 |
| | | | 9－3 | 风管制作安装 | 10m$^2$ | 6.948 | 157.48 | 150.28 | 23.99 | 74.02 | 22.05 | 2972.49 | |
| | | | | 管材 | m$^2$ | 69.48 | | 65元/m$^2$ | | | | 4516.2 | |
| | | | 11－1 | 风管除锈 | 10m$^2$ | 6.948×2.2 | 7.96 | 3.39 | | 3.74 | 1.11 | 247.63 | |
| | | | 11－51 | 防锈漆第一遍 | 10m$^2$ | 6.948×2.2 | 6.32 | 1.41 | | 2.97 | 0.88 | 177.01 | |
| | | | | 红丹防锈漆 | | | | 1.47×13.98 | | | | 314.13 | |
| | | | 11－52 | 防锈漆第二遍 | 10m$^2$ | 6.948×2.2 | 6.32 | 1.26 | | 2.97 | 0.88 | 174.71 | |
| | | | | 红丹防锈漆 | | | | 1.30×13.98 | | | | 277.80 | |
| | | | 11－60 | 灰色调和漆第一遍 | 10m$^2$ | 6.948×1.2 | 6.55 | 0.42 | | 3.08 | 0.92 | 91.46 | |
| | | | | 灰色调和漆 | | | | 1.05×13.00 | | | | 113.81 | |
| | | | 11－61 | 灰色调和漆第二遍 | 10m$^2$ | 6.948×1.2 | 6.32 | 0.42 | | 2.97 | 0.88 | 88.30 | |
| | | | | 灰色调和漆 | | | | 0.93×13.00 | | | | 100.80 | |
| 6 | 030902008001 | 帆布接口 | 9－41 | 制作安装 | m$^2$ | 1.32 | 48.20 | 105.19 | 6.88 | 22.65 | 6.75 | 250.36 | |
| 7 | 030903003001 | 空气加热器上通阀 | | | 个 | 1 | 82.09 | | | | | 271.39 | 271.39 |
| | | | 9－66 | 安装 | 个 | 1 | 26.68 | 13.71 | 1.87 | 12.54 | 3.74 | 58.54 | |
| | | | 9－44 | 制作 | 100kg | 0.2316 | 206.15 | 371.59 | 53.69 | 96.89 | 28.86 | 175.36 | |
| | | | 11－7 | 除锈 | 100kg | 0.2316×1.15 | 7.96 | 2.50 | 7.13 | 3.74 | 1.11 | 5.98 | |
| | | | 11－117 | 防锈漆第一遍 | 100kg | 0.2316×1.15 | 5.38 | 1.14 | 7.13 | 2.53 | 0.75 | 4.51 | |
| | | | | 红丹防锈漆 | | | | 1.16×13.98 | | | | 4.32 | |

（续）

| 序号 | 项目编码 | 项目名称 | 定额编号 | 工作内容 | 单位 | 数量 | 综合单价组成 | | | | | 合价（元） | 综合单价（元） |
|---|---|---|---|---|---|---|---|---|---|---|---|---|---|
| | | | | | | | 人工费 | 材料费 | 机械费 | 管理费 | 利润 | | |
| 7 | 030903003001 | 空气加热器上通阀 | 11－118 | 防锈漆第二遍 | 100kg | 0.2316×1.15 | 5.15 | 0.99 | 7.13 | 2.42 | 0.72 | 4.37 | |
| | | | | 红丹防锈漆 | | | | 0.95×13.98 | | | | 3.54 | |
| | | | 11－124 | 灰色厚漆第一遍 | 100kg | 0.2316×1.15 | 5.15 | 5.40 | 7.13 | 2.42 | 0.72 | 5.54 | |
| | | | | 灰色厚漆 | | | | 0.58×13.00 | | | | 2.01 | |
| | | | 11－125 | 灰色厚漆第二遍 | 100kg | 0.2316×1.15 | 5.15 | 4.79 | 7.13 | 2.42 | 0.72 | 5.38 | |
| | | | | 灰色厚漆 | | | | 0.53×13.00 | | | | 1.84 | |
| 8 | 030903003002 | 风机圆形瓣式启动阀 | | | 个 | 1 | 239.54 | | | | | 815.38 | 815.38 |
| | | | 9－69 | 安装 | 个 | 1 | 29.95 | 10.91 | 1.03 | 11.22 | 3.34 | 60.16 | |
| | | | 9－46 | 制作 | 100kg | 0.4238 | 461.45 | 360.32 | 519.57 | 216.88 | 64.60 | 687.75 | |
| | | | 11－7 | 除锈 | 100kg | 0.4238×1.15 | 7.96 | 2.50 | 7.13 | 3.74 | 1.11 | 10.95 | |
| | | | 11－117 | 防锈漆第一遍 | 100kg | 0.4238×1.15 | 5.38 | 1.14 | 7.13 | 2.53 | 0.75 | 8.25 | |
| | | | | 红丹防锈漆 | | | | 1.16×13.98 | | | | 7.91 | |
| | | | 11－118 | 防锈漆第二遍 | 100kg | 0.4238×1.15 | 5.15 | 0.99 | 7.13 | 2.42 | 0.72 | 7.99 | |
| | | | | 红丹防锈漆 | | | | 0.95×13.98 | | | | 6.47 | |
| | | | 11－124 | 灰色厚漆第一遍 | 100kg | 0.4238×1.15 | 5.15 | 5.40 | 7.13 | 2.42 | 0.72 | 9.01 | |
| | | | | 灰色厚漆 | | | | 0.58×13.00 | | | | 3.68 | |
| | | | 11－125 | 灰色厚漆第二遍 | 100kg | 0.4238×1.15 | 5.15 | 4.79 | 7.13 | 2.42 | 0.72 | 9.84 | |
| | | | | 灰色厚漆 | | | | 0.53×13.00 | | | | 3.37 | |

（续）

| 序号 | 项目编码 | 项目名称 | 定额编号 | 工作内容 | 单位 | 数量 | 综合单价组成 | | | | | 合价（元） | 综合单价（元） |
|---|---|---|---|---|---|---|---|---|---|---|---|---|---|
| | | | | | | | 人工费 | 材料费 | 机械费 | 管理费 | 利润 | | |
| 9 | 030903003003 | 密闭式斜插板阀 | | | 个 | 1 | 115.27 | | | | | 539.89 | 539.89 |
| | | | 9－83 | 安装 | 个 | 1 | 6.55 | 2.26 | | 3.08 | 0.92 | 12.81 | |
| | | | 9－60 | 制作 | 100kg | 0.4 | 238.68 | 351.67 | 422.76 | 112.18 | 33.42 | 463.48 | |
| | | | 11－7 | 除锈 | 100kg | 0.4×1.15 | 7.96 | 2.50 | 7.13 | 3.74 | 1.11 | 10.34 | |
| | | | 11－117 | 防锈漆第一遍 | 100kg | 0.4×1.15 | 5.38 | 1.14 | 7.13 | 2.53 | 0.75 | 7.79 | |
| | | | | 红丹防锈漆 | | | | 1.16×13.98 | | | | 7.46 | |
| | | | 11－118 | 防锈漆第二遍 | 100kg | 0.4×1.15 | 5.15 | 0.99 | 7.13 | 2.42 | 0.72 | 7.54 | |
| | | | | 红丹防锈漆 | | | | 0.95×13.98 | | | | 6.02 | |
| | | | 11－124 | 灰色厚漆第一遍 | 100kg | 0.4×1.15 | 5.15 | 5.40 | 7.13 | 2.42 | 0.72 | 8.50 | |
| | | | | 灰色厚漆 | | | | 0.58×13.00 | | | | 3.47 | |
| | | | 11－125 | 灰色厚漆第二遍 | 100kg | 0.4×1.15 | 5.15 | 4.79 | 7.13 | 2.42 | 0.72 | 9.29 | |
| | | | | 灰色厚漆 | | | | 0.53×13.00 | | | | 3.19 | |
| 10 | 030903003004 | 圆形蝶阀 | | | 个 | 6 | 47.63 | | | | | 841.56 | 140.26 |
| | | | 9－72 | 安装 | 个 | 6 | 4.91 | 2.20 | 1.03 | 2.31 | 0.69 | 66.84 | |
| | | | 9－51 | 制作 | 100kg | 0.3468 | 705.98 | 339.94 | 598.07 | 331.81 | 98.84 | 719.49 | |
| | | | 11－7 | 除锈 | 100kg | 0.3468×1.15 | 7.96 | 2.50 | 7.13 | 3.74 | 1.11 | 8.96 | |
| | | | 11－117 | 防锈漆第一遍 | 100kg | 0.3468×1.15 | 5.38 | 1.14 | 7.13 | 2.53 | 0.75 | 6.75 | |
| | | | | 红丹防锈漆 | | | | 1.16×13.98 | | | | 6.47 | |
| | | | 11－118 | 防锈漆第二遍 | 100kg | 0.3468×1.15 | 5.15 | 0.99 | 7.13 | 2.42 | 0.72 | 6.54 | |
| | | | | 红丹防锈漆 | | | | 0.95×13.98 | | | | 5.31 | |
| | | | 11－124 | 灰色厚漆第一遍 | 100kg | 0.3468 | 5.15 | 5.40 | 7.13 | 2.42 | 0.72 | 7.37 | |
| | | | | 灰色厚漆 | | | | 0.58×13.00 | | | | 3.01 | |
| | | | 11－125 | 灰色厚漆第二遍 | 100kg | 0.3468 | 5.15 | 4.79 | 7.13 | 2.42 | 0.72 | 8.06 | |
| | | | | 灰色厚漆 | | | | 0.53×13.00 | | | | 2.76 | |

（续）

| 序号 | 项目编码 | 项目名称 | 定额编号 | 工作内容 | 单位 | 数量 | 综合单价组成 | | | | | 合价（元） | 综合单价（元） |
|---|---|---|---|---|---|---|---|---|---|---|---|---|---|
| | | | | | | | 人工费 | 材料费 | 机械费 | 管理费 | 利润 | | |
| 11 | 030903007001 | 矩形空气分布器 | | | 个 | 6 | 74.20 | | | | | 1333.66 | 222.28 |
| | | | 9－143 | 安装 | 个 | 6 | 17.32 | 4.32 | | 8.14 | 2.42 | 193.20 | |
| | | | 9－104 | 制作 | 100kg | 0.7452 | 355.68 | 384.89 | 133.55 | 167.17 | 49.80 | 813.08 | |
| | | | 9－211 | 支架制作安装 | 100kg | 0.2657 | 160.99 | 335.05 | 33.14 | 75.67 | 22.54 | 166.70 | |
| | | | 11－7 | 分布器、框架除锈 | 100kg | 1.0109×1.15 | 7.96 | 2.50 | 7.13 | 3.74 | 1.11 | 26.12 | |
| | | | 11－117 | 防锈漆第一遍 | 100kg | 1.0109×1.15 | 5.38 | 1.14 | 7.13 | 2.53 | 0.75 | 19.67 | |
| | | | | 红丹防锈漆 | | | | 1.16×13.98 | | | | 18.87 | |
| | | | 11－118 | 防锈漆第二遍 | 100kg | 1.0109×1.15 | 5.15 | 0.99 | 7.13 | 2.42 | 0.72 | 19.07 | |
| | | | | 红丹防锈漆 | | | | 0.95×13.98 | | | | 15.17 | |
| | | | 11－124 | 灰色厚漆第一遍 | 100kg | 1.0109×1.15 | 5.15 | 5.40 | 7.13 | 2.42 | 0.72 | 21.48 | |
| | | | | 灰色厚漆 | | | | 0.58×13.00 | | | | 8.78 | |
| | | | 11－125 | 灰色厚漆第二遍 | 100kg | 1.0109×1.15 | 5.15 | 4.79 | 7.13 | 2.42 | 0.72 | 23.48 | |
| | | | | 灰色厚漆 | | | | 0.53×13.00 | | | | 8.04 | |
| 12 | 030903007002 | 钢百叶窗 | | | 个 | 1 | 28.00 | | | | | 109.06 | 109.06 |
| | | | 9－162 | 安装 | 个 | 1 | 7.72 | 2.60 | | 3.63 | 1.08 | 15.03 | |
| | | | 9－129 | 制作 | $m^2$ | 0.2 | 68.09 | 154.34 | 46.92 | 32.00 | 9.53 | 62.18 | |
| | | | 11－7 | 除锈 | 100kg | 0.2×1.15 | 7.96 | 2.50 | 7.13 | 3.74 | 1.11 | 5.18 | |
| | | | 11－117 | 防锈漆第一遍 | 100kg | 0.2×1.15 | 5.38 | 1.14 | 7.13 | 2.53 | 0.75 | 3.90 | |
| | | | | 红丹防锈漆 | | | 0 | 1.16×13.98 | | | | 3.74 | |

（续）

| 序号 | 项目编码 | 项目名称 | 定额编号 | 工作内容 | 单位 | 数量 | 综合单价组成 | | | | | 合价（元） | 综合单价（元） |
|---|---|---|---|---|---|---|---|---|---|---|---|---|---|
| | | | | | | | 人工费 | 材料费 | 机械费 | 管理费 | 利润 | | |
| 12 | 030903007002 | 钢百叶窗 | 11－118 | 防锈漆第二遍 | 100kg | 0.2×1.15 | 5.15 | 0.99 | 7.13 | 2.42 | 0.72 | 3.77 | |
| | | | | 红丹防锈漆 | | | 0 | 0.95×13.98 | | | | 3.01 | |
| | | | 11－124 | 灰色厚漆第一遍 | 100kg | 0.2×1.15 | 5.15 | 5.40 | 7.13 | 2.42 | 0.72 | 4.26 | |
| | | | | 灰色厚漆 | | | 0 | 0.58×13.00 | | | | 1.74 | |
| | | | 11－125 | 灰色厚漆第二遍 | 100kg | 0.2×1.15 | 5.15 | 4.79 | 7.13 | 2.42 | 0.72 | 4.65 | |
| | | | | 灰色厚漆 | | | | 0.53×13.00 | | | | 1.60 | |
| 13 | 030903017001 | 皮带防护罩 | | | kg | 15.5 | 7.45 | | | | | 260.59 | 16.81 |
| | | | 9－180 | 制作安装 | 100kg | 0.155 | 691.70 | 363.69 | 63.25 | 325.10 | 96.84 | 238.79 | |
| | | | 11－7 | 除锈 | 100kg | 0.155 | 7.96 | 2.50 | 7.13 | 3.74 | 1.11 | 3.48 | |
| | | | 11－117 | 防锈漆第一遍 | 100kg | 0.155 | 5.38 | 1.14 | 7.13 | 2.53 | 0.75 | 2.62 | |
| | | | | 红丹防锈漆 | | | | 1.16×13.98 | | | | 2.52 | |
| | | | 11－118 | 防锈漆第二遍 | 100kg | 0.155 | 5.15 | 0.99 | 7.13 | 2.42 | 0.72 | 2.54 | |
| | | | | 红丹防锈漆 | | | | 0.95×13.98 | | | | 2.03 | |
| | | | 11－124 | 灰色厚漆第一遍 | 100kg | 0.155 | 5.15 | 5.40 | 7.13 | 2.42 | 0.72 | 3.23 | |
| | | | | 灰色厚漆 | | | | 0.58×13.00 | | | | 1.17 | |
| | | | 11－125 | 灰色厚漆第二遍 | 100kg | 0.155 | 5.15 | 4.79 | 7.13 | 2.42 | 0.72 | 3.13 | |
| | | | | 灰色厚漆 | | | | 0.53×13.00 | | | | 1.08 | |
| 14 | 030904001001 | 系统检测、调试 | 工程人工费×13% | | 系统 | 1 | 4788.48×13%（其中人工费占有25%） | | | | | | 622.50 |

分部分项工程量清单计价表如表 A4 -5 所列。

表 A4 -5 分部分项工程量清单计价表

工程名称:某一工厂车间的送风系统工程 第 页共 页

| 序号 | 项目编码 | 项目名称 | 计量单位 | 工程数量 | 综合单价(元) | 合价(元) | 人工费(元) | |
|---|---|---|---|---|---|---|---|---|
| | | | | | | | 单价 | 合价 |
| 1 | 030901001001 | 空气加热器(冷却器) | 台 | 2 | 1363.14 | 2726.28 | 47.53 | 95.06 |
| 2 | 030901002001 | 离心式通风机 | 台 | 1 | 4870.71 | 4870.71 | 727.16 | 727.16 |
| 3 | 030901010001 | 空气过滤器 | 台 | 1 | 1124.50 | 1124.5 | 67.40 | 67.40 |
| 4 | 030902001001 | 通风管道(*D*500 以下) | $m^2$ | 49.08 | 126.60 | 6213.62 | 24.38 | 1196.81 |
| 5 | 030902001002 | 通风管道(*D*1120 以下) | $m^2$ | 69.48 | 130.60 | 9074.34 | 19.10 | 1327.07 |
| 6 | 030902008001 | 帆布接口 | $m^2$ | 1.32 | 189.67 | 250.36 | 48.20 | 63.62 |
| 7 | 030903003001 | 空气加热器上通阀 | 个 | 1 | 271.39 | 271.39 | 82.09 | 82.09 |
| 8 | 030903003002 | 风机圆形瓣式起动阀 | 个 | 1 | 815.38 | 815.38 | 239.54 | 239.54 |
| 9 | 030903003003 | 密闭式斜插板阀 | 个 | 1 | 539.89 | 539.89 | 115.27 | 115.27 |
| 10 | 030903003004 | 圆形蝶阀 | 个 | 6 | 140.26 | 841.56 | 47.63 | 285.78 |
| 11 | 030903007001 | 矩形空气分布器 | 个 | 6 | 222.28 | 1333.66 | 74.20 | 445.20 |
| 12 | 030903007002 | 钢百叶窗 | 个 | 1 | 109.06 | 109.06 | 28.00 | 28.00 |
| 13 | 030903017001 | 皮带防护罩 | kg | 15.5 | 16.81 | 260.59 | 7.45 | 115.48 |
| 14 | 030904001001 | 系统检测、调试 | 系统 | 1 | 622.50 | 622.50 | 155.63 | 155.63 |
| 小 计 | | | | | | 29053.84 | | 4944.11 |

## 附录 4.6 计算主材费用

表 A4 -6 为主材费用计算表,合计主材费用:14533 元。

表 4 -6 主材费用计算表

工程名称:某一工厂车间的送风系统工程 第 页共 页

| 序号 | 材料名称 | 规格型号 | 单位 | 消耗数量 | 单价(元) | 合价(元) |
|---|---|---|---|---|---|---|
| 1 | 空气加热器(冷却器) | SRZ -12×16 | 台 | 2 | 1200 | 2400 |
| 2 | 离心式通风机 | T4 -72No8C | 台 | 1 | 2500 | 2500 |
| 3 | 风机减振器 | CG3278C | 套 | 1 | 300 | 300 |
| 4 | 空气过滤器 | LWP -D(Ⅰ型) | 台 | 1 | 600 | 600 |

（续）

| 序号 | 材料名称 | 规格型号 | 单位 | 消耗数量 | 单价（元） | 合价（元） |
|---|---|---|---|---|---|---|
| 5 | 风管钢板（*D*500 以下） | $\delta=0.75$mm | $m^2$ | 49.08 | 52 | 2552.16 |
| 6 | 风管钢板（*D*1120 以下） | $\delta=1$mm | $m^2$ | 69.48 | 65 | 4516.20 |
| 7 | 红丹酚醛防锈漆 |  | kg | (1.16 + 0.95) × [0.0964 + 2.913 + 0.41 + (0.2316 + 0.4238 + 0.4 + 0.3468 + 1.0109 + 0.2) × 1.15 + 0.155] + (1.47 + 1.3) × (4.908 + 6.948) × 2.2 | 13.98 | 1204.14 |
| 8 | 灰色酚醛调和漆 |  | kg | (1.05 + 0.93) × (4.908 + 6.948) × 1.2 | 13 | 366.21 |
| 9 | 灰色厚漆 |  | kg | (0.58 + 0.53) × [0.0964 + 2.913 + 0.41 + (0.2316 + 0.4238 + 0.4 + 0.3468 + 1.0109 + 0.2) × 1.15 + 0.155] | 13 | 94.94 |
| 合计（精确到"元"） |  |  |  |  |  | 14533 |

## 附录 4.7　单位工程措施项目清单（略）

## 附录 4.8　单位工程其他项目清单（略）

## 附录 4.9　规费明细（略）

## 附录 4.10　单位工程费用汇总（略）

# 参 考 文 献

[1]柯洪. 工程造价计价与控制[M]. 北京:中国计划出版社,2011.
[2]何增勤. 工程造价案例分析[M]. 北京:中国计划出版社,2011.
[3] 谭大璐. 工程估价[M]. 北京:中国建筑工业出版社,2008.
[4]王雪青. 工程估价[M]. 北京:中国建筑工业出版社,2006.
[5]马楠. 工程估价[M]. 北京:人民交通出版社,2007.
[6] 沈巍. 工程估价[M]. 北京:清华大学出版社有限公司,2008.
[7]王朝霞. 建筑工程计价[M]. 北京:中国电力出版社,2009.
[8]张宝军. 建筑设备工程计量与计价及应用[M]. 北京:中国建筑工业出版社,2007.
[9]管锡珺. 安装工程计量与计价[M]. 北京:中国电力出版社,2009.
[10]李华东. 安装工程计量与计价[M]. 成都:西南交通大学出版社,2011.
[11]袁勇. 安装工程计量与计价[M]. 北京:中国电力出版社,2010.
[12]温艳芳. 安装工程计量与计价实务[M]. 北京:化学工业出版社,2009.